U0898010

高职高专“十一五”机电类专业规划教材

电 工 技 术

主　编　劳振花
副主编　霍淑珍　沈　琰
参　编　丁玉华　张金德　张　文
主　审　康忠健

机 械 工 业 出 版 社

根据教育部高职高专培养目标和高职高专院校对本课程教学的基本要求，编写了《电工技术》这本教材。

本书的主要内容包括电路的基础知识、电路的分析方法、简单电路的过渡过程、正弦交流电路、三相正弦交流电路、磁路与变压器、三相异步电动机、直流电动机、继电器—接触器控制、安全用电和实验技能等。本教材是根据高职高专培养目标的要求，结合高职高专学生学习的特点，删减了和后续课程重合部分的内容。另外，根据高职高专的教学特点又加上了实验技能一部分的内容，突出了高职高专重实验、实训能力培养的目标。

为方便教学，本书配有免费电子课件、模拟试卷和授课进程表等教学资源。凡选用本书作为授课教材的教师均可登录机械工业出版社教材服务网 www.cmpedu.com 免费下载。如有问题请致信 cmpqu@163.com，或致电 010-88379564 联系营销人员。

本书可作为高职高专理工科各非电类专业学生的教材，也可以作为职大、电大和网络教育学生的教材，还可以作为相关工程技术人员的参考资料。

图书在版编目（CIP）数据

电工技术/劳振花主编．—北京：机械工业出版社，2008.9（2011.2 重印）

高职高专“十一五”机电类专业规划教材

ISBN 978-7-111-24951-1

Ⅰ.电…　Ⅱ.劳…　Ⅲ.电工技术-高等学校：技术学校-教材　Ⅳ.TM

中国版本图书馆 CIP 数据核字（2008）第 128036 号

机械工业出版社（北京市百万庄大街 22 号　邮政编码 100037）
责任编辑：曲世海　　责任校对：张晓蓉
封面设计：马精明　　责任印制：李　研
北京诚信伟业印刷有限公司印刷
2011 年 2 月第 1 版第 2 次印刷
184mm × 260mm · 12.25 印张 · 296 千字
4001—6500 册
标准书号：ISBN 978-7-111-24951-1
定价：20.00 元

凡购本书，如有缺页、倒页、脱页，由本社发行部调换

电话服务
社服务中心：（010）88361066
销 售 一 部：（010）68326294
销 售 二 部：（010）88379649
读者服务部：（010）68993821

网络服务
门户网：http://www.cmpbook.com
教材网：http://www.cmpedu.com
封面无防伪标均为盗版

序

电工技术是高职高专非电类专业的一门专业基础课，学生通过对该课程的学习，可以获得电工技术的理论知识和必要的实验实训技能训练，为以后从事工程技术工作打下良好的基础。近年来，为适应高职高专教学和教材建设的需要，不少高职高专教师认真总结自己的教学实践经验，吸取国内外电工技术教材的优点，致力于电工技术教材的建设工作，使高职高专教材建设出现了欣欣向荣的景象。劳振花副教授主编的这本教材就是在这种形式下编写的。

在编写的过程中，本教材根据教育部高职高专培养目标和高职高专院校对本课程教学的基本要求，突出了以下特点：

1）本着高职高专对专业基础课程的要求，精选内容，讲清概念，注重知识的系统性而又不着力于公式的推导和理论的论证。

2）注重实践和应用，突出了高职高专实验技能的培养，增添了大量的实验内容。

3）每章后配有练习题和答案，帮助读者复习、消化所学知识，了解自己对本章内容的掌握情况。

综上所述，我认为，劳振花副教授主编的这本教材总结了自己的教学经验，紧密结合高职高专的培养目标，突出了高职高专学生的学习特点，阐述清晰，文字流畅，是一本便于教学的好教材。我相信，这本教材是会受到读者欢迎的。

康忠健

前　言

在工业生产和科学研究等领域中，电气技术的应用十分广泛。对高职高专院校工程类专业的学生来说，电工技术是必不可少的。根据教育部高职高专培养目标和高职高专院校对本课程教学的基本要求，编写了这本《电工技术》教材。

教材的内容包括：电路基础知识、电动机与变压器、继电—接触控制、安全用电和实验等几部分。本教材取材于工程实践中所需要的电工技术的基本理论、基础知识和基本技能，遵循高职高专的培养目标，结合各位作者多年高职高专教学中的实践经验，精选内容，讲清概念，注重知识的系统性而又不着力于公式的推导和理论的论证。在本教材中，适当调整了教材的结构，把简单电路的过渡过程调到了交流电之前，使教材整体上是直流电路、交流电路、电机和控制的框架结构。考虑到高职高专院校学生操作能力培养的目标，增添了一章实验实训内容。通过对本课程的学习，为后续的可编程序控制器和电工技能实训等课程打下基础。本教材适合于机械、数控、机电和汽车修理等高职高专各非电类专业使用，同时还可以作为网络教育工程类的教学用书。参考学时为 72 ~ 96 学时。本教材是以非电类专业的需要为目的编写的，内容较全，能为师生提供较大的信息量。在教学中可以结合具体情况选择、取舍。

本书由劳振花副教授担任主编，霍淑珍、沈琰老师担任副主编。其中，第 7、8、10 章、实验、前言和附录由劳振花副教授编写；第 1、2 章由张文老师编写；沈琰老师编写了第 7 章的 7. 6 节，并对教材的第 1、2 章作了修改；第 3、4、5 章由霍淑珍老师编写；第 6 章由丁玉华老师编写；第 9 章由张金德老师编写。全书由劳振花、沈琰和霍淑珍老师统稿。工业工程系李勇教授、电气教研室田治礼教授和张艳玲老师给予了大力的支持，在此一并表示感谢。

本书承蒙中国石油大学信息与控制学院康忠健博士审阅，并提出许多宝贵的意见，在此深表感谢。

为方便教学，本书配有免费电子课件、模拟试卷和授课进程表等教学资源。凡选用本书作为授课教材的教师均可登录机械工业出版社教材服务网 www. cmpedu. com 免费下载。如有问题请致信 cmpqu@ 163. com，或致电 010-88379564 联系营销人员。

限于编者水平，书中难免有错误和不妥之处，恳请使用本书的广大读者批评指正。

编　者

目　录

第1章 电路的基础知识

本章导读：

本章首先介绍电路的概念和基本物理量，其中包括电路模型以及电流和电压的参考方向与实际方向的关系，然后介绍组成电路的理想电路元件、两条基尔霍夫定律、电压源与电流源的等效变换、电路的三种工作状态以及电器设备的额定值，最后介绍电阻元件串联和并联的计算。这些内容是学习电工技术的基础。在分析时先从直流电路出发，得出一般规律，然后再将这些规律和结论扩展到交流电路中去。

本章学习要求：

1）掌握电路的概念和基本物理量及组成电路的理想电路元件。

2）熟练掌握基尔霍夫电压、电流定律。

3）熟练掌握电压源与电流源的等效变换、电阻元件的串联和并联。

4）了解电路的三种工作状态以及电器设备的额定值。

1.1 电路及其基本物理量

1.1.1 电路的组成及功能

电路泛指电流通过的路径。一般实际电路（如电视机、电子计算机等）都是由电阻、电感线圈、电容、电源、半导体管和集成电路等电路元器件组成的。图 1-1a 所示是一种最简单的实际照明电路。当开关闭合时，电流通过灯泡使其发光。该电路由三部分组成：①提供电能的能源，称为电源，它的作用是将其他形式的能量转换为电能。②用电的元件，称为负载，它将电源供给的电能转换为其他形式的能量。③电路的中间部分，称为中间环节，它是连接电源和负载的部分，具有输送、分配和控制电路通断的功能。图 1-1a 中的中间环节由一个开关和导线组成。

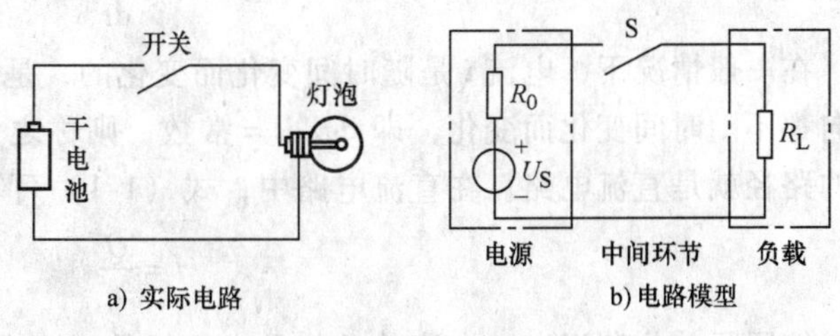

图 1-1 手电筒电路

电路具有两个主要的功能：①在电路中随着电流的流动，它能实现电能与其他形式能量的转换、传输和分配。例如，发电厂把通过煤粉和油的燃烧产生的热量转换成电能，再通过变压器、输电线送到各用户，用户把电能再转换为光能（照明）、热能（加热电器）和机械能（电动机）加以使用。②电路可以实现信号的传递和处理。通过电路可以把输入的信号变换或“加工”成其他所需要的输出。例如，半导体收音机的天线收到的是一些很微弱的电信号，这些微弱的信号必须通过调谐环节选择到所需要的某个频率信号，再经过一系列的放大环节，才能从输出端重现所需的信号（图像和声音）。

任何电路都是由实际元件组成的。实际元件的特性比较复杂，它们在电路中往往同时有热效应、电磁效应和电场效应，不便于进行分析和计算。因此常用一个或几个理想元件来代替实际元件，理想元件可以精确地定义并可准确地表述出实际元件的某一主要性质。例如，用“电阻”这个理想的电路元件来代替电阻器、电阻炉和灯泡等消耗电能的实际元件，用“电阻”和“理想电压源”相串联的理想元件组合来代替实际的电池等。用一个理想电路元件或几个理想电路元件的组合来代替实际电路中的具体元件，称为实际电路的模型化。

由理想电路元件构成的电路称为电路模型。图 1-1b 所示为手电筒的电路模型，图中用理想电阻元件 R_L来代替图 1-1a 中的灯泡，用理想电阻元件 R_0和理想电压源 U_S相串联来代替图 1-1a 中的电池。今后在电路分析中讨论的电路都是电路模型。

1.1.2 电路的基本物理量

1. 电流

带电质点有规律运动的物理现象称为电流。带电质点在金属导体中是指带负电的自由电子，在电解质中是指带正电或负电的正、负离子。这些带电质点在电场作用下做定向运动，即正电荷顺电场方向运动、负电荷逆电场方向运动。习惯上，规定正电荷移动的方向或负电荷移动的反方向为电流的实际方向，如图 1-2 所示。

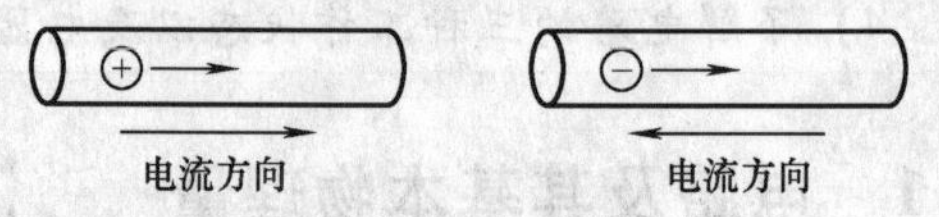

图 1-2 电流的方向

衡量电流大小、强弱的物理量称为电流，其数值等于单位时间内通过导体某一横截面的电荷量。设在极短的时间 dt 内通过导体某一横截面的电荷量为 dq，则电流为

$$i = \frac{dq}{dt} \tag{1-1}$$

在一般情况下，电流 i 是随时间变化而变化的，是时间 t 的函数。若电路中电流的大小、方向都不随时间变化而变化，即 dq/dt = 常数，则称之为恒定电流，又称直流电流，它所通过的路径就是直流电路。在直流电路中，式（1-1）可写成

$$I = \frac{Q}{t} \tag{1-2}$$

按国际单位制规定，电流的单位是库仑每秒（库仑/秒），即安培，简称“安”，用符号“A”表示。在电力系统中电流都比较大，常以千安（kA）作为电流的计量单位，而在电子电路中电流都比较小，常以毫安（mA）、微安（μA）作为电流的计量单位，它们之间的换算关系是

$$1\text{kA} = 10^3\text{A} \quad 1\text{A} = 10^3\text{mA} \quad 1\text{mA} = 10^3\mu\text{A}$$

电流的方向是客观存在的，在简单的直流电路中，很容易判断出电流的实际方向，但在复杂的直流电路中，电流的实际方向很难直观判定。另外，在交流电路中，电流是随时间变化的，在图上也无法表示其实际方向。为了解决这一问题，引入电流的参考方向这一概念。

参考方向，也称为正方向，是人为假定的方向。电流的参考方向可以任意选定，在电路

中一般用箭头表示。所以，所选的电流参考方向不一定就是电流的实际方向。当电流的参考方向与实际方向一致时，电流为正值（$I>0$）；当电流的参考方向与实际方向相反时，电流为负值（$I<0$），如图 1-3 所示。

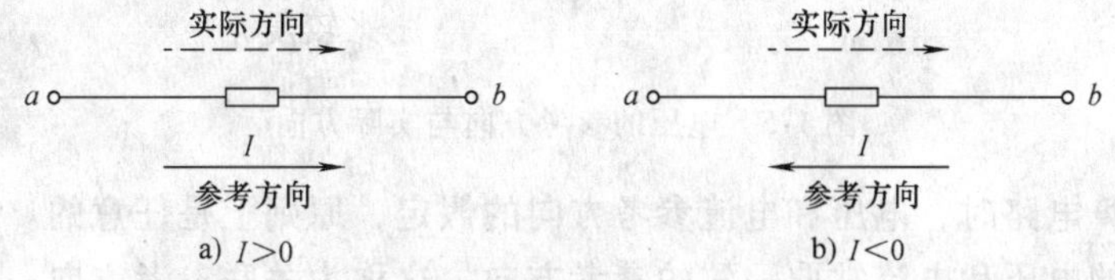

图 1-3　电流的参考方向与实际方向

这样，在分析电路时，首先要假定电流的参考方向，并据此去进行分析计算，最后再从计算结果的正负来确定电流的实际方向。例如，在图 1-3a 中，选定的电流参考方向是从 a 流向 b，若经计算后得到 $I=1\text{A}$，则表示电流的实际方向就是从 a 流向 b；若经计算后得到 $I=-1\text{A}$，则表示电流的实际方向是从 b 流向 a。

今后，本书电路图中所标出的电流方向都是指参考方向。不规定电流的参考方向，电流的正负值也就没有意义了。

2. 电压

在图 1-4 中，电池中有两个电极，a 是正极带正电荷，b 是负极带负电荷。在 a、b 两极之间产生了一个均匀而且恒定的电场，其方向从 a 指向 b。如果用导体将 a、b 两极连接起来，那么在电场的作用下，电极 a 中的正电荷将通过导体移动到电极 b。由于正电荷在电场中被移动了一段距离，电场力对正电荷做了功。把电场力将单位正电荷 q 从 a 极移动到 b 极所做的功，称作 a、b 之间的电压，记作

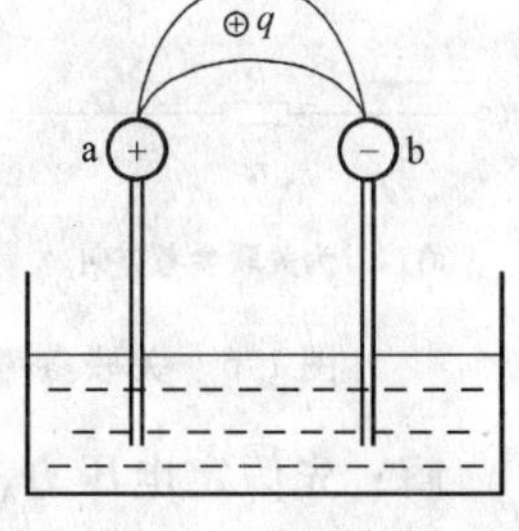

图 1-4　电压的示意图

$$U_{\text{ab}}=\frac{W_{\text{ab}}}{q} \tag{1-3}$$

如果电压的大小和方向都随时间变化而发生变化，则称为交变电压，用小写字母 u 表示；如果电压的大小和方向都不随时间变化而变化，则称为恒定电压或直流电压，用大写字母 U 表示。由恒定电压产生的电场是恒定电场，在恒定电场中，任意两点 a、b 之间的电压只与 a、b 两点的位置（起点与终点）有关，而与电荷运动的路径无关。

按国际单位制规定，电压的单位是焦耳每库仑（焦耳/库仑），即伏特，简称“伏”，用符号“V”表示。计量微小电压时，常以毫伏（mV）、微伏（μV）为单位；计量高电压时，常以千伏（kV）为单位。它们之间的换算关系是

$$1\text{kV}=10^3\text{V} \quad 1\text{V}=10^3\text{mV} \quad 1\text{mV}=10^3\mu\text{V}$$

电压的实际方向习惯上规定为从高电位点指向低电位点，即电压降的方向。但在分析电路时，仍需选取电压的参考方向。当电压的参考方向与实际方向一致时，电压为正（$U>0$）；当电压的参考方向与实际方向相反时，电压为负（$U<0$），如图 1-5 所示。

电压的参考方向可用箭头“→”表示，也可用双下标（$U_{\text{ab}}=-U_{\text{ba}}$）表示，还可用极性“+”、“−”表示，“+”表示高电位，“−”表示低电位。多数情况下采用双下标和极性表示法。

a) $U>0$　　b) $U<0$

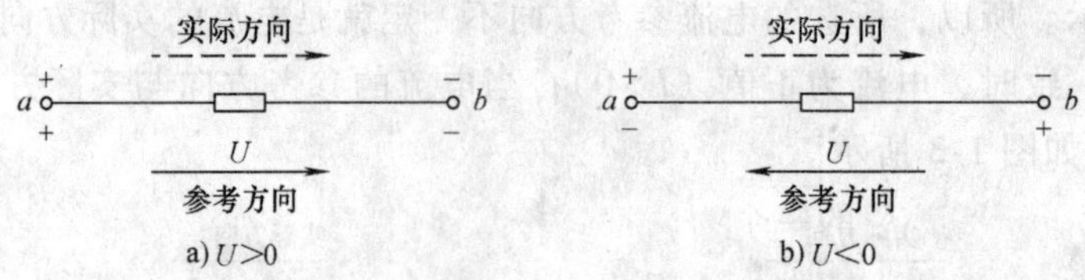

图 1-5　电压的参考方向与实际方向

在分析和计算电路时，电压和电流参考方向的假定，原则上是任意的。但为了分析电路的方便，元件上的电压和电流常取一致的参考方向，这称为关联参考方向。

如图 1-6 所示，图 1-6a 中的电压 U 与电流 I 的参考方向一致，则电压与电流的关系是 $U=RI$；而图 1-6b 中的 U 与 I 的参考方向不一致，则电压与电流的关系是 $U=-RI$。可见，在列写电压与电流的关系式时，式中的正负号由它们的参考方向是否一致来决定。

例 1-1　电路中有 4 个元件按图 1-7 所示的方式连接，每个元件上电压的参考方向如图所示，且 $U_1=-100\text{V}$，$U_2=-50\text{V}$，$U_3=80\text{V}$，求 U_4 及 U_{CD} 的数值。

a) U、I 为关联参考方向　　b) U、I 为非关联参考方向

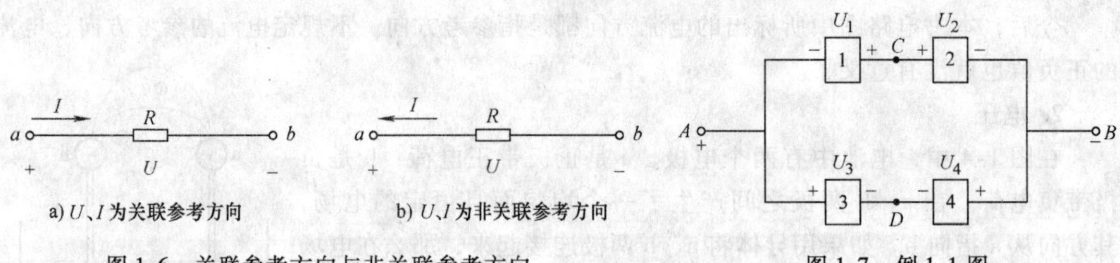

图 1-6　关联参考方向与非关联参考方向

图 1-7　例 1-1 图

解：先假定电压 U_{AB} 的参考方向，根据已经假设的参考方向列写电路方程式：

$$U_{AB}=-U_1+U_2=[-(-100)+(-50)]\text{V}=50\text{V}$$

因为电路中任意两点的电压与路径无关，所以

$$U_{AB}=U_3+(-U_4)=U_3-U_4$$

$$U_4=U_3-U_{AB}=(80-50)\text{V}=30\text{V}$$

$$U_{CD}=U_2+U_4=(-50+30)\text{V}=-20\text{V}$$

或

$$U_{CD}=U_1+U_3=(-100+80)\text{V}=-20\text{V}$$

3. 电动势

电动势是一个专门描述电源内部特性的物理量。由图 1-4 可见，由于电场力的作用，正电荷在电场力的作用下，不断从 a 极经过导体移动到 b 极，如果没有一种外力存在，a 极因正电荷减少而使电位逐渐降低，而 b 极因正电荷增多会使电位逐渐增高，故 a、b 之间的电位差将越来越小，直至为零时，导体中不再有电荷的移动，即导体中的电流为零。

为了维持导体中的电流，就要使导体中的电荷不断地移动，所以必须要有一种外力克服电场力的作用从另一条途径不断地把正电荷从 b 极再移到 a 极，使 a 极的电位升高，以保持导体中的正电荷不断移动。在电源内部就存在着这种外力。

这种外力把单位正电荷从低电位端 b 经过电源内部移动到高电位端 a 所做的功称为电源的电动势，用 E 表示。在国际单位制中，电动势的单位也是伏特（V）。

在电源内部，电动势 E 的方向规定为从低电位端指向高电位端。换句话说，当电动势为正时，其方向是电位升高的方向。电动势 E 的大小在数值上与电源的开路电压相等。因

为当电源处于开路状态时，电源中没有电荷的移动，这时电场力与外力平衡，电场力和外力对正电荷做功的能力相等。

4. 功率

电功率是电路分析中常用的一个物理量。在电气工程中，电功率简称为功率。电功率是用来衡量单位时间内所消耗电能大小的物理量。

在图 1-4 所示电路中，a、b 两极的电压为 U，流过的电流为 I，在时间 t 内，电荷 q 受电场力作用从 a 极（电源正极）移动到 b 极（电源负极），电场力所做的功为

$$W = Uq = UIt \tag{1-4}$$

这个功也就是电阻 R 在 t 时间内所吸收的电能，对于电阻来说吸收的电能全部转换成热能，其大小为

$$W_R = UIt = RI^2 t \tag{1-5}$$

在国际单位制中，电能、热能的单位是焦耳，简称“焦”，用字母“J”表示。

电阻吸收的功率可定义为单位时间里能量的转换率，其数学表达式为

$$P = \frac{W_R}{t} = \frac{UIt}{t} = UI = RI^2 \tag{1-6}$$

在国际单位制中，功率的单位是瓦特，简称“瓦”，用字母“W”表示，还可以用千瓦（kW）、毫瓦（mW）作单位，它们之间的换算关系为

$$1\text{kW} = 10^3\text{W} \quad 1\text{W} = 10^3\text{mW}$$

在工程上常用千瓦小时（或千瓦时，俗称度）作为计量电能的实用单位，通常功率为 1kW 的电气设备使用 1h 所消耗的电能，可记为 1kW · h。

在电路分析中，不仅要计算功率的大小，有时还要判断功率的性质，即该元件是产生功率还是消耗功率。根据电压和电流的实际方向可以确定电路元件的功率性质：当电压 U 和电流 I 的实际方向相同，即电流从“+”端流入，从“-”端流出时，该元件是消耗功率，属负载性质；当电压 U 和电流 I 的实际方向相反，即电流从“+”端流出，从“-”端流入时，该元件是提供功率，属电源性质。

由此可见，在电路元件上电压 U 和电流 I 的参考方向选的一致的条件下，当 P 为正值时，表明 U、I 的实际方向相同，该元件是负载性质，消耗功率；当 P 为负值时，表明 U、I 的实际方向相反，该元件是电源性质，提供功率。如果 U、I 的参考方向选的不一致，则情况相反，请读者自行分析。

1.2　理想电路元件

电流的周围存在着磁场，电荷的周围存在着电场，磁场和电场中都储存着能量。因此，一般来说，电路中除了有产生电能的过程以外，还存在着 3 种基本的能量转换过程，即电能的消耗、磁场能的储存和电场能的储存。用来表征电路中这 3 种物理性质的理想电路元件分别称为理想电阻元件、理想电感元件和理想电容元件。而电能的产生则由理想电源元件来表示，它有理想电压源和理想电流源两种形式。这样，无论哪一种电路，一般都可以抽象成由理想电阻元件、理想电容元件、理想电感元件、理想电压源和理想电流源这 5 种理想电路元件中的一种或几种来组成的电路模型。

1.2.1 电阻元件

理想电阻元件简称为电阻元件，它是从实际电阻抽象出来的理想模型。像灯泡、电阻炉和电烙铁等实际电阻元件，当忽略其电感、电容作用时，可将它们抽象为只具有消耗电能性质的电阻元件。

在图 1-8a 中，电压 u 和电流 i 的参考方向相同，R 是理想电阻元件，由欧姆定律可知，电阻元件的伏安特性为

$$u = Ri \tag{1-7}$$

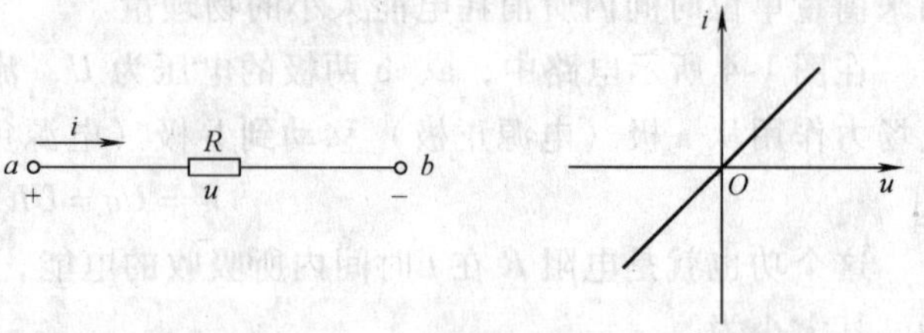

上式表示电阻元件的端电压和流过它的电流成正比。比例系数 R 称为电阻，是表示电阻元件特性的参数。图 1-8b 是其伏安特性曲线，它是一条通过原点的直线。通常把伏安特性为直线的电阻称为线性电阻。

a) 电路图

b) 伏安特性

图 1-8 电阻元件

在国际单位制中，电阻的单位是欧姆，用字母“Ω”表示。当电路两端的电压为 1V，通过的电流为 1A 时，则该端电路的电阻就是 1Ω。较大的计量单位有千欧（kΩ）、兆欧（MΩ），它们之间的换算关系为

$$1\text{k}\Omega = 10^3\,\Omega \quad 1\text{M}\Omega = 10^6\,\Omega$$

电阻元件取用的功率为

$$p = ui = Ri^2 = \frac{u^2}{R} \tag{1-8}$$

从上式可以看出，不论 u、i 是正值还是负值，p 总是大于零，这说明电阻元件总是消耗电功率的，与电压、电流的实际方向无关，故电阻是耗能元件。

从式（1-8）还可以看出，当电流恒定时，电功率与电阻成正比（$p = Ri^2$），例如电路上的电阻通常比负载的电阻小得多，电路电流主要取决于负载，当负载不变，电路电阻改变时，电路上的电流基本是恒定的，这时电路上消耗的电功率与电路电阻成正比。当电压恒定时，电功率与电阻成反比（$p = u^2/R$），例如在通常情况下，电路上的压降远小于负载的端电压，因此，当负载电阻改变时，由于电流变化而引起的电路压降变化相对于负载的端电压而言是很小的，可看成负载的电压基本是恒定的，故负载的电功率与负载的电阻成反比。之所以会有两种完全相反的结论，是因为前提条件不同。

1.2.2 电容元件

理想电容元件简称为电容元件，它是从实际电容抽象出来的理想化模型。实际电容通常由两块金属极板中间充满介质（如空气、云母、绝缘纸、塑料薄膜和陶瓷等）构成，电容加上电压后，两块极板上将出现等量异种电荷，并在两极板间形成电场，储存电场能。当忽略电容器的漏电阻和电感时，可将其抽象为只具有储存电场能性质的电容元件。

电容器极板上储存的电量 q，与外加电压 u 成正比，即

$$q = Cu \tag{1-9}$$

式中，比例系数 C 称为电容，是表征电容元件特性的参数。

在国际单位制中，电容的单位是法拉，简称“法”，用字母“F”表示。当将电容器加上1V的电压时，若极板上储存了1C的电量，则该电容器的电容就是1F。由于法拉的单位太大，工程上一般采用微法（μF）或皮法（pF）作为电容的单位，它们之间的换算关系是

$$1\text{F}=10^{6}\mu\text{F}=10^{12}\text{pF}$$

当电容的端电压和通过电流的参考方向一致时，如图1-9所示，则有

$$i=\frac{\mathrm{d}q}{\mathrm{d}t}=C\frac{\mathrm{d}u}{\mathrm{d}t} \tag{1-10}$$

上式表明，电容元件上通过的电流，与电容元件两端的电压对时间的变化率成正比。电压变化越快，电流就越大。当电容元件两端加上恒定电压时，$i=0$，电容元件相当于开路，故电容元件有隔直流的作用。

将式（1-10）两边乘上u并积分，可得电容元件极板间储存的电场能量为

$$W_C=\int_0^t ui\mathrm{d}t=\int_0^u Cu\mathrm{d}u=\frac{1}{2}Cu^2 \tag{1-11}$$

上式说明，电容元件在某时刻储存的电场能量，与元件在该时刻所承受的电压的平方成正比。电容元件不消耗能量，故称为储能元件。

1.2.3 电感元件

理想电感元件简称为电感元件，它是从实际电感线圈抽象出来的理想化模型。当电感线圈中通以电流后，将产生磁通，在其内部及周围建立磁场，储存能量。当忽略导线电阻及线圈匝与匝之间的电容时，可将其抽象为只具有储存磁场能性质的电感元件。根据电磁感应定律，当电感线圈中的电流i变化时，磁场也随之变化，并在线圈中产生自感电动势。若电压、电流和电动势的参考方向如图1-10所示，则有

$$u=-e_L=L\frac{\mathrm{d}i}{\mathrm{d}t} \tag{1-12}$$

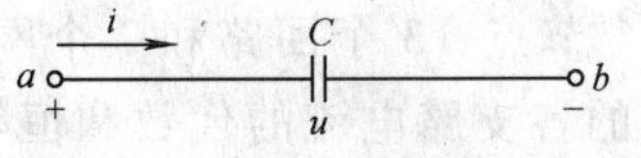

图1-9　电容元件

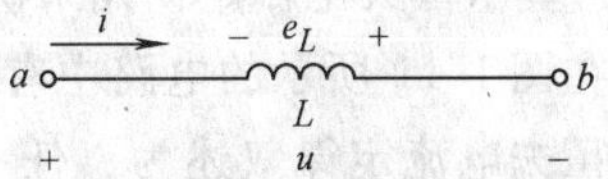

图1-10　电感元件

上式表明，电感元件两端的电压与通过它的电流对时间的变化率成正比。比例系数L称为电感，是表征电感元件特性的参数。电流变化越快，电感元件产生的自感电动势越大，与其平衡的电压也越大。当电感元件中流过恒定的直流电流时，因$\mathrm{d}i/\mathrm{d}t=0$，$e_L=0$，故$u=0$，这时电感元件相当于短路。

在国际单位制中，电感的单位是亨利，简称“亨”，用字母“H”表示。当电感线圈中的电流变化率为1A/s，产生1V的感应电动势时，电感线圈的电感为1H。由于亨利单位太大，工程上一般采用毫亨（mH）或微亨（μH）作为电感的单位，它们之间的换算关系是

$$1\text{H}=10^{3}\text{mH}=10^{6}\mu\text{H}$$

将式（1-12）两边乘上i并积分，可得电感元件中储存的磁场能量为

$$W_L=\int_0^t ui\mathrm{d}t=\int_0^i Li\mathrm{d}i=\frac{1}{2}Li^2 \tag{1-13}$$

上式说明，电感元件在某时刻储存的磁场能量，与该时刻流过的电流的平方成正比。电

感元件不消耗能量，故称为储能元件。

1.3 基尔霍夫定律

基尔霍夫定律包括基尔霍夫电流定律（应用于节点）和基尔霍夫电压定律（应用于回路）。在介绍两条基尔霍夫定律之前，首先要熟悉一些名词。

两端元件　凡具有两个端钮，可与外部电路相连接的元件称为两端元件。电阻元件、电感元件、电容元件、电压源和电流源均为两端元件。图 1-11 所示的电路中含有 5 个两端元件，即 R_1、R_2、R_3、U_{S1}、U_{S2}。

支路　电路中的一条分支，用字母“b”（branch）表示，在这条分支上流过的电流相同。图 1-11 所示的电路中 $b=3$，其中 R_1—U_{S1}、R_2—U_{S2}为有源支路，R_3为无源支路。

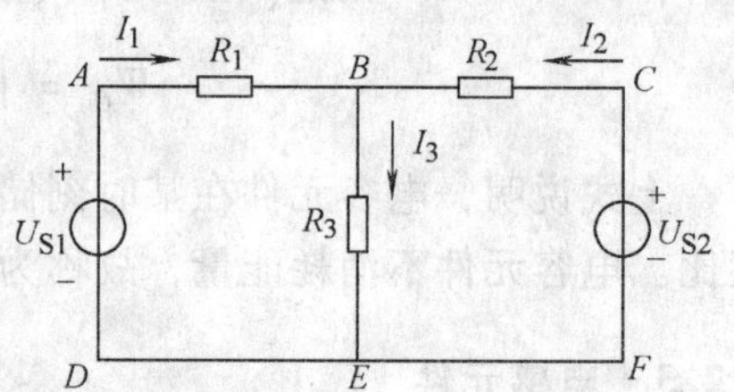

图 1-11　基尔霍夫定律示例

节点　在电路中 3 条或 3 条以上支路的会聚点称为节点，用字母“n”（node）表示。图 1-11 所示的电路中 $n=2$，即 B 和 E。

回路　由一条或多条支路所组成的闭合电路称为回路，用字母“l”（loop）表示。图 1-11 所示的电路中 $l=3$，即 $ABED$ 回路、$BCFE$ 回路和 $ACFD$ 回路。

网孔　内部无支路的回路称为网孔，用字母“m”（mesh）表示。图 1-11 所示的电路中 $m=2$，即 $ABED$ 回路、$BCFE$ 回路。

1.3.1 基尔霍夫电流定律

基尔霍夫电流定律（Kirchholf's Current Law）也可称为节点电流平衡方程式，简称 KCL。基尔霍夫电流定律用来确定连接在同一节点上的各支路电流之间的相互关系。

在图 1-11 所示的电路中有 5 个两端元件、3 条支路、2 个节点、3 个回路和 2 个网孔。基尔霍夫电流定律叙述为：任一瞬时，通过电路中任一节点的各支路电流的代数和恒等于零，其数学表达式为

$$\sum I_i = 0 \tag{1-14}$$

该定律应用于电路中的某一节点时，必须首先假定各支路电流的参考方向，当假定流入节点的电流为正时，流出节点的电流为负。这里流入或流出都是根据参考方向而定的。

对节点 B：
$$I_1 + I_2 - I_3 = 0 \tag{1}$$
或
$$I_1 + I_2 = I_3$$
对节点 E：
$$-I_1 - I_2 + I_3 = 0 \tag{2}$$
或
$$I_1 + I_2 = I_3$$

由上可见：

1）在任何一个瞬间、对任何一个节点，流进节点的电流之和一定等于流出节点的电流之和，即 $\sum I_{进} = \sum I_{出}$。对节点 B 有 $I_1 + I_2 = I_3$，对节点 E 有 $I_1 + I_2 = I_3$。**注意：**流进或流出是针对所假设的电流参考方向而言的。

2）如果在电路中有 n 个节点，则其中有（$n-1$）个是独立节点。在图 1-11 所示电路

中有 2 个节点（B、E），则有 1 个独立节点（任选一个）。在以上所列方程中，若将节点 B 的方程（1）乘以 -1，即得到节点 E 的方程（2），因此，这两个方程中只有一个是独立的。

3）基尔霍夫电流定律还可以推广应用于包围部分电路的任一假想闭合面（称为广义节点）。在任何瞬间通过任一假想闭合面的电流的代数和也恒等于零。

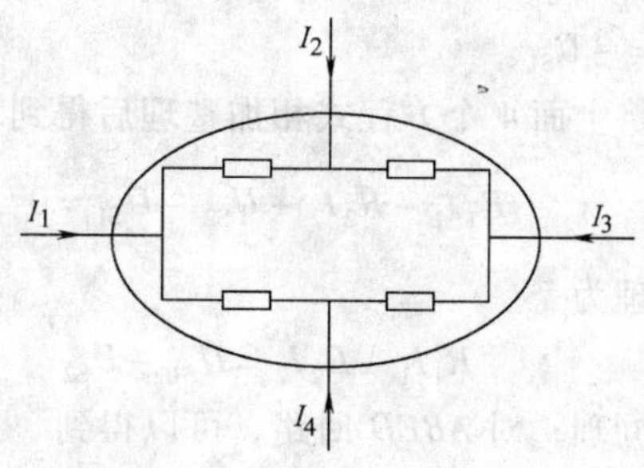

图 1-12　例 1-2 的广义节点

例 1-2　在图 1-12 所示的电路中，$I_1=2\text{A}$，$I_2=5\text{A}$，$I_3=-3\text{A}$，求电流 I_4。

解：根据 KCL 的推广，做一个假想闭合面（如图中椭圆所圈），切割了 I_1、I_2、I_3 和 I_4 共 4 条支路，可列方程为

$$I_1+I_2+I_3+I_4=0$$

所以

$$I_4=-(I_1+I_2+I_3)$$
$$=-[2+5+(-3)]\text{A}=-4\text{A}$$

由该例题可见，公式的正负号与代数量的正负号不能混淆，经计算后得到的电流为负值，说明电流的实际方向与假设的参考方向相反。

例 1-3　在图 1-13 所示的电路中，$I_1=4\text{A}$，$I_2=1\text{A}$，$I_4=-3\text{A}$，$I_5=-2\text{A}$，求电流 I_3 的数值。

解：根据 KCL，有 $I_1-I_2+I_3-I_4-I_5=0$

所以

$$I_3=-I_1+I_2+I_4+I_5$$
$$=[-4+1+(-3)+(-2)]\text{A}=-8\text{A}$$

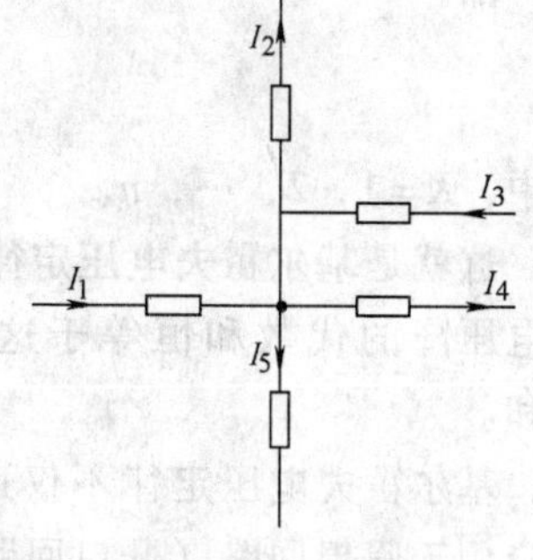

图 1-13　例 1-3 图

1.3.2　基尔霍夫电压定律

基尔霍夫电压定律（Kirchhólf's Voltage Law）也可称为回路电压平衡方程式，简称 KVL。基尔霍夫电压定律用来确定回路中各支路电压之间的相互关系。

基尔霍夫电压定律叙述为：任一瞬时，作用于电路中任一回路的各支路电压的代数和恒等于零，其数学表达式为

$$\sum U_i=0 \tag{1-15}$$

该定律用于电路中的某一回路时，必须首先假定各支路电压、电流的参考方向，并指定回路的循行方向（顺时针方向或逆时针方向）。规定：支路电压的参考方向与回路循行方向一致时取“+”号，相反时取“-”号；支路电流的参考方向与回路循行方向一致时，在电阻上产生的电压降取“+”号，相反时在电阻上产生的电压降取“-”号。

前已分析，在图 1-11 所示电路中有 3 个回路（$ABED$ 回路、$BCFE$ 回路和 $ACFD$ 回路），假定各支路电压的参考方向和各回路的循行方向（取顺时针方向）如图 1-14 所示。

根据 KVL，对 $ACFD$ 回路列写方程

$$U_{\text{AC}}+U_{\text{CF}}+U_{\text{FD}}+U_{\text{DA}}=0$$

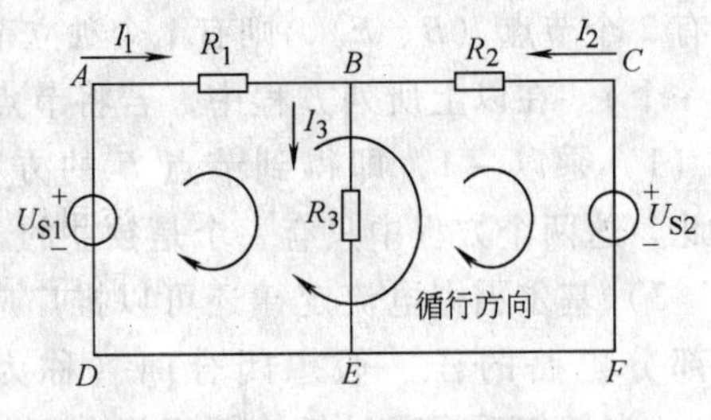

图 1-14 基尔霍夫电压定律

式中，$U_{AC} = R_1 I_1 - R_2 I_2$；$U_{CF} = U_{S2}$；$U_{FD} = 0$；$U_{DA} = -U_{S1}$。

将上面 4 个方程式相加整理后得到

$$R_1 I_1 - R_2 I_2 + U_{S2} - U_{S1} = 0$$

或整理为

$$R_1 I_1 - R_2 I_2 = U_{S1} - U_{S2} \quad (1)$$

同理，对 $ABED$ 回路，可以得到

$$R_1 I_1 + R_3 I_3 - U_{S1} = 0$$

或整理为

$$R_1 I_1 + R_3 I_3 = U_{S1} \quad (2)$$

对 $BCFE$ 回路，可以得到

$$-R_2 I_2 + U_{S2} - R_3 I_3 = 0$$

或整理为

$$R_2 I_2 + R_3 I_3 = U_{S2} \quad (3)$$

由上面 (1)、(2)、(3) 3 个等式方程可见，方程的左边是沿回路循行方向闭合一周各电阻元件上电压降的代数和，方程的右边是沿回路循行方向闭合一周所有电源电压的代数和，即

$$\sum R_K I_K = \sum U_{SK} \quad (1\text{-}16)$$

式中，$K=1, 2, \cdots, n$。

这就是基尔霍夫电压定律的另一种表达形式，可叙述为：任一瞬时，电路中的任一回路各电压降的代数和恒等于这个回路内各电源电压的代数和。

基尔霍夫电压定律不仅适用于闭合电路，也可以推广应用于假想回路（开口回路）。

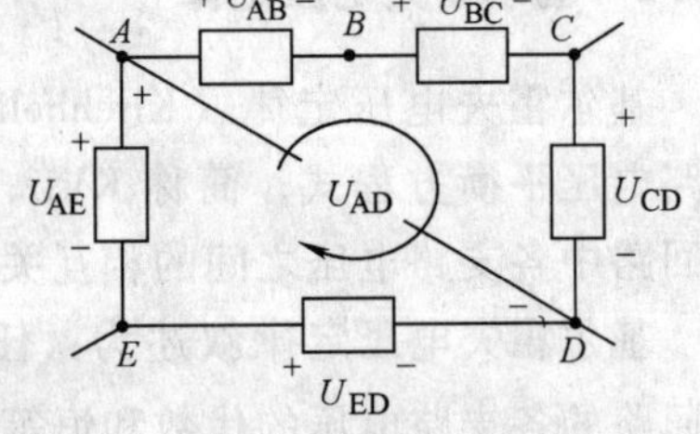

图 1-15 例 1-4 图

例 1-4 在图 1-15 所示的闭合电路中，各支路元件是任意的，各电压参考方向如图所示。已知 $U_{AB} = 3V$，$U_{BC} = 4V$，$U_{ED} = -6V$，$U_{AE} = 8V$，试求：（1）U_{CD}；（2）U_{AD}。

解：(1) 取顺时针方向为回路循行方向，根据 KVL，可列写方程

$$U_{AB} + U_{BC} + U_{CD} + U_{DE} + U_{EA} = 0$$

$$\begin{aligned} U_{CD} &= -U_{AB} - U_{BC} - U_{DE} - U_{EA} \\ &= -U_{AB} - U_{BC} - (-U_{ED}) - (-U_{AE}) \\ &= [-3 - 4 - (6) - (-8)]V = -5V \end{aligned}$$

(2) 设 $ADEA$ 为一个假想回路，取顺时针方向为回路循行方向，根据 KVL，可列写方程

$$U_{AD} + U_{DE} + U_{EA} = 0$$

所以 $$U_{AD}=-U_{DE}-U_{EA}=-(-U_{ED})-(-U_{AE})$$
$$=[-(6)-(-8)]\text{V}=(-6+8)\text{V}=2\text{V}$$

还应指出，基尔霍夫电流、电压定律具有普遍性，它们适用于由任何元件所构成的任何结构的电路，电路中的电压和电流可以是恒定的，也可以是任意变化的。

例 1-5 在图 1-16 所示的电路中，各电压、电流的参考方向如图所示。已知 $R_1=2\Omega$，$R_2=1\Omega$，$U_{S1}=12\text{V}$，$U_{S2}=18\text{V}$，要使 R_3中的电流 $I_3=0$，则 U_{S3}的大小是多少？

解：取顺时针方向为两个回路Ⅰ、Ⅱ的循行方向，如图 1-17 所示。

根据 KCL，对节点 A，可列写方程

$$I_1+I_2-I_3=0$$

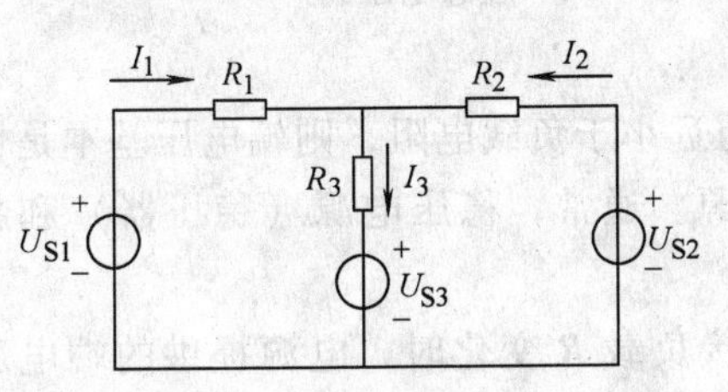

图 1-16 例 1-5 图

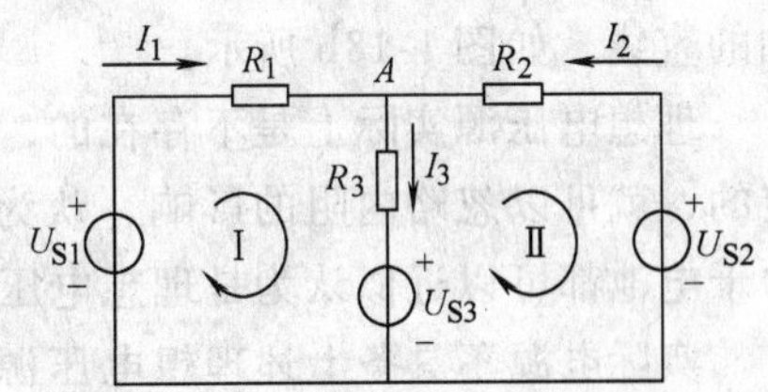

图 1-17 例 1-5 回路的循行方向

因为 $I_3=0$，所以有

$$I_1=-I_2$$

根据 KVL，对回路Ⅰ，可列写方程

$$R_1I_1+R_3I_3+U_{S3}-U_{S1}=0$$

即得 $$I_1=\frac{U_{S1}-U_{S3}}{R_1}$$

对回路Ⅱ，可列写方程

$$-R_2I_2-R_3I_3+U_{S2}-U_{S3}=0$$

即得 $$I_2=\frac{U_{S2}-U_{S3}}{R_2}$$

故 $$\frac{U_{S1}-U_{S3}}{R_1}=-\frac{U_{S2}-U_{S3}}{R_2}$$

整理并代入数据 $$12-U_{S3}=-2(18-U_{S3})$$

所以 $$U_{S3}=16\text{V}$$

1.4 电压源与电流源及其等效变换

电源是一种能向电路提供电能的电路元件，实际电源可以用两种不同的电路模型来表示：一种是以电压的形式向电路供电，称为电压源模型；另一种是以电流的形式向电路供电，称为电流源模型。

1.4.1 电压源

无论流过多大的电流，都能提供确定电压的电路元件称为理想电压源，图 1-18a 所示是

理想电压源的电路，R 是外接负载电阻，电路中电压源电压 U_S与电流 I 的参考方向相反。

理想电压源向外提供了一个恒定的或随时间按某一特定规律变化的端电压，其大小为 U_S（或随时间按正弦规律变化的正弦电压），接上负载 R 以后，电路中电流 I 的大小是任意的，其大小仅取决于负载 R 的大小，不管负载如何变化，其端电压 U_S始终是恒定的。

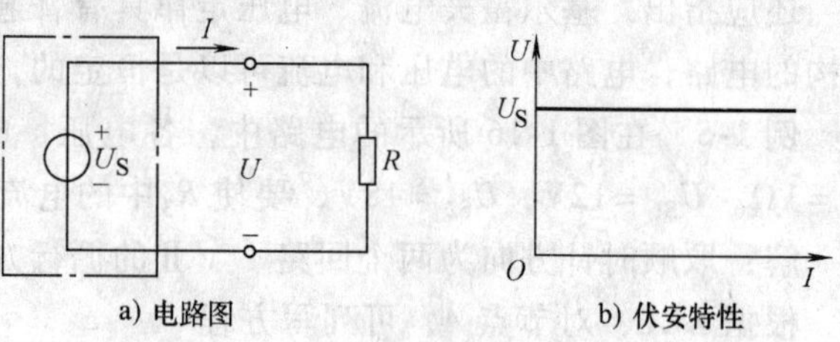

a) 电路图　　b) 伏安特性

图 1-18　理想电压源

理想电压源的电压电流关系，又称伏安特性曲线，是一条平行于电流轴的直线，如图 1-18b 所示。

理想电压源实际上是不存在的，但如果电源的内阻远小于负载电阻，则端电压基本是恒定的，就可以忽略内阻的影响，认为是一个理想电压源。通常，稳压电源（稳压器）和新的干电池都可以近似认为是理想电压源。

实际电源不具备上述理想电压源的特性，即当外接负载 R 变化时，电源提供的端电压会发生变化，这说明实际电源在提供电能的同时，必然还要消耗一部分电能。

所以，实际电源的电压源模型可以用一个理想的电压源 U_S和一个内电阻 R_0相串联的理想电路元件的组合来表示，如图 1-19a 所示。这时，实际电源的端电压和电路中的电流分别为

$$U = U_S - R_0 I \tag{1-17}$$

$$I = \frac{U_S}{R_0 + R} \tag{1-18}$$

由式（1-17）和式（1-18）可见，当负载 R 发生变化时，其端电压 U 也随之发生变化，其伏安特性曲线如图 1-19b 所示。由伏安特性曲线可见，实际电源的端电压 U 和输出电流 I 的数值都不是恒定的，都与外电路有关。显然，内阻 R_0 越小，输出电流变化时输出电压的变化就越小，即输出电压越稳定，其伏安特性曲线越平坦。在理想情况下，内阻 $R_0=0$，U 为定值，即成为理想电压源。

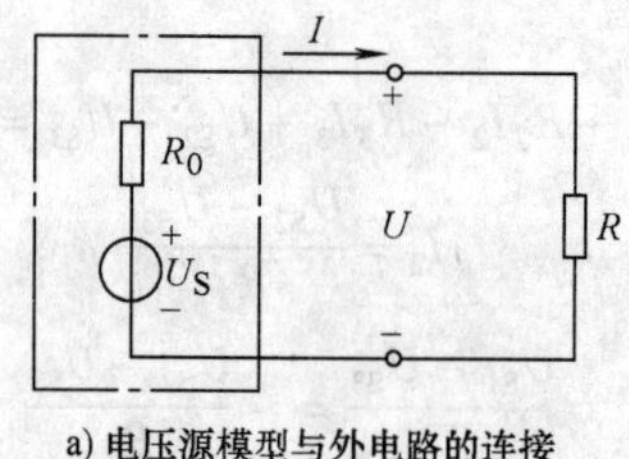

a) 电压源模型与外电路的连接　　b) 伏安特性

图 1-19　电压源模型

1.4.2　电流源

在电路中，无论端电压是多大，都能提供确定电流的电路元件称为理想电流源，如图 1-20a 所示。

I_S是理想电流源的电流，R

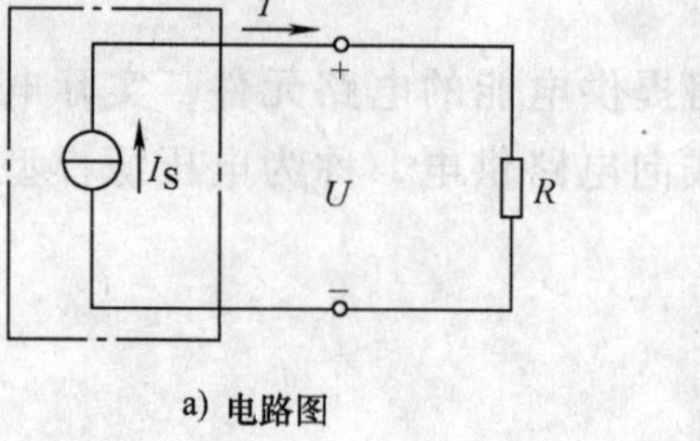

a) 电路图

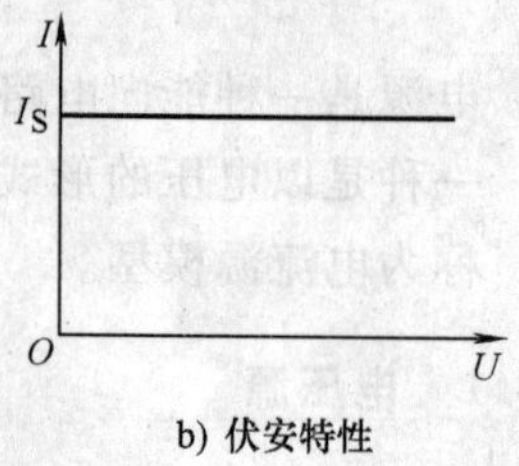

b) 伏安特性

图 1-20　理想电流源

是外接负载电阻，电路中电流源电流 I_S 与电压 U 的参考方向相反。理想电流源向外提供了一个恒定的电流 I_S，其大小与它的端电压大小无关，它的端电压大小仅仅取决于外电路负载电阻 R 的数值，即 $U=RI_S$。

理想电流源的伏安特性曲线是一条垂直于电流轴的直线，如图 1-20b 所示。由该曲线可见，不管 R 如何变化，其电流值始终不变，大小都是 I_S，但端电压 U 随电阻 R 的变化而改变。

同样，理想电流源实际上也是不存在的，但如果电源的内阻远大于负载电阻，则输出电流基本是恒定的，也可认为是一个理想电流源。通常，恒流电源（恒流器）和光电池都可以近似认为是理想电流源。

实际电源的电流源模型可以用一个理想的电流源 I_S 和一个内电阻 R_0 相并联的理想电路元件的组合来表示，如图 1-21a 所示。这时，电路中的电流为

$$I=I_S-\frac{U}{R_0} \tag{1-19}$$

由式（1-19）可见，输出电流 I 的数值不是恒定的。当负载 R 短路时，输出电压 $U=0$，输出电流 $I=I_S$；当负载 R 开路时，输出电压 $U=R_0I_S$，输出电流 $I=0$，其伏安特性曲线如图 1-21b 所示。

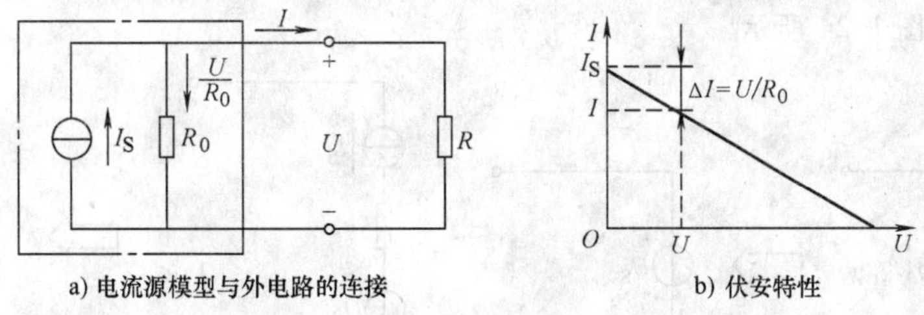

a) 电流源模型与外电路的连接　　b) 伏安特性

图 1-21　电流源模型

从电流源的伏安特性曲线可以看出，内阻 R_0 越大，输出电压变化时输出电流的变化就越小，即输出电流越稳定，其伏安特性曲线越平坦。在理想情况下，内阻为无穷大，I 为定值，即成为理想电流源。

1.4.3　实际电压源与电流源的等效变换

电压源模型和电流源模型可作为同一个实际电源的电路模型。在保持输出电压 U 和输出电流 I 不变的条件下，相互之间可以进行等效变换，如图 1-22 所示。

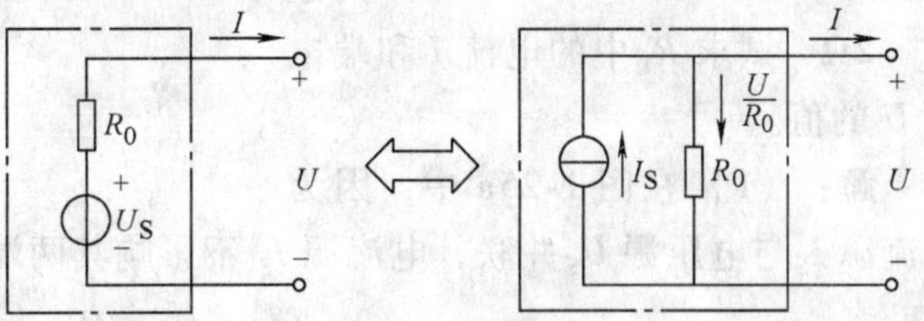

图 1-22　电压源模型与电流源模型的等效变换

从图中可见，如果已知 U_S 和 R_0 串联的电压源模型，则与其等效的电流源模型为 I_S 和 R_0 并联，而 $I_S=U_S/R_0$；如果已知 I_S 和 R_0 并联的电流源模型，则与其等效的电压源模型为 U_S 和 R_0 串联，而 $U_S=R_0I_S$。R_0 数值保持不变，但接法改变。由电压源模型可见：

输出电压　　$U=U_S-R_0I$

输出电流 $$I=\frac{U_S}{R_0}-\frac{U}{R_0}$$

由电流源模型可见：

输出电压 $$U=R_0I_S-R_0I$$

输出电流 $$I=I_S-\frac{U}{R_0}$$

在进行电压源模型和电流源模型的等效变换时还需注意：

1）电压源模型是理想电压源 U_S 和内阻 R_0 相串联，电流源模型是理想电流源 I_S 和内阻 R_0 相并联，它们是同一电源的两种不同电路模型。

2）在进行等效变换时，两种电路模型的极性必须一致，即电流源模型流出电流的一端与电压源模型的正极性端相对应。

3）理想电压源和理想电流源不能进行这种等效变换。因为理想电压源的电压恒定不变，电流随外电路而变，即电流不是恒定的；而理想电流源的电流恒定不变，电压随外电路而变，即电压不是恒定的。所以两者不能等效互换。

4）任何与电压源模型并联的两端元件不影响电压源模型输出电压的大小，在分析电路时可以舍去，如图 1-23 所示。

5）任何与电流源模型串联的两端元件不影响电流源模型输出电流的大小，在分析电路时可以舍去，如图 1-24 所示。

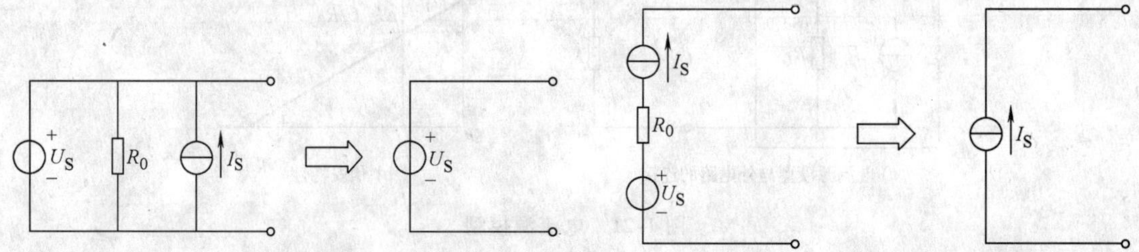

图 1-23　关于电压源模型等效变换的说明　　图 1-24　关于电流源模型等效变换的说明

在一些电路中，利用电压源模型和电流源模型的等效变换关系，可使计算大为简化。

例 1-6　在图 1-25 所示的两个电路中，$U_S=10\text{V}$，$I_S=2\text{A}$，负载 $R_L=2\Omega$，试求 R_L 中的电流 I 和端电压 U 的值。

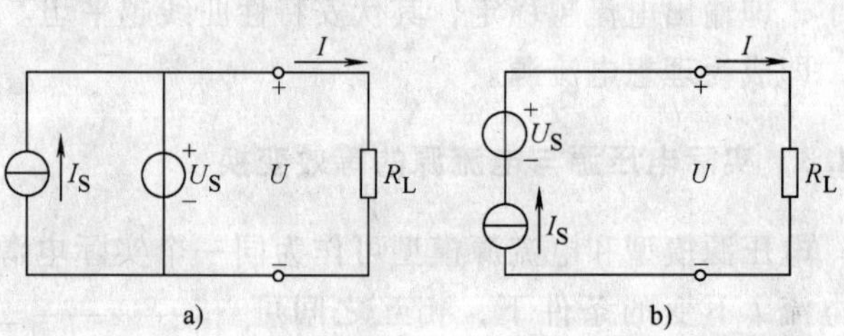

图 1-25　例 1-6 电路

解：（1）在图 1-25a 中，因为电流源 I_S 与电压源 U_S 并联，电流源 I_S 不影响其两端电压的大小，故可以舍去。于是得到：

$$I=\frac{U_S}{R_L}=\frac{10}{2}\text{A}=5\text{A}$$

所以，负载 R_L 中的电流为 5A，端电压为 10V。

（2）在图 1-25b 中，因为电压源 U_S 与电流源 I_S 串联，电压源 U_S 不影响其电流的大小，故可以舍去。于是得到：

$$U = R_L I_S = 2 \times 2\text{V} = 4\text{V}$$

所以，负载 R_L 中的电流为 2A，端电压为 4V。

例 1-7 利用电源等效变换原理，求图 1-26 所示电路中电压 U 的值。

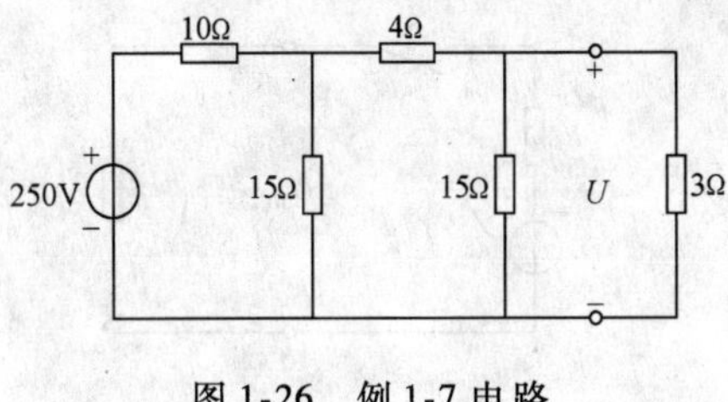

图 1-26 例 1-7 电路

解：根据图 1-27a ~ g 的变换次序，最后将电路化简为图 1-27g 所示电路，由此求得：

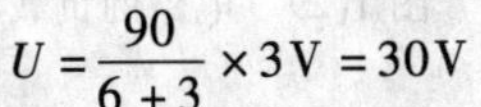

$$U = \frac{90}{6+3} \times 3\text{V} = 30\text{V}$$

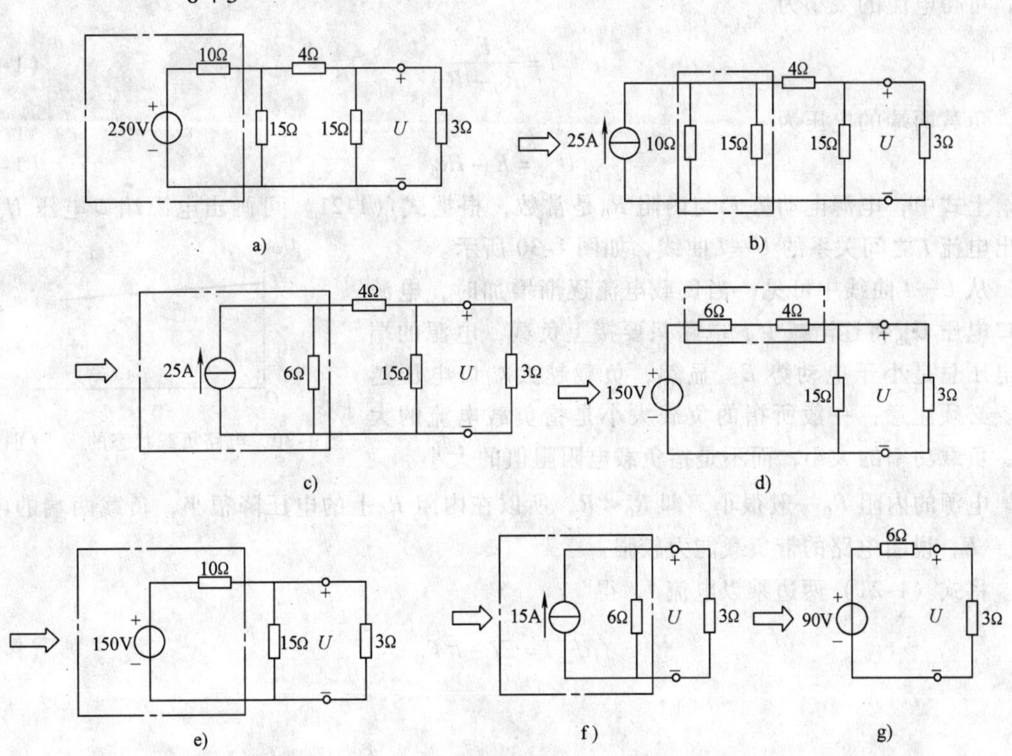

图 1-27 例 1-7 的电路变换

1.5 电路的状态及电器设备的额定值

1.5.1 电路的状态

电路在不同的工作条件下会处于不同的工作状态，充分了解电路不同的工作状态和特点对安全用电和正确使用各种电气设备是十分有益的。现以图 1-28 所示的简单直流电路为例，来分析电路的负载、开路和短路三种工作状态。

1. 负载状态

将图 1-28 所示电路中的开关 S 合上，接通电源和负载 R，电路中产生了电流 I，电路处于负载状态，如图 1-29 所示。

在电源一定的前提下，电路中电流 I 的大小取决于负载的大小，根据闭合回路欧姆定

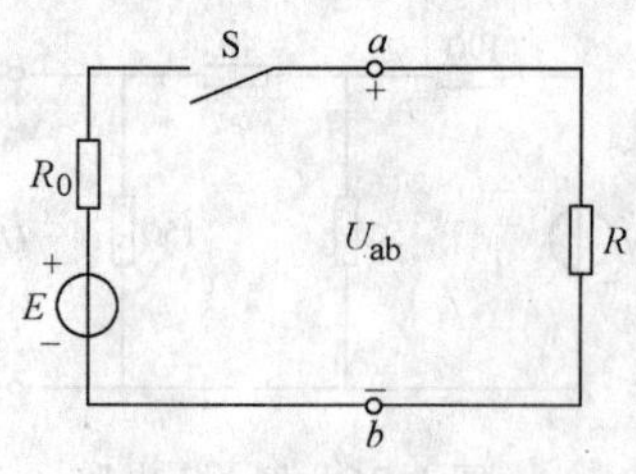

图 1-28　简单直流电路

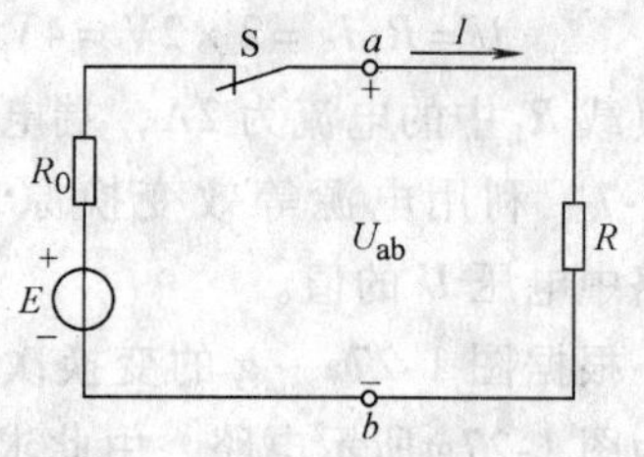

图 1-29　电路的负载状态

律，可得电流的大小为

$$I = \frac{E}{R_0 + R} \tag{1-20}$$

负载两端的电压为

$$U_{ab} = E - IR_0 \tag{1-21}$$

上式中，电源电动势 E 与内阻 R_0 是常数，根据式（1-21）可画出电源端口电压 U_{ab} 与输出电流 I 之间关系的 $U—I$ 曲线，如图 1-30 所示。

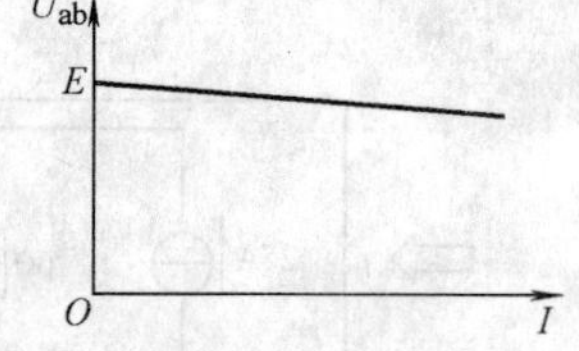

图 1-30　电路负载状态的 $U—I$ 曲线

从 $U—I$ 曲线中可见，当负载电流逐渐增加时，电源端口电压 U_{ab} 将逐渐减少，电路只要接上负载，电源的端口电压总是小于电动势 E。显然，负载越大端口电压越小。必须注意：一般所指的负载大小是指负载电流的大小、负载功率的大小，而不是指负载电阻阻值的大小。

电源的内阻 R_0 一般很小，即 $R_0 \ll R$，所以在内阻 R_0 上的电压降很小，负载两端的电压 $U_{ab} \approx E$，说明电路的带负载能力较强。

将式（1-21）两边乘以电流 I，得

$$U_{ab}I = EI - I^2R_0 \tag{1-22}$$

即

$$P = P_E - \Delta P \tag{1-23}$$

或

$$P_E = P + \Delta P$$

式中，$P_E = EI$ 表示电源产生的功率；$\Delta P = I^2R_0$ 表示电源内阻消耗的功率；$P = U_{ab}I$ 表示负载吸收的功率。

上式表明，在通常情况下，电源产生的功率等于负载吸收的功率与电源内阻消耗的功率之和，符合能量守恒定律。

2. 开路状态

在图 1-28 所示的电路中，将开关 S 断开，则电路不通，此时电路所呈现的状态称为开路状态，也可称为空载或断路状态。在这种状态下，电源不接负载，换句话说，此时外电路对电源来说，其负载电阻可视为无穷大，所以电路中的电流为零。电源两端的电压称为开路电压或空载电压，用 U_o 表示，其值等于电源的电动势 E。输出功率 P 等于零，电源不输出功率。

综上所述，电路开路时的特点可用下列式子表示：

$$\left.\begin{aligned} I &= 0 \\ U_{ab} &= U_o = E \\ P &= 0 \end{aligned}\right\} \tag{1-24}$$

3. 短路状态

在图 1-29 所示的电路中，将 a、b 两点用一根导线连接起来，称为短路状态，如图 1-31 所示。此时，外电路对电源来说，电阻值为零，电路中的电流不再流过负载电阻 R，而是通过短路导线直接流回电源。在电流的回路中仅有阻值很小的电源内阻 R_0，所以在电源电动势的作用下将产生极大的电流，此电流称为短路电流，用 I_S 表示，即

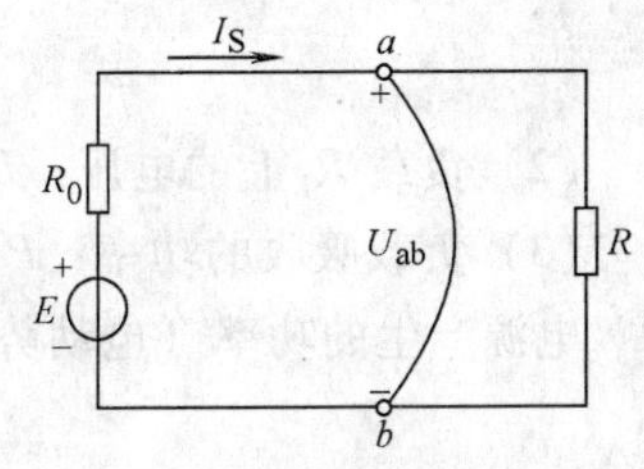

图 1-31　电路的短路状态

$$I = I_S = \frac{E}{R_0} \tag{1-25}$$

所以，电源短路时电动势全部降落在内阻 R_0 上，即

$$E = R_0 I_S$$

这时负载电阻两端的电压为零，即

$$U_{ab} = 0 \tag{1-26}$$

同时负载电阻吸收的功率等于零，即

$$P = 0$$

电源产生的功率全部消耗在内电阻中，即

$$P_E = EI_S = R_0 I_S^2 \tag{1-27}$$

所以，电源所产生的电能全部被内阻 R_0 消耗并转换成热能，使得电源的温度迅速上升以致被损坏，并可能引起火灾。

短路现象可发生在负载处或电路中的其他各处，短路现象通常是一种严重的事故，在工程上是不允许出现的，应该尽量预防。由于短路电流很大，超过了电源、连接导线的额定电流值，因而会引起电源或导线绝缘的损坏。为了防止短路事故所造成的严重后果，通常在电源开关后面安装熔断器（FU）。一旦发生短路事故，大电流立刻将熔断器烧断，迅速自动切断电路，使电源、导线得到保护。

在电工、电子技术中，有时为了某种特定需要，将一部分电路或某一元件两端用导线相连。为了区分于短路事故，把这种人为的连接称为短接。

例 1-8　已知某电源的开路电压 $U_o = 5\text{V}$，短路电流 $I_S = 50\text{A}$，问该电源的电动势和内阻各是多少？

解： 电源电动势　　$E = U_o = 5\text{V}$

电源内阻　　$R_0 = \dfrac{U_o}{I_S} = \dfrac{5}{50}\Omega = 0.1\Omega$

例 1-9　图 1-32 是一个含有电源和负载的闭合回路，电动势 $E = 20\text{V}$，内阻 $R_0 = 0.8\Omega$，负载电阻 $R_L = 9.2\Omega$，试求：

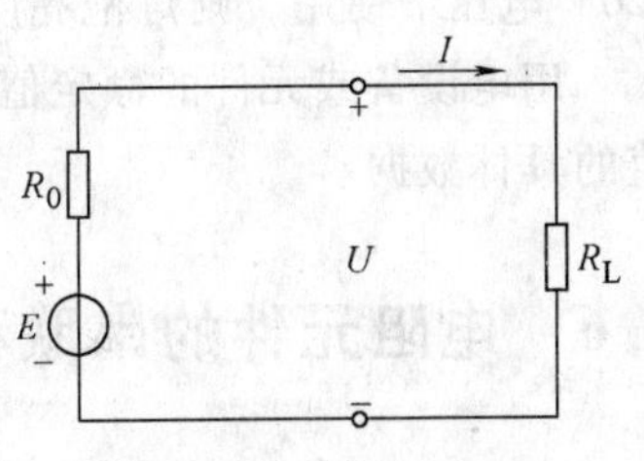

图 1-32　例 1-9 电路

（1）电路中的电流 I。

（2）负载 R_L 上的电压。

（3）负载吸收的功率、电源产生的功率和内阻消耗的

功率。

(4) 若负载发生短路，计算短路电流。

解：(1) 电路中的电流：

$$I = \frac{E}{R_0 + R_L} = \frac{20}{0.8 + 9.2}\text{A} = 2\text{A}$$

(2) 负载 R_L上的电压：$U = R_L I = 9.2 \times 2\text{V} = 18.4\text{V}$

(3) 负载吸收的功率：$P = UI = 18.4 \times 2\text{W} = 36.8\text{W}$

电源产生的功率（电动势 E 与电流 I 的参考方向一致）：

$$P_E = EI = 20 \times 2\text{W} = 40\text{W}$$

内阻消耗的功率：$\Delta P = P_E - P = (40 - 36.8)\text{W} = 3.2\text{W}$

或

$$\Delta P = R_0 I^2 = 0.8 \times 2^2\text{W} = 3.2\text{W}$$

(4) 负载短路时的电流：$I_S = \frac{E}{R_0} = \frac{20}{0.8}\text{A} = 25\text{A}$

1.5.2 电器设备的额定值

通常用电设备都是并联在电源的两端，并联的个数越多，电源所提供的电流就越大，电源输出的功率也就越大。对于一定的电源来说，负载电流不能无限地增大，超过电源的最大承受力，电源就会被烧坏。各个电源、用电设备的电压、电流及功率都有规定的数据，这些数据就是该电源、用电设备的额定值。

额定值是设计者与制造厂商为了保证产品在给定的工作条件下（包括环境、温度等因素）正常运行而规定的容许值，通常用 U_N、I_N、P_N表示额定电压、额定电流和额定功率。只有在额定值范围内使用，才能保证用电设备的运行安全、可靠、经济、合理，延长使用寿命。用电设备的使用寿命往往与绝缘材料的耐热性及绝缘强度有关系。如果用电设备经常超载运行，电流超过额定值而引起过热，使得绝缘材料遭到破坏或加速绝缘材料的老化，就会缩短其使用寿命；当电压超过额定值许多时，绝缘材料就会被击穿。所以，在正常工作条件下，负载电流大于额定值而出现超载情况，在工程上是不许的；同样，负载电流远远小于额定值而出现欠载情况，使设备能力不能被充分的利用，在工程上也是不允许的，所以当负载电流与额定值相近或趋于满载时，设备的运行才能达到经济合理和高效率。

例如一个白炽灯泡额定值是 220V、60W，表示该灯泡应在 220V 电压下使用，消耗的电功率为 60W，灯泡才能正常发光，才能保证有规定的使用寿命。若在超过 220V 电压下使用，灯丝温度过高，灯泡会亮些，但寿命会大大缩短，严重时会将灯丝立即烧断。若在低于 220V 电压下使用，则灯泡亮度不够，效果不能充分发挥，也不经济合理。

用电设备或元件的额定值通常标在铭牌上或使用说明书上，使用之前必须仔细核对额定值的具体数据。

1.6 电阻元件的串联和并联

在电路中电阻的连接形式是多种多样的，其中最简单和最常用的是串联和并联。

1.6.1 电阻元件的串联

如果在一个电路中，有若干个电阻按顺序首尾相连，在电源的作用下，各电阻上流过的电流相等，这种连接方式称为电阻的串联，如图 1-33a 所示。电阻串联时具有以下两个特点：

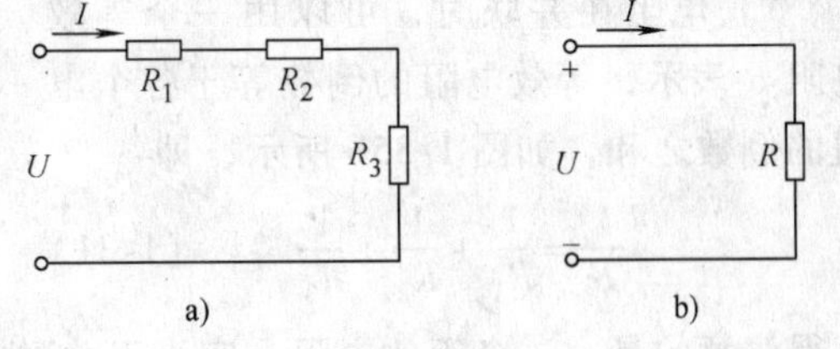

图 1-33　串联等效电阻

1）电阻在串联时，可以用一个等效电阻 R 表示，等效电阻的大小等于各个串联电阻之和，如图 1-33b 所示，即

$$R = R_1 + R_2 + R_3 \quad (1\text{-}28)$$

2）电阻在串联时，流过各个电阻的电流相等，但各个电阻两端的电压是不等的。电路总电压 U 等于各个电阻上的电压之和，即

$$U = U_1 + U_2 + U_3 \quad (1\text{-}29)$$

若电路中只有两个电阻串联，则电流为

$$I = \frac{U}{R} = \frac{U}{R_1 + R_2}$$

各电阻两端的电压可通过下式求得：

$$\left.\begin{aligned} U_1 &= R_1 I = \frac{R_1}{R_1 + R_2} \times U \\ U_2 &= R_2 I = \frac{R_2}{R_1 + R_2} \times U \end{aligned}\right\} \quad (1\text{-}30)$$

式（1-30）称为分压公式。显然，串联电阻上电压的分配与电阻阻值的大小成正比。当其中某个电阻比其他电阻小得多时，其两端的电压也比其他电阻两端的电压低得多。

电阻串联的应用很多，例如，当电源电压高于负载额定电压时，可以在负载上串联电阻，以降低负载上的电压。当负载变化或电源电压变化时，为了防止电路中的电流过大，可以在电路中串联电阻来限制电流。

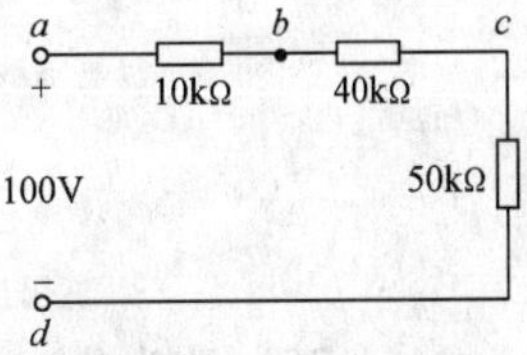

图 1-34　例 1-10 电路

例 1-10　电路如图 1-34 所示，已知 $U_{ad} = 100\text{V}$，求 U_{ab}、U_{bc}和 U_{bd}。

解： 100V 电压加在三个串联电阻上，根据分压公式，每个电阻所分到的电压与本身的电阻成正比，可得

$$U_{ab} = \frac{10}{10 + 40 + 50} \times 100\text{V} = 10\text{V}$$

$$U_{bc} = \frac{40}{10 + 40 + 50} \times 100\text{V} = 40\text{V}$$

$$U_{bd} = \frac{40 + 50}{10 + 40 + 50} \times 100\text{V} = 90\text{V}$$

1.6.2 电阻元件的并联

如果在一个电路中，有若干个电阻的首端、尾端分别相连在一起，在电源的作用下，各

电阻两端的电压相等，这种连接方式称为电阻的并联，如图 1-35a 所示。

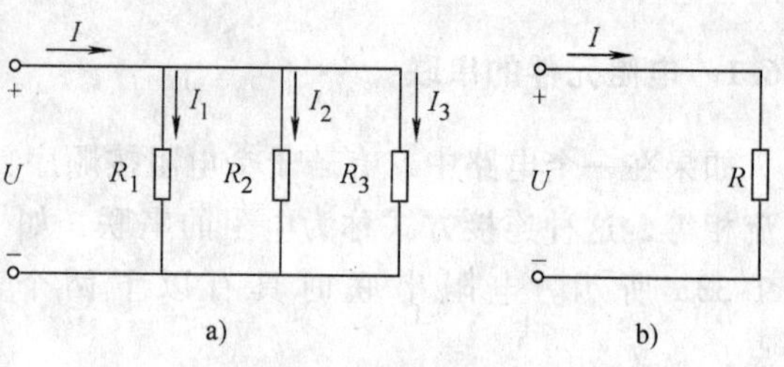

图 1-35　并联等效电阻

电阻并联时具有以下两个特点：

1）电阻在并联时，可以用一个等效电阻 R 表示，等效电阻的倒数等于各个电阻的倒数之和，如图 1-35b 所示，即

$$\frac{1}{R}=\frac{1}{R_1}+\frac{1}{R_2}+\frac{1}{R_3} \tag{1-31}$$

值得注意的是：这个等效电阻一定小于并联电阻中的任何一个。

最简单的电阻并联是两个电阻 R_1 和 R_2 的并联，这时等效电阻为

$$R=\frac{R_1R_2}{R_1+R_2} \tag{1-32}$$

电阻的倒数也称为电导，用字母 Y 表示，即 $Y=\frac{1}{R}$。在国际制单位中，电导的单位是西门子，用字母 S 表示，式（1-31）也可写成

$$Y=Y_1+Y_2+Y_3 \tag{1-33}$$

2）电阻在并联时，虽然两端的电压相等，但各个电阻中流过的电流是不等的。电路总电流 I 等于各个电阻上流过的电流之和，即

$$I=I_1+I_2+I_3 \tag{1-34}$$

若只有两个电阻并联，在已知总电流的情况下，两端的电压为

$$U=RI=\frac{R_1R_2}{R_1+R_2}I$$

则两个电阻上流过的电流可以分别通过下式求得：

$$\left.\begin{aligned}I_1&=\frac{U}{R_1}=\frac{R_2}{R_1+R_2}I\\I_2&=\frac{U}{R_2}=\frac{R_1}{R_1+R_2}I\end{aligned}\right\} \tag{1-35}$$

式（1-35）称为分流公式。显然，并联电阻上电流的分配与电阻阻值的大小成反比。当其中某个电阻比其他电阻大得多时，通过此电阻上的电流就比其他电阻上通过的电流小得多。

一般，负载都是并联接入电路中的。负载并联时，它们处于同一电压作用之下，任何一个负载的工作情况基本上不受其他负载的影响。并联的负载电阻越多，总电阻越小，电路中的总电流和电源提供的功率也就越大，但是每个负载上的电流和功率基本上不变。有时为了某种特定需要，可将电路中的某一段与电阻或变阻器并联，达到分流或调节电流的目的。

小　结

1. 任何一个完整的电路都有电源、负载和中间环节三个基本组成部分。用理想电路元件代替实际元件构成的电路称为电路模型。实际电路模型化的意义在于简化电路的分析和计算。

2. 电流的实际方向是指正电荷运动的方向，电压的实际方向是指电位降的方向，电动

势的方向是指电位升的方向。电流和电压的参考方向可任意选定，当参考方向与实际方向一致时，其值为正，反之为负。在未标出参考方向的情况下，其正负是无意义的。

在电路元件上的电压 U 与电流 I 的参考方向一致的条件下，当功率 $P=UI$ 为正值时，该元件从外电路吸取功率，属于负载性质；当 P 为负值时，该元件向外电路发出功率，属于电源性质。

3. 组成电路模型的理想电路元件通常有电阻元件、电感元件、电容元件、理想电压源和理想电流源等几种。电阻为耗能元件，电感、电容为储能元件，分别储存磁场能和电场能，这三种元件均不产生能量，称为无源元件。

在电压和电流的参考方向一致的条件下，电阻元件、电感元件和电容元件的伏安特性分别为

$$u=Ri$$

$$u=L\frac{\mathrm{d}i}{\mathrm{d}t}$$

$$i=C\frac{\mathrm{d}u}{\mathrm{d}t}$$

理想电压源和理想电流源是电路中提供能量的元件，称为有源元件。理想电压源的电压恒定不变，而电流随外电路而变；理想电流源的电流恒定不变，而电压随外电路而变。

一个实际电源的电路模型有电压源模型和电流源模型两种形式，电压源模型是理想电压源和内电阻的串联组合，电流源模型是理想电流源和内电阻的并联组合，电压源模型与电流源模型之间可以等效变换。等效变换的条件是内阻相等，且有 $I_S=U_S/R_0$。

4. 基尔霍夫定律是电路的基本定律之一。它具有普遍的适用性，适用于任一瞬时、任何电路、任何变化的电流和电压。基尔霍夫定律包含电流定律和电压定律。

基尔霍夫电流定律叙述为：任一瞬时，通过电路中任一节点的各支路电流的代数和恒等于零。该电流定律通常应用于节点，也可推广应用于任一假设的闭合面。

基尔霍夫电压定律叙述为：任一瞬时，作用于电路中任一回路的各支路电压的代数和恒等于零。该电压定律通常应用于闭合回路，也可推广应用于任何开口电路。

5. 电路有负载、空载和短路三种工作状态。

负载状态是电路的工作状态，这时电源产生的功率减去内阻消耗的功率等于外电路吸收的功率。

空载状态即电源开路，这时电流为零，电源端电压等于理想电压源的电压 U_S，电路不消耗功率。

电源短路通常是一种事故，这时电源端电压为零，短路电流 $I_S=E/R_0$，电路功率全部消耗在电源内阻上。

额定值是制造厂为了使产品能在给定的工作条件下正常运行而规定的容许值。电气设备和元器件在额定状态下工作是最合理的。

6. 在电路中电阻的连接形式是多种多样的，其中最简单和最常用的是串联和并联。一个电路中，有若干个电阻按顺序首尾相连，在电源的作用下，各电阻上流过的电流相等，这种连接方式称为电阻的串联。一个电路中，有若干个电阻的首端、尾端分别相连在一起，在电源的作用下，各电阻两端的电压相等，这种连接方式称为电阻的并联。

习题 1

1-1　图 1-36a、b、c 所示为从某一电路中取出的一条支路 AB。试问：电流的实际方向如何？

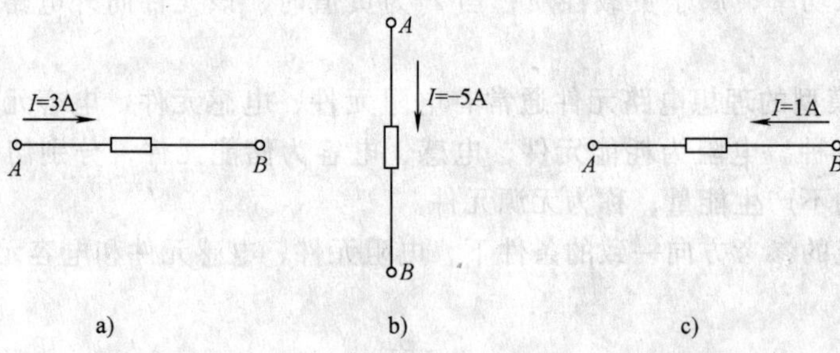

图 1-36　习题 1-1 电路

1-2　图 1-37a、b、c 所示为某一电路中的任一元件。试问：元件两端电压的实际方向如何？

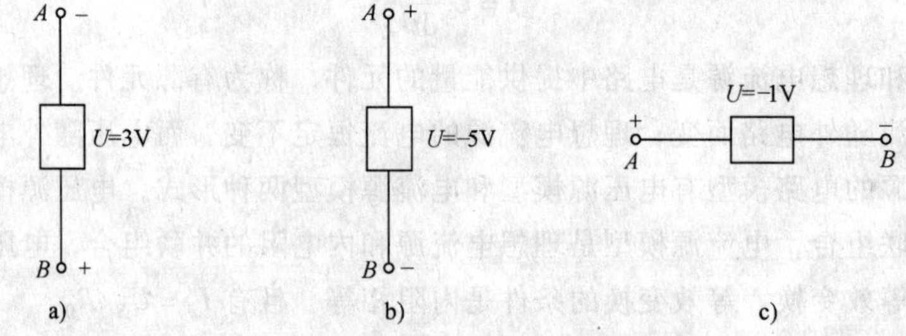

图 1-37　习题 1-2 电路

1-3　图 1-38 所示电路中，元件 P 产生的功率为 5W，则电流 I 应为多少？

1-4　图 1-39 所示电路中，各元件参数及电流参考方向如图所示，试计算 U_{CD} 及 I_3 的值。

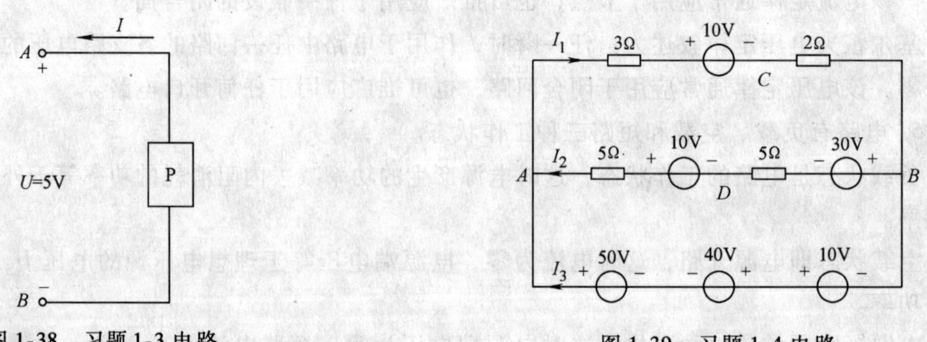

图 1-38　习题 1-3 电路

图 1-39　习题 1-4 电路

1-5　求图 1-40 所示各支路中的未知量。

1-6　求图 1-41 所示电路中的电流 I。

1-7　求图 1-42 所示电路中的电压 U、电流 I。

1-8　简化图 1-43a ~ e 所示各电路为一个等效的电压源或电流源。

1-9　有一个 220V、40W 的台灯，接到 220V 的电源上，求通过该台灯的电流和在工作电压下的电阻。若每晚使用 3h，则每月将消耗多少电能？

1-10　图 1-44 所示电路是一个电阻混联电路，各参数如图中所示，求 a、b 两端的等效电阻 R_{ab}。

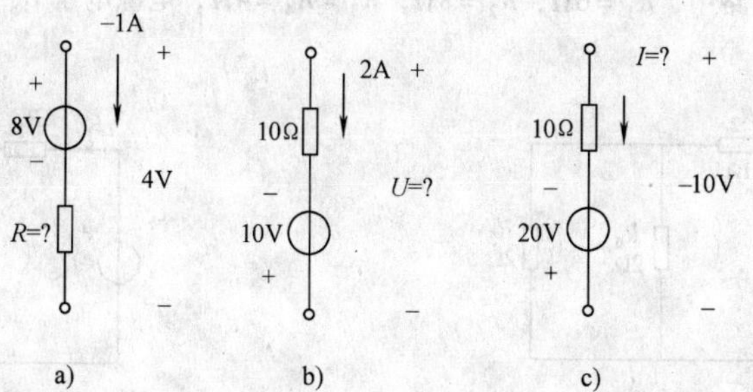

图 1-40　习题 1-5 电路

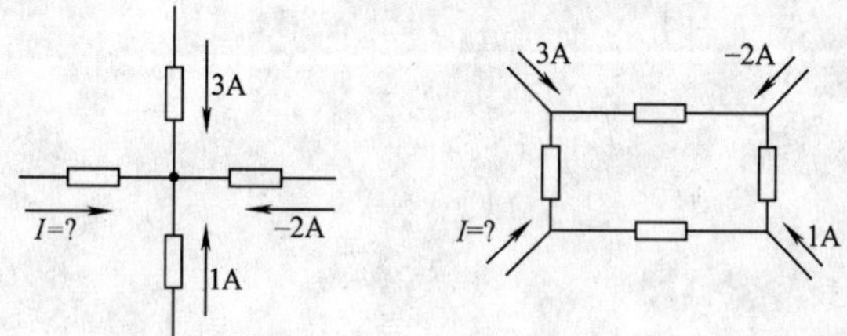

图 1-41　习题 1-6 电路

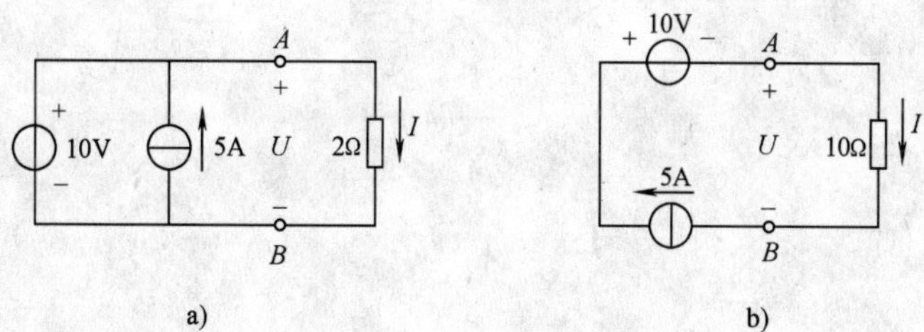

图 1-42　习题 1-7 电路

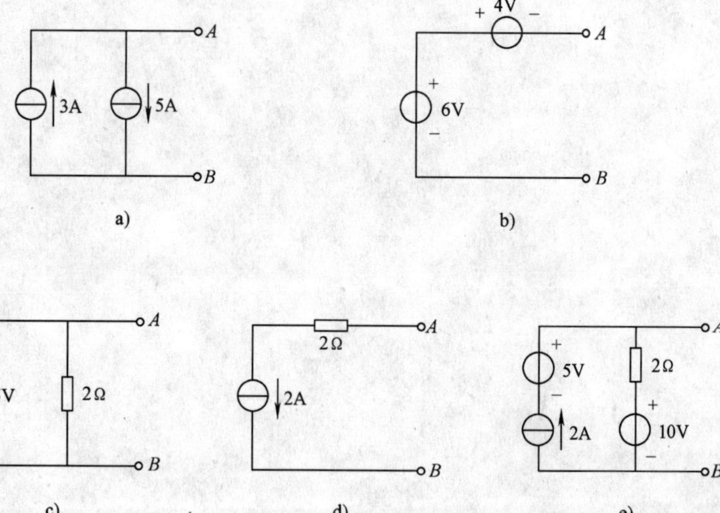

图 1-43　习题 1-8 电路

1-11　图 1-45 所示电路中，$R_1=6\Omega$，$R_2=8\Omega$，$R_3=R_4=4\Omega$，电源电压 $U_S=100\text{V}$，求电流 I_1、I_2、I_3 的值。

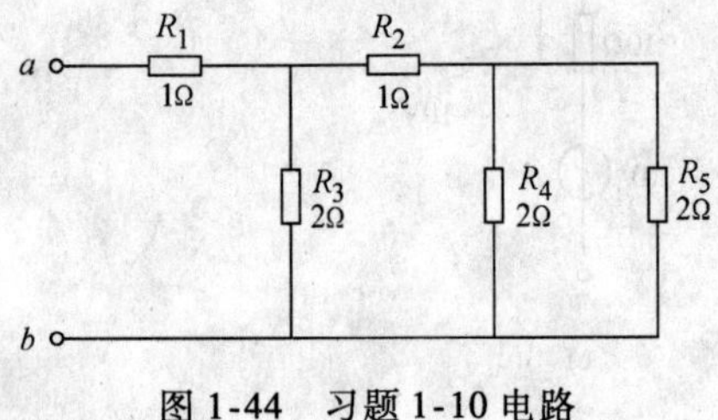

图 1-44　习题 1-10 电路

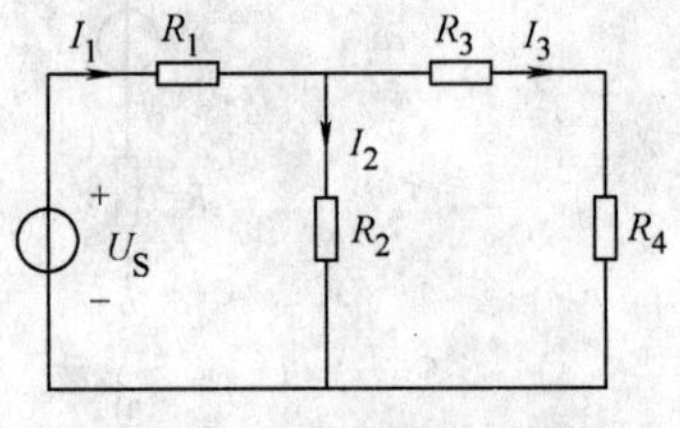

图 1-45　习题 1-11 电路

第2章　电路的分析方法

本章导读：

电路分析是指在已知电路结构中各元件参数的条件下，确定各部分电压与电流之间的关系。其中电源或信号源的电压或电流称为激励，它推动电路工作，由此在电路各部分产生的电压和电流称为响应。实际上，电路分析也就是讨论激励与响应之间的关系。

分析和计算电路可以应用欧姆定律和基尔霍夫定律，但往往由于电路复杂，计算过程十分繁琐。为此，要根据电路的结构特点去寻找分析和计算的简便方法。本章介绍了支路电流法、网孔电流法、叠加定理、戴维南定理和诺顿定理等几种常用的分析电路的方法，并且简单介绍了电位的计算方法。

本章学习要求：

1）熟练掌握支路电流法。
2）熟练掌握叠加定理。
3）熟练掌握戴维南定理。
4）掌握网孔电流法。
5）了解诺顿定理。

2.1　支路电流法

为了探讨电路普遍适用的求解方法，往往要求在不改变电路结构的情况下，找出求解的步骤，使之有规律可循。支路电流法是以支路电流为待求量，利用两条基尔霍夫定律（KCL、KVL），分别对节点和回路列出所需的方程式，从而解出支路电流的方法。

下面通过具体实例说明支路电流法的求解规律。

例2-1　试用支路电流法，求解图2-1所示电路中通过电阻 R_1、R_2 和 R 的电流。已知 $U_{S1}=130V$，$U_{S2}=117V$，$R_1=1\Omega$，$R_2=0.6\Omega$，$R=24\Omega$。

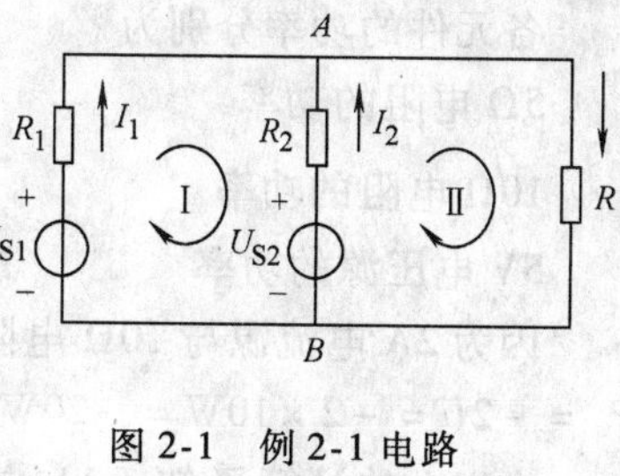

图2-1　例2-1电路

解：先假定各支路电流的参考方向如图2-1所示。然后，根据基尔霍夫电流定律 $\sum I_i=0$，列出节点的电流方程式。该电路中有 A、B 两个节点，分别列出方程。对节点 A 有

$$I_1+I_2-I=0 \tag{1}$$

对节点 B 有

$$-I_1-I_2+I=0$$

在以上方程式中，若将节点 A 的方程乘以（−1），就是节点 B 的方程了。因此，这两

个方程中只有一个是独立的。于是得出结论：节点电流的独立方程数比节点数少一个，即若电路中有 n 个节点，则可列出（$n-1$）个节点电流方程。本例中，选节点 A 的电流方程作为独立方程，记作（1）式。

再根据基尔霍夫电压定律 $\sum U_i=0$，列出回路的电压方程式，通常选网孔为分析对象。本例中，对回路Ⅰ和回路Ⅱ选定顺行方向，如图 2-1 所示。

对回路Ⅰ有

$$R_1I_1-R_2I_2+U_{S2}-U_{S1}=0 \tag{2}$$

对回路Ⅱ有

$$R_2I_2+RI-U_{S2}=0 \tag{3}$$

为了能够求解待求的支路电流，必须使回路电压方程数加上节点电流方程数等于支路数。得到的结论为：若电路中有 b 条支路，n 个节点，则可列出（$b-n+1$）个回路电压方程。本例中共有 3 条支路，2 个节点，因而只需再列 2 个回路电压方程即可求解，将回路Ⅰ和回路Ⅱ的电压方程式分别记作（2）式和（3）式。

最后解方程组，求出 3 条支路电流。本例中，需联立（1）、（2）、（3）三个方程式，代入数据，求出支路电流，得：$I_1=10\text{A}$，$I_2=-5\text{A}$，$I=5\text{A}$。

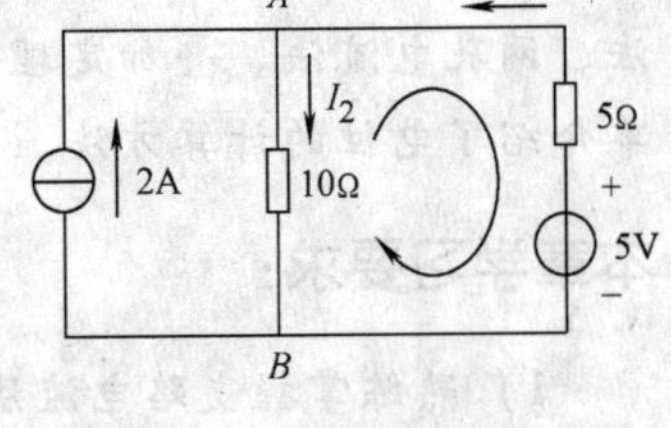

图 2-2　例 2-2 电路

例 2-2　图 2-2 所示电路中，用支路电流法求各支路电流及各元件的功率。

解： 本例中只有两个电流未知量 I_1 和 I_2，因此只需列出两个方程即可求解。

对节点 A，列 KCL 方程：

$$I_1-I_2+2=0 \tag{1}$$

对图示回路，列 KVL 方程：

$$-5I_1-10I_2+5=0 \tag{2}$$

解（1）、（2）两个方程，得

$$I_1=-1\text{A},\ I_2=1\text{A}$$

各元件的功率分别为

5Ω 电阻的功率　　$P_1=5I_1^2=5\times(-1)^2\text{W}=5\text{W}$

10Ω 电阻的功率　　$P_2=10I_2^2=10\times1^2\text{W}=10\text{W}$

5V 电压源的功率　　$P_3=-5I_1=-5\times(-1)\text{W}=5\text{W}$

因为 2A 电流源与 10Ω 电阻并联，故其两端的电压为 $U=10I_2=10\times1\text{V}=10\text{V}$，功率为 $P_4=-2U=-2\times10\text{W}=-20\text{W}$。

由以上的计算可知，2A 电流源产生 20W 功率，其余 3 个元件总共吸收的功率也是 20W，可见电路功率平衡。

通过以上的具体实例，可以总结出支路电流法的解题步骤：

1）先假定各支路电流的参考方向。若有 n 个节点，则根据基尔霍夫电流定律列（$n-1$）个节点电流方程。

2）若有 b 条支路，则根据基尔霍夫电压定律列（$b-n+1$）个回路电压方程。为了计算方便，通常选网孔作为回路。

3）解方程组，求出各支路的电流。

2.2 网孔电流法

在图 2-3 所示电路中，各元件的参数和各支路电流的参考方向如图所示。在这个比较复杂的电路中，有 5 条支路、3 个节点、3 个网孔，根据基尔霍夫定律可以列出 2 个独立的 KCL 方程和 3 个独立的 KVL 方程。

节点 A：　$I_1 - I_2 + I_3 + I_5 = 0$

节点 B：　$-I_1 - I_3 - I_4 = 0$

网孔Ⅰ：　$R_1 I_1 - R_3 I_3 - U_{S1} - U_{S3} = 0$

网孔Ⅱ：　$R_3 I_3 - R_5 I_5 - R_4 I_4 + U_{S3} = 0$

网孔Ⅲ：　$R_5 I_5 + R_2 I_2 + U_{S2} = 0$

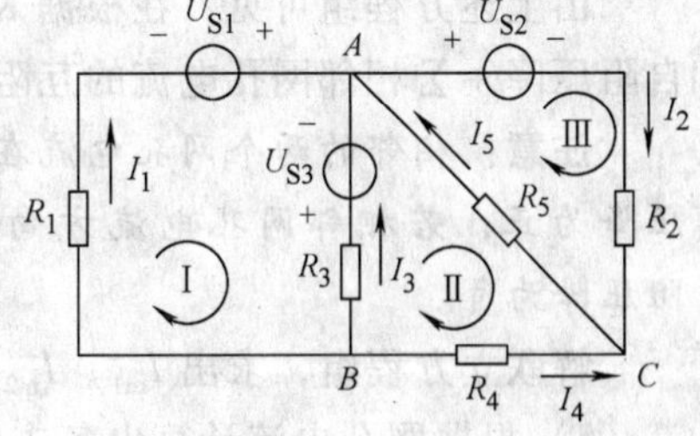

图 2-3　网孔电流法

5 个方程联立后可以解得各支路电流，但是未知量个数比较多，解五元一次方程组是较为复杂的。如果未知量减少、方程数减少，那么解方程组就容易多了。网孔电流法就是这样的方法之一。

网孔电流法是以网孔电流作为中间未知量的求解方法。网孔电流是一个网孔中流过的假想电流（实际上是不存在的），各支路电流可以看作是流过该支路的各网孔电流叠加的代数和。假设图 2-3 中网孔Ⅰ、Ⅱ、Ⅲ的网孔电流分别为 I_{m1}、I_{m2}、I_{m3}，显然，支路电流 I_3 是流过该支路的网孔电流 I_{m1} 和 I_{m2} 的代数和。

网孔电流法的解题步骤如下：

1）假设各网孔电流的循行方向，图 2-3 所示电路中 I_{m1}、I_{m2}、I_{m3} 均为顺时针方向。

2）写出各网孔中的自阻，即各网孔中所有支路电阻之和，用 R_{11}、R_{22}、R_{33}、…、R_{xx} 表示。

$$R_{11} = R_1 + R_3$$
$$R_{22} = R_3 + R_4 + R_5$$
$$R_{33} = R_2 + R_5$$

3）写出各网孔中的互阻，即相邻两个网孔电流共同流过支路的电阻，用 R_{12}、R_{21}、R_{13}、R_{31}、…、R_{xy}、R_{yx} 表示。

$$R_{12} = R_{21} = R_3$$
$$R_{23} = R_{32} = R_5$$

4）应用基尔霍夫电压定律（KVL），以网孔电流作为未知量，可以列写出 m 个独立的网孔电压方程。

$$R_1 I_{m1} + R_3 I_{m1} - R_3 I_{m2} = U_{S1} + U_{S3}$$
$$R_3 I_{m2} + R_5 I_{m2} + R_4 I_{m2} - R_5 I_{m3} - R_3 I_{m1} = -U_{S3}$$
$$R_5 I_{m3} + R_2 I_{m3} - R_5 I_{m2} = -U_{S2}$$

整理后可得

$$(R_1 + R_3) I_{m1} - R_3 I_{m2} = U_{S1} + U_{S3}$$
$$-R_3 I_{m1} + (R_3 + R_4 + R_5) I_{m2} - R_5 I_{m3} = -U_{S3}$$

$$-R_5I_{m2}+(R_2+R_5)I_{m3}=-U_{S2}$$

即

$$R_{11}I_{m1}-R_{12}I_{m2}=U_{S1}+U_{S3}$$
$$-R_{21}I_{m1}+R_{22}I_{m2}-R_{23}I_{m3}=-U_{S3}$$
$$-R_{32}I_{m2}+R_{33}I_{m3}=-U_{S2}$$

由上述方程组可见，在根据 KVL 列写网孔电压方程时应遵循的原则是：本网孔电流的自阻压降 + $\sum$相邻网孔电流的互阻压降 = $\sum U_S$。

注意：相邻的两个网孔电流在流过相邻公共电阻时，若相邻网孔电流方向一致，则互阻压降为正；若相邻网孔电流方向相反，则互阻压降为负。

解联立方程组，求出 I_{m1}、I_{m2}、I_{m3}。

5）根据网孔电流计算出各支路电流，即

$I_1=I_{m1}$、$I_2=I_{m3}$、$I_3=I_{m2}-I_{m1}$、

$I_4=-I_{m2}$、$I_5=I_{m3}-I_{m2}$

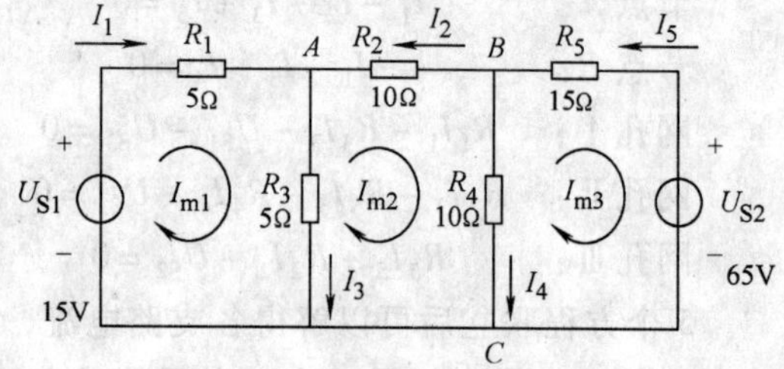

图 2-4　例 2-3 电路

例 2-3　在图 2-4 所示电路中，各元件参数如图所示，试求各支路电流。

解：(1) 假设各支路电流的参考方向和网孔电流 I_{m1}、I_{m2}、I_{m3} 的循行方向，如图 2-4 所示。

(2) 写出各网孔的自阻：

$$R_{11}=R_1+R_3=(5+5)\Omega=10\Omega$$
$$R_{22}=R_2+R_3+R_4=(10+5+10)\Omega=25\Omega$$
$$R_{33}=R_4+R_5=(10+15)\Omega=25\Omega$$

(3) 写出各网孔的互阻：

$$R_{12}=R_{21}=R_3=5\Omega$$
$$R_{23}=R_{32}=R_4=10\Omega$$

(4) 列写出 m 个独立的网孔 KVL 方程：

$$R_{11}I_{m1}-R_{12}I_{m2}=U_{S1}$$
$$-R_{21}I_{m1}+R_{22}I_{m2}-R_{23}I_{m3}=0$$
$$-R_{32}I_{m2}+R_{33}I_{m3}=-U_{S2}$$

(5) 代入数据，解联立方程组：

$$10I_{m1}-5I_{m2}=15\text{V}$$
$$-5I_{m1}+25I_{m2}-10I_{m3}=0$$
$$-10I_{m2}+25I_{m3}=-65\text{V}$$

解得　$I_{m1}=1\text{A}\quad I_{m2}=-1\text{A}\quad I_{m3}=-3\text{A}$

(6) 求各支路电流：

$$I_1=I_{m1}=1\text{A}$$
$$I_2=-I_{m2}=1\text{A}$$
$$I_3=I_{m1}-I_{m2}=[1-(-1)]\text{A}=2\text{A}$$
$$I_4=I_{m2}-I_{m3}=[-1-(-3)]\text{A}=2\text{A}$$

$$I_5 = -I_{m3} = 3A$$

2.3 叠加定理

电路元件有线性和非线性之分，线性元件的参数是常数，与所施加的电压和通过的电流无关。由线性元件组成的电路称为线性电路。叠加定理是反映线性电路基本性质的一条重要定理，可叙述如下：在线性电路中，有几个电源共同作用时，在任一支路所产生的电流（或电压）等于各个电源单独作用时在该支路所产生的电流（或电压）的代数和。

在应用叠加定理时，应保持电路的结构不变。在考虑某一电源单独作用时，要假设其他电源都不存在，即理想电压源被短路，其电压为零；理想电流源开路，其电流为零。

仍以例 2-1 所示电路为例，说明叠加定理的正确性，如图 2-5 所示。由叠加定理可知：电路中的 U_{S1} 和 U_{S2} 共同作用时在各支路中所产生的电流 I_1、I_2、I，应为 U_{S1} 单独作用时在各相应支路中所产生的电流 I_1'、I_2'、I' 和 U_{S2} 单独作用时在各相应支路中所产生的电流 I_1''、I_2''、I'' 的代数和。这就是说，图 2-5a 电路可视为图 2-5b、c 电路的叠加。图 2-5b 是当 U_{S1} 单独作用时的情况，此时 $U_{S2}=0$，即将 U_{S2} 所在处短路，R_2 保留在原处；图 2-5c 是当 U_{S2} 单独作用时的情况，此时 $U_{S1}=0$，即将 U_{S1} 所在处短路，R_1 保留在原处。

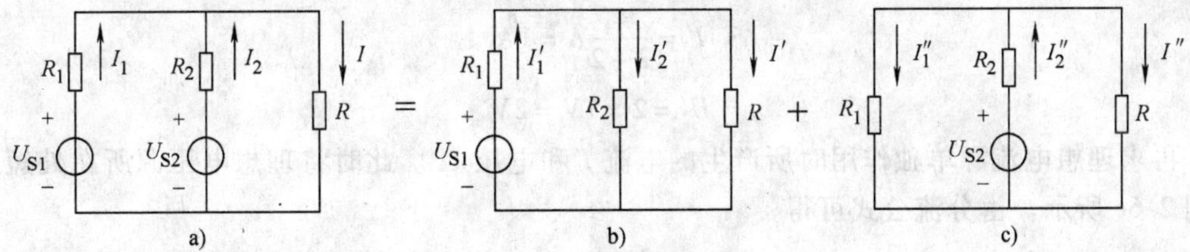

图 2-5 叠加定理示意图

由图 2-5b 可得

$$I_1' = \frac{U_{S1}}{R_1 + \dfrac{R_2 R}{R_2 + R}} = \frac{130}{1 + \dfrac{0.6 \times 24}{0.6 + 24}} A = 82A$$

$$I_2' = \frac{R}{R_2 + R} I_1' = \frac{24}{0.6 + 24} \times 82A = 80A$$

$$I' = I_1' - I_2' = (82 - 80)A = 2A$$

由图 2-5c 可得

$$I_2'' = \frac{U_{S2}}{R_2 + \dfrac{R_1 R}{R_1 + R}} = \frac{117}{0.6 + \dfrac{1 \times 24}{1 + 24}} A = 75A$$

$$I_1'' = \frac{R}{R_1 + R} I_2'' = \frac{24}{1 + 24} \times 75A = 72A$$

$$I'' = I_2'' - I_1'' = (75 - 72)A = 3A$$

图 2-5a 所示的电路可视为图 2-5b、c 两电路的叠加，于是各支路的电流为上述两组相应电流的代数和，考虑各电流的参考方向，得

$$I_1 = I_1' - I_1'' = (82 - 72)\text{A} = 10\text{A}$$
$$I_2 = I_2'' - I_2' = (75 - 80)\text{A} = -5\text{A}$$
$$I = I' + I'' = (2 + 3)\text{A} = 5\text{A}$$

叠加时，要注意原电路和分解后各单电源电路图中各电压和电流的参考方向。以原电路中电压和电流的参考方向为准，分电压和分电流的参考方向与其一致时取正号，不一致时取负号。

例 2-4　试求图 2-6a 所示电路中的电流 I 和电压 U。

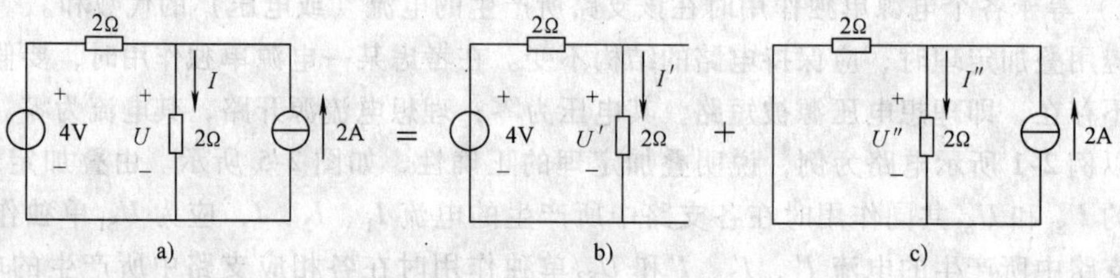

图 2-6　例 2-4 电路

解： 先求理想电压源单独作用时所产生的电流 I'和电压 U'。此时将理想电流源所在支路开路，如图 2-6b 所示。由欧姆定律可得

$$I' = \frac{4}{2+2}\text{A} = 1\text{A}$$
$$U' = 2 \times 1\text{V} = 2\text{V}$$

再求理想电流源单独作用时所产生的电流 I''和电压 U''。此时将理想电压源所在处短路，如图 2-6c 所示。由分流公式可得

$$I'' = \frac{2}{2+2} \times 2\text{A} = 1\text{A}$$
$$U'' = 2 \times 1\text{V} = 2\text{V}$$

将图 2-6b、c 叠加，可得

$$I = I' + I'' = (1 + 1)\text{A} = 2\text{A}$$
$$U = U' + U'' = (2 + 2)\text{V} = 4\text{V}$$

2.4　戴维南定理和诺顿定理

2.4.1　戴维南定理

对于多电源、多支路、结构复杂的电路可以应用支路电流法、网孔电流法和叠加定理来进行分析和计算。但是，如果仅仅只要计算其中某一条支路的电流，仍采用上述方法，那么会引出一些不必要的电流计算，既增加了计算工作量，又使求解过程较为复杂。为了简化计算，常应用等效电源的方法，把需要进行电流计算的支路单独画出来进行计算。

如图 2-7a 所示，把电阻 R_L所在的 AB 支路单独画出，而电路的其余部分就成为了一个有源二端网络。所谓有源二端网络，就是具有两个出线端且含有电源的部分电路。该有源二端网络对于所画出的支路来说，相当于一个电源，因为这条支路中的电流、电压和功率就是

由它供给的。

因此，可以用一个电压源模型来等效地代替有源二端网络，这种方法称为戴维南定理，如图 2-7b 所示。定理表述为：任何一个有源二端线性网络都可以变换为一个电压源模型，该电压源模型的理想电压源电压 U_S 等于有源二端网络的开路电压 U_{OC}，电压源模型的内阻 R_0 等于相应的无源二端网络的等效电阻。

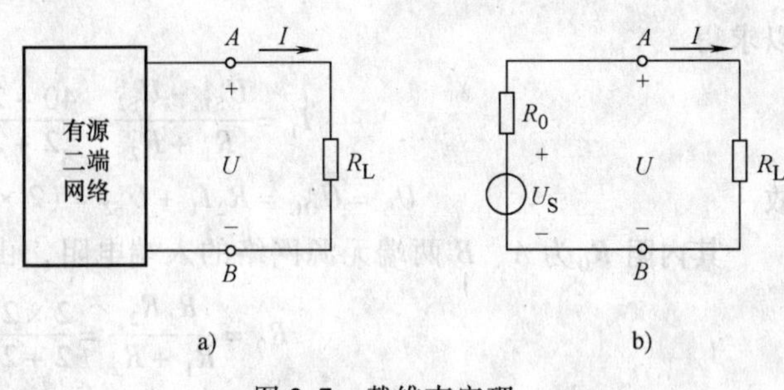

图 2-7　戴维南定理

所谓相应的无源二端网络的等效电阻，就是将有源二端网络中所有的理想电源（理想电压源和理想电流源）均除去时网络的入端电阻。除去理想电压源，即 $U_S=0$，方法是将理想电压源所在处短路；除去理想电流源，即 $I_S=0$，方法是将理想电流源所在处开路。

有源二端网络变换为电压源模型后，一个复杂电路就变换成为一个简单的回路，可以直接应用欧姆定律来求该电路的电流和电压。如图 2-7b 所示，待求支路中的电流和端电压分别应为

$$I=\frac{U_S}{R_0+R_L}$$

$$U=U_S-R_0I \tag{2-1}$$

例 2-5　求图 2-8a 所示电路的戴维南等效电路。已知 $U_{S1}=40V$，$U_{S2}=20V$，$R_1=2\Omega$，$R_2=2\Omega$，$R=5\Omega$。

解： 图 2-8a 所示电路中点划线框内是一个有源二端网络，根据戴维南定理，可用一个电压为 U_S 的理想电压源和内阻 R_0 相串联的电压源模型来等效代替。

电压源模型的理想电压源电压 U_S 等于 A、B 两端的开路电压 U_{OC}，如图 2-8b 所示。可

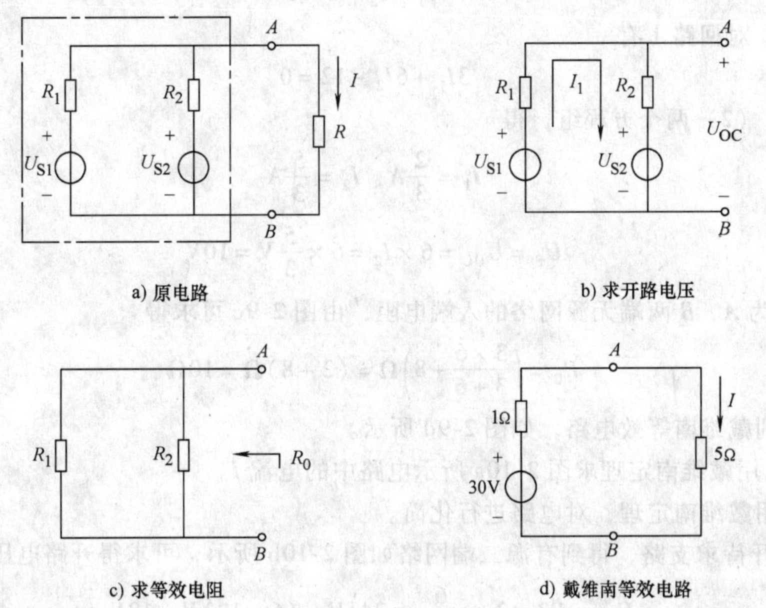

图 2-8　例 2-5 电路

以求得

$$I_1 = \frac{U_{S1} - U_{S2}}{R_1 + R_2} = \frac{40 - 20}{2 + 2}\text{A} = 5\text{A}$$

故 $$U_S = U_{OC} = R_2 I_1 + U_{S2} = (2 \times 5 + 20)\text{V} = 30\text{V}$$

其内阻 R_0为 A、B 两端无源网络的入端电阻，由图 2-8c 可求得

$$R_0 = \frac{R_1 R_2}{R_1 + R_2} = \frac{2 \times 2}{2 + 2}\Omega = 1\Omega$$

于是得到戴维南等效电路，如图 2-8d 所示。

例 2-6 求图 2-9a 所示电路的戴维南等效电路。

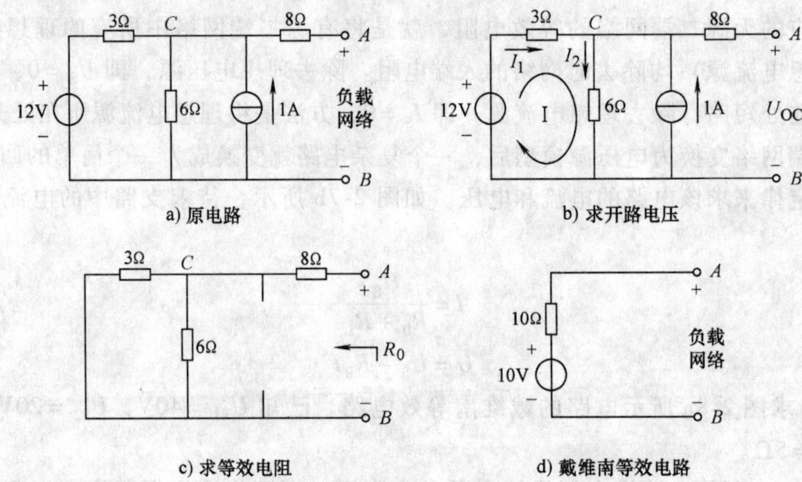

图 2-9 例 2-6 电路

解：先求出 A、B 两端的开路电压 U_{OC}，如图 2-9b 所示。由 KCL，对 C 点有

$$-I_1 + I_2 - 1 = 0 \tag{1}$$

由 KVL，对回路Ⅰ有

$$3I_1 + 6I_2 - 12 = 0 \tag{2}$$

解（1）、（2）两个方程组，得

$$I_1 = \frac{2}{3}\text{A},\ I_2 = \frac{5}{3}\text{A}$$

故 $$U_S = U_{OC} = 6 \times I_2 = 6 \times \frac{5}{3}\text{V} = 10\text{V}$$

内阻 R_0为 A、B 两端无源网络的入端电阻，由图 2-9c 可求得

$$R_0 = \left(\frac{3 \times 6}{3 + 6} + 8\right)\Omega = (2 + 8)\Omega = 10\Omega$$

于是得到戴维南等效电路，如图 2-9d 所示。

例 2-7 用戴维南定理求图 2-10a 所示电路中的电流 I。

解：应用戴维南定理，对电路进行化简。

（1）断开待求支路，得到有源二端网络如图 2-10b 所示，可求得开路电压 U_{OC}为

$$U_{OC} = \left(3 \times 2 + \frac{6}{6 + 6} \times 24\right)\text{V} = (6 + 12)\text{V} = 18\text{V}$$

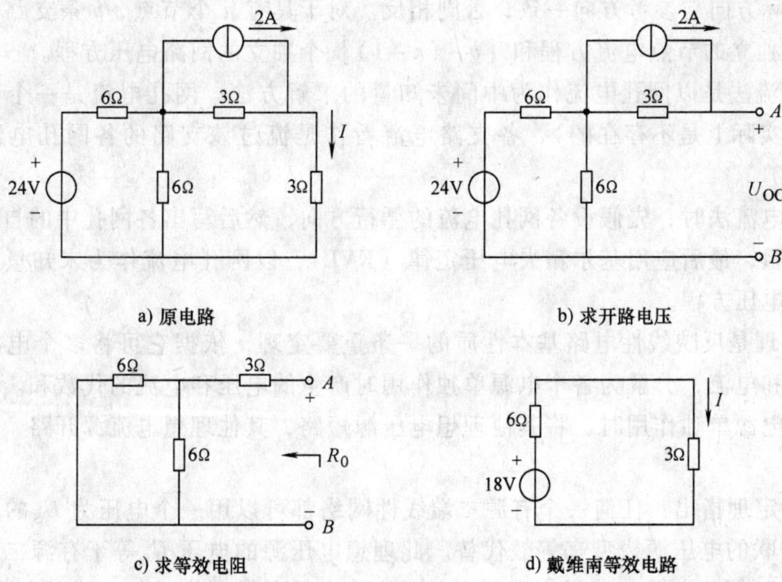

图 2-10　例 2-7 电路

（2）将图 2-10b 中的电压源短路，电流源开路，得到除源后的无源二端网络，如图 2-10c所示。由图可求得等效电阻 R_0为

$$R_0 = \left(\frac{6 \times 6}{6+6} + 3\right)\Omega = (3+3)\Omega = 6\Omega$$

（3）根据 U_{OC}和 R_0画出戴维南等效电路，并接上待求支路，得到图 2-10a 的等效电路，如图 2-10d 所示。由图可求得

$$I = \frac{18}{6+3}\text{A} = 2\text{A}$$

2.4.2　诺顿定理

任何一个有源二端线性网络，对其外部电路来说，可用一个电流为 I_S的理想电流源和内阻 R_0相并联的有源电路来等效代替，如图 2-11 所示。其中理想电流源的电流 I_S等于网络的短路电流，内阻 R_0等于相应的无源二端网络的等效电阻。

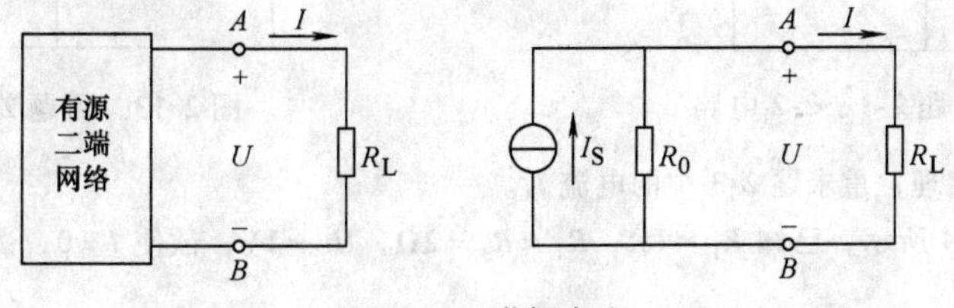

图 2-11　诺顿定理

小　　结

1. 支路电流法是分析和计算电路的基本方法。它是以电路中的支路电流为未知量，应用基尔霍夫定律列出电路方程，通过解方程组得到各支路电流。

应用支路电流法时，首先要假定电路中各支路电流的参考方向。求得的电流为正值时，说明电流的实际方向与参考方向一致，否则相反。对于具有 n 个节点、b 条支路的电路可列出（$n-1$）个独立的节点电流方程和［$b-(n-1)$］个独立的回路电压方程。

2. 网孔电流法是以网孔电流作为中间未知量的求解方法。网孔电流是一个网孔中流过的假象电流（实际上是不存在的），各支路电流看作是流过该支路的各网孔电流叠加的代数和。

应用网孔电流法时，先假设各网孔电流的循行方向，然后写出各网孔中的自阻，再写出各网孔中的互阻，最后应用基尔霍夫电压定律（KVL），以网孔电流作为未知量，可以列写出独立的网孔电压方程。

3. 叠加定理是反映线性电路基本性质的一条重要定理，依据它可将多个电源共同作用下产生的电压和电流，分解为各个电源单独作用时产生的电压和电流的代数和。

在考虑某电源单独作用时，将其他理想电压源短路，其他理想电流源开路，而电源内阻均需保留。

4. 戴维南定理指出：任何一个有源二端线性网络都可以用一个电压为 U_S 的理想电压源和内阻 R_0 相串联的电压源模型来等效代替。此理想电压源的电压 U_S 等于有源二端网络的开路电压，内阻 R_0 等于有源二端网络中所有电源均除去后所得到的无源二端网络的等效电阻。

有源二端网络变换为电压源模型后，一个复杂电路就变换成为一个简单的回路，可以直接应用欧姆定律来求该电路中的电流和电压。

习题 2

2-1　图 2-12 所示电路中，$U_S=20V$，$I_S=1A$，$R_1=10\Omega$，电阻 R_2 消耗的功率为 20W。试求电流 I_1、I_2 及电阻 R_2 的值。

2-2　图 2-12 所示电路中，已知 $U_S=6V$，$I_S=4A$，$R_1=2\Omega$，$R_2=12\Omega$，试用叠加定理，求经过电阻 R_2 的电流 I_2 的值。

2-3　图 2-13 所示电路中，$I_S=2A$，$U_S=2V$，$R_1=3\Omega$，$R_2=R_3=2\Omega$。试用支路电流法、叠加原理两种方法求图中通过电阻 R_3 支路的电流 I_3 及理想电流源的端电压 U，并比较这两种方法。

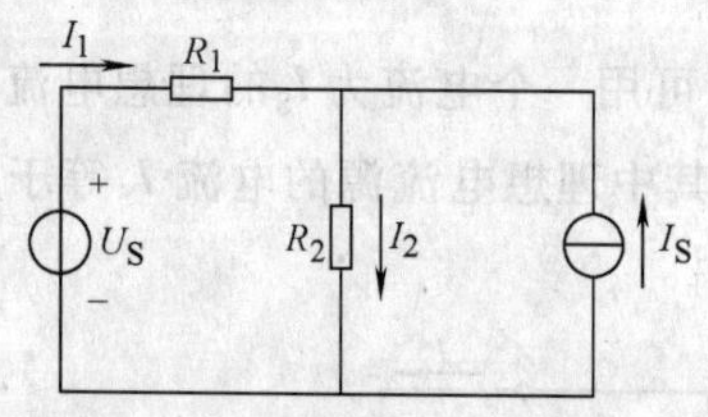

图 2-12　习题 2-1、2-2 电路

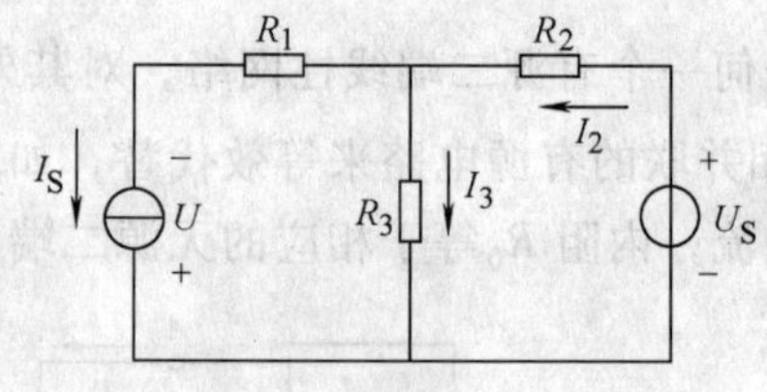

图 2-13　习题 2-3 电路

2-4　试用戴维南定理，重求题 2-3 中的电流 I_3。

2-5　电路如图 2-14 所示，已知 $R_1=1\Omega$，$R_2=R_3=2\Omega$，$U_S=1V$，欲使 $I=0$，试用叠加定理确定电流源 I_S 的值。

2-6　试用网孔电流法计算图 2-15 所示电路中各支路电流 I_1、I_2、I_3、I_4 和 I_5 的值。

2-7　画出图 2-16 所示电路的戴维南等效电路。

2-8　应用戴维南定理计算图 2-17 所示电路中电流 I 的大小。

2-9　图 2-18 所示电路中，试求当开关 S 断开及合上时 A 点的电位。

2-10　图 2-19 所示电路中，各电源的大小和方向均未知，只知道每个电阻均为 2Ω，又知当电阻 $R=4\Omega$ 时，通过的电流 $I=5A$。今欲使通过 R 的支路电流 $I=3A$，则电阻 R 的值应为多大？

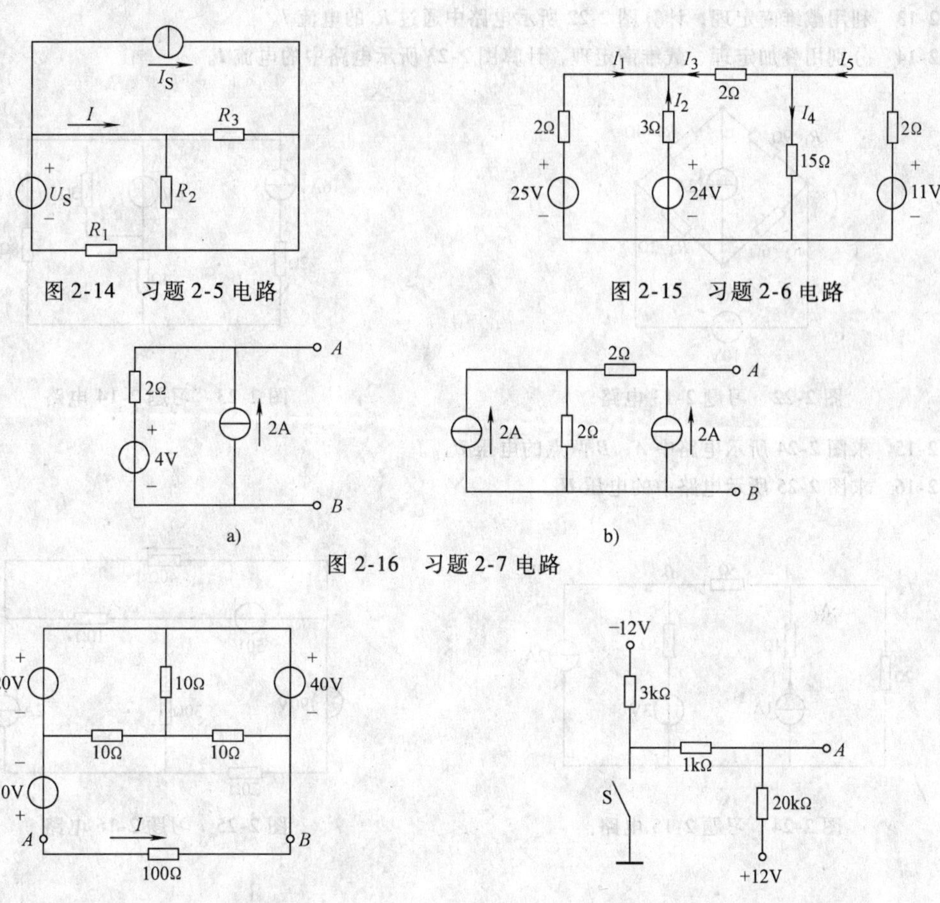

图 2-14　习题 2-5 电路

图 2-15　习题 2-6 电路

图 2-16　习题 2-7 电路

图 2-17　习题 2-8 电路

图 2-18　习题 2-9 电路

2-11　图 2-20 所示电路中，已知 $R_1=16\Omega$，$R_2=2\Omega$，$R_3=20\Omega$，$R_4=5\Omega$，$I_S=5\text{A}$，$U_S=10\text{V}$，试用戴维南定理求通过 R_2 的电流 I 的值。

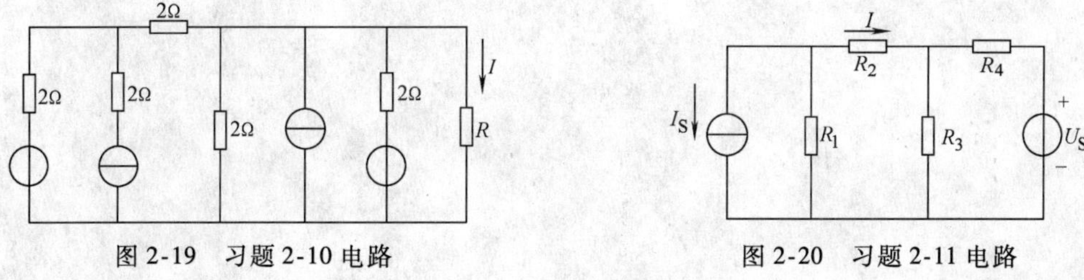

图 2-19　习题 2-10 电路

图 2-20　习题 2-11 电路

2-12　利用戴维南定理，求出图 2-21 所示各电路的等效电压源。

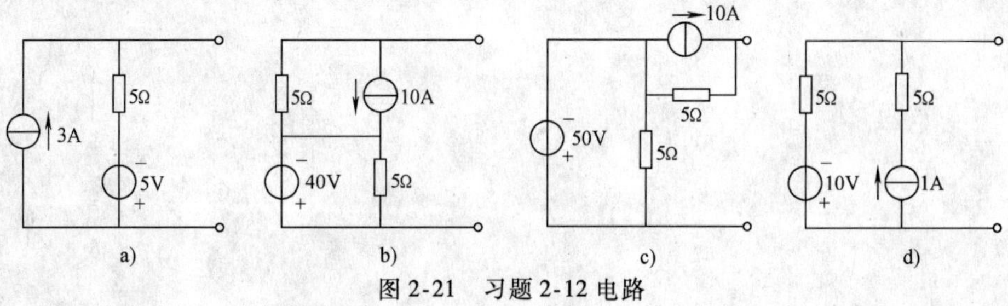

图 2-21　习题 2-12 电路

2-13　利用戴维南定理，计算图 2-22 所示电路中通过 R_1 的电流 I。

2-14　分别用叠加定理、戴维南定理，计算图 2-23 所示电路中的电流 I。

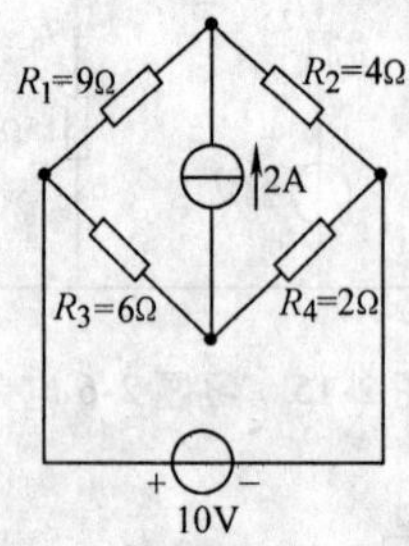

图 2-22　习题 2-13 电路

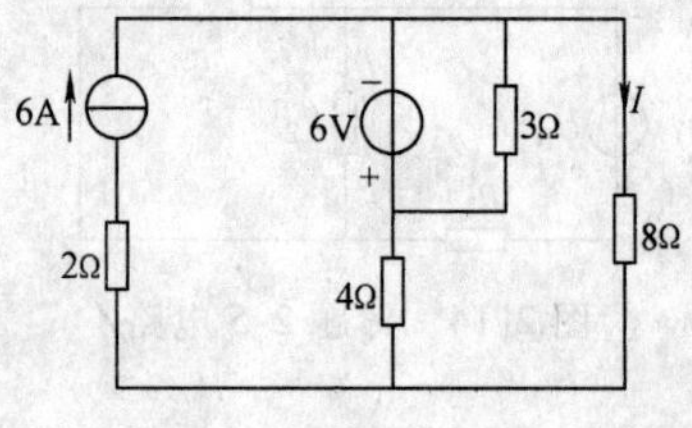

图 2-23　习题 2-14 电路

2-15　求图 2-24 所示电路中 A、B 两点的电压 U_{AB}。

2-16　求图 2-25 所示电路中的电压 U。

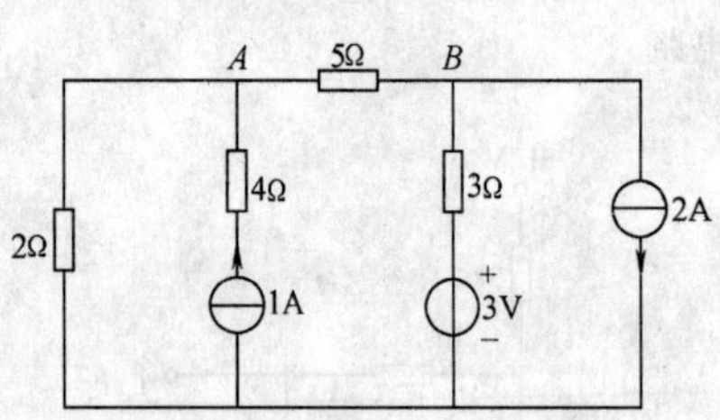

图 2-24　习题 2-15 电路

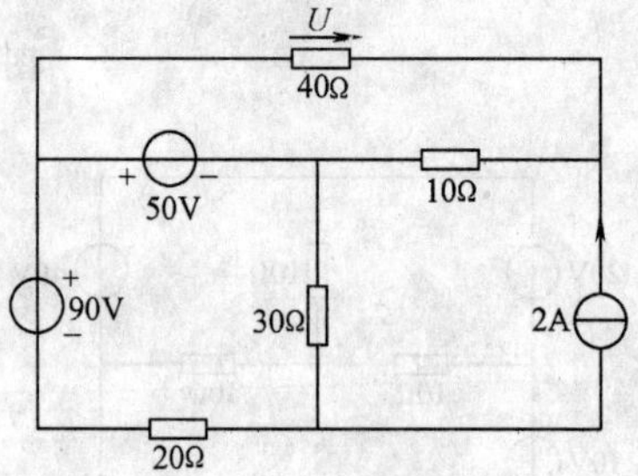

图 2-25　习题 2-16 电路

第3章　简单电路的过渡过程

本章导读：

本章研究的是电路从一个稳定状态转换到另一个稳定状态之间的中间过程，即过渡过程。过渡过程一般是短暂的，电路在过渡过程中的工作状态称为暂态。虽然暂态过程是短暂的，但在不少实际工作中却是极为重要的。比如在过渡过程中，电路中的电压值或电流值可能是其稳态值的几倍。如果预先没有考虑到这种情况，就可能造成电气设备的损坏。

本章学习要求：

1）掌握电路初始条件的确定及换路定律。

2）重点掌握一阶电路的零状态响应、零输入响应和全响应。

3）掌握求解一阶电路过渡过程的三要素法。

4）了解微分电路和积分电路。

3.1　换路定律及换路后初始值的确定

电路产生过渡过程的根本原因是电路中储能元件所具有的能量不能突变，能量的改变需要一定的时间，因此，必须经历一个过渡过程，才能达到一个新的稳定状态，这个过渡过程也称为暂态过程。处于暂态过程的电路称为暂态电路。

3.1.1　换路定律

电路工作条件的改变称之为换路，包括电路或开关的接通与断开，电路连接结构或元件参数的改变，以及开路、短路等。为了便于分析，做如下设定：用 $t=0_-$ 表示换路前瞬间，用 $t=0_+$ 表示换路后瞬间。0_- 和 0_+ 都无限趋近于0时刻。从 $t=0_-$ 到 $t=0_+$ 这一无限小的时间段内，电路中储能元件电容的端电压和流过电感的电流不变，即

$$i_L(0_+)=i_L(0_-) \tag{3-1}$$

$$u_C(0_+)=u_C(0_-) \tag{3-2}$$

以上两式称为换路定律，也就是说，换路前后电容两端的电压和通过电感的电流不能突变。

3.1.2　换路后初始值的确定

所谓初始值，是指换路后瞬间（$t=0_+$时）各元件的电压值或电流值。可按以下步骤求电路中某支路上的电压 $u(0_+)$ 或电流 $i(0_+)$。

1）在 $t=0_-$ 时刻，求出 $u_C(0_-)$ 或 $i_L(0_-)$。计算时可采用直流电路的一般分析方法，将电容替换成开路，电感替换成短路，计算出 $u_C(0_-)$ 或 $i_L(0_-)$，有时它也可以作为已知

条件给出。

2）根据换路定律，直接写出 $u_C(0_+)=u_C(0_-)$ 或 $i_L(0_+)=i_L(0_-)$。

3）在 $t=0_+$ 时刻，将换路后的电容 $u_C(0_+)$ 等效为电压源，电感 $i_L(0_+)$ 等效为电流源，求出电路中某支路上的电压 $u(0_+)$ 或电流 $i(0_+)$。

值得注意的是，初始值只在换路瞬间有效。

例 3-1 在图 3-1 所示电路中，电阻均为 1kΩ，试计算开关 S 闭合后瞬间的电压 u_C、u_L 和电流 i_C、i_L、i_R。

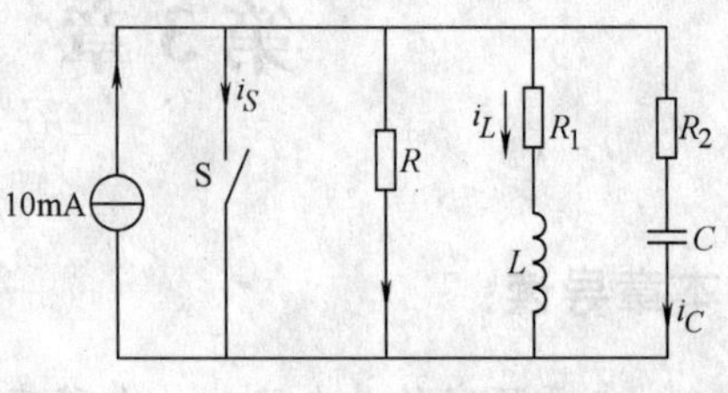

图 3-1 例 3-1 电路

解： 当开关没有闭合时，电路处于稳态。可以按照电感短路和电容断路的方法将电路等效成图 3-2a。

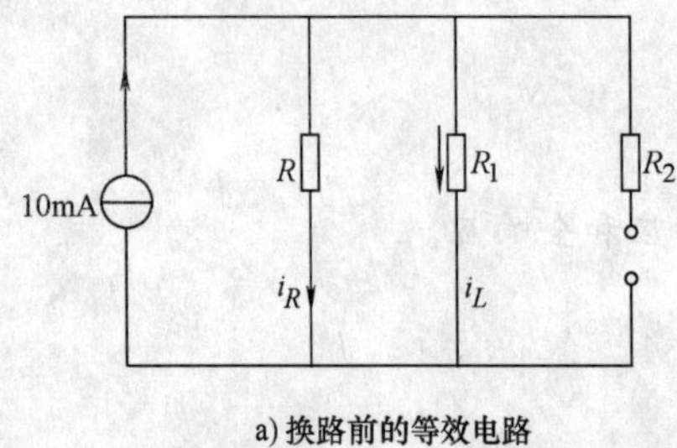

a) 换路前的等效电路

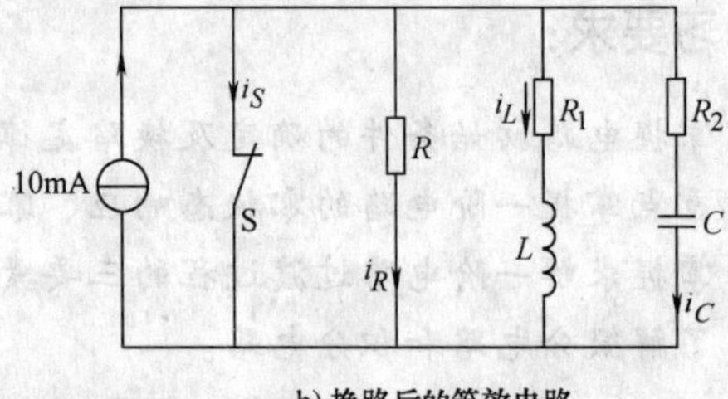

b) 换路后的等效电路

图 3-2 换路前后的等效电路

$t=0_-$ 时

$$i_R=5\text{mA}\quad i_L=5\text{mA}\quad i_C=0\text{A}$$

$$u_C=0.005\times1000\text{V}=5\text{V}$$

$t=0_+$ 时刻的等效电路，如图 3-2b 所示。根据换路定律得

$$i_L(0_+)=i_L(0_-)=5\text{mA}\quad u_C(0_+)=u_C(0_-)=5\text{V}$$

开关 S 闭合后，并联电路两端的电压为零。

所以

$$u_{R1}(0_+)=i_{R1}(0_+)R_1=i_L(0_+)R_1=0.005\times1000\text{V}=5\text{V}$$

$$u_L(0_+)+u_{R1}(0_+)=0\text{V}\qquad u_L(0_+)=-5\text{V}$$

$$u_C(0_+)+u_{R2}(0_+)=0\text{V}\qquad i_C(0_+)=\frac{u_{R2}(0_+)}{R_2}=\frac{-u_C(0_+)}{R_2}=-5\text{mA}$$

$$i_R=\frac{u_R(0_+)}{R}=\frac{0}{1000}\text{mA}=0\text{mA}$$

可以将以上例题中求解换路初值的方法推广到其他更加复杂的电路中，唯一不变的原则就是换路前后储能元件的储能不能突变，电路中流过电感的电流不变，当作电流源看待；电容两端的电压不变，看作电压源。**注意：** 求得的值只在 $t=0_+$ 这一时刻有效，其他时刻的值应按照下一节的方法求得。

3.2 *RC* 电路的过渡过程及三要素法

电路中只包含一个电感或电容元件的电路称为一阶电路，根据一阶电路所列的方程为一阶微分方程。求解电路的微分方程可以得出电路中电压、电流的变化过程，称为电路的响应。当电路处于稳态，断开电源，输入激励为零的电路的响应称为零输入响应。当储能元件没有储能，接通电源的电路的响应称为零状态响应。当初始储能不为零，输入激励也不为零的电路的响应称为全响应。

电路的响应主要与电路的三个要素有关，只要知道了这三个要素就可以求出电路的响应。这样求解电路响应的方法称为三要素法。

3.2.1 *RC* 电路的零状态响应

RC 电路如图 3-3 所示，$t=0_-$ 时电容储能为零。开关 S 闭合，求电容两端电压的变化过程，即电容的零状态响应，也就是电容的充电过程。

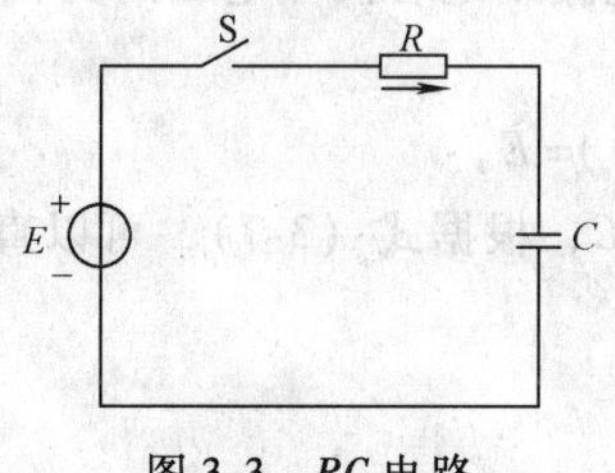

图 3-3 *RC* 电路

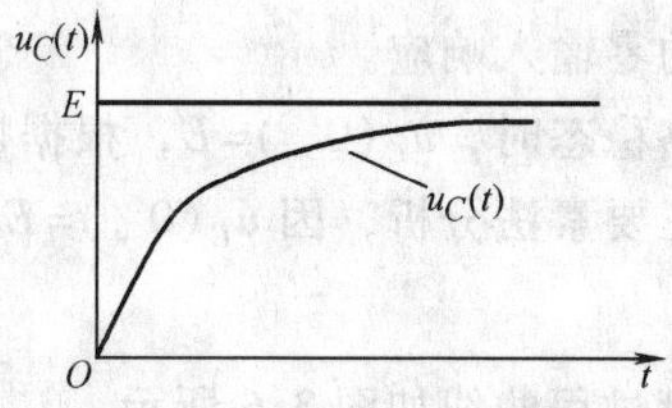

图 3-4 *RC* 电路的零状态响应

根据基尔霍夫定律，可知

$$u_C + u_R = E \tag{3-3}$$

将 $u_R = iR$，$i = C\dfrac{du_C}{dt}$代入，可得

$$RC\frac{du_C}{dt} + u_C = E \tag{3-4}$$

该方程为一阶常系数线性非齐次微分方程，由数学方法可得该方程的通解为

$$u_C(t) = E + Ae^{-\frac{1}{RC}t} \tag{3-5}$$

由换路定律可知，换路前后电容两端的电压相等，$u_C(0_+) = u_C(0_-) = 0$，所以

$$A = -E$$

代入式（3-5），得

$$u_C(t) = E - Ee^{-\frac{1}{RC}t} = E(1 - e^{-\frac{1}{RC}t}) \tag{3-6}$$

所以，电容两端的电压按指数规律升高，如图 3-4 所示。

将 $t=0$ 代入式（3-6）中可得 $u_C(0)=0$，为换路开始时电容两端的电压值；将 $t=\infty$ 代入可得电路的最终稳态值 $u_C(\infty)=E$。所以得出结论：换路后，电路中的电量按指数规律从初始暂态值向最终稳态值过渡。

若换路后某支路上的待求量用 $f(t)$ 表示，$f(\infty)$ 为电路稳态时的值，$f(0_+)$ 为电路换路后的初始值。$\tau = RC$ 为电路的时间常数，则待求量 $f(t)$ 的表达式为

$$f(t)=f(\infty)+[f(0_+)-f(\infty)]\mathrm{e}^{-\frac{t}{\tau}} \tag{3-7}$$

这是求解 RC 电路的一个重要公式，只要计算出 $f(0_+)$、$f(\infty)$、τ 三个要素，则不必求微分方程，根据公式（3-7）就可以直接写出结果，这种方法称为一阶 RC 电路的三要素法。需要说明的是，三要素法只适用于求解一阶电路的过渡过程。

对于以上电容的充电过程有

$$f(0_+)=0 \quad f(\infty)=E \quad \tau=RC$$

所以可以直接写出：

$$u_C(t)=E-E\mathrm{e}^{-\frac{1}{\tau}t}$$

时间常数 τ 是代表时间的参数，单位为秒。一般认为 $t=(3\sim5)\tau$ 时，$u_C(t)$ 已接近稳态。

3.2.2 *RC* 电路的零输入响应

零输入是指电路的输入激励为零时，电路中电量的变化过程。在图 3-5 所示电路中，开关 S 由 1 端闭合到 2 端，换路前电路已经处于稳态，求电路中电容两端电压的变化过程，即求电路的零输入响应。

电路稳态时，$u_C(0_-)=E$，根据换路定律可知 $u_C(0_+)=E$。

用三要素法分析，因 $u_C(0_+)=E$，$u_C(\infty)=0$，$\tau=RC$，根据式（3-7），可以直接写出：

$$u_C(t)=E\mathrm{e}^{-\frac{1}{\tau}t} \tag{3-8}$$

过渡过程曲线如图 3-6 所示。

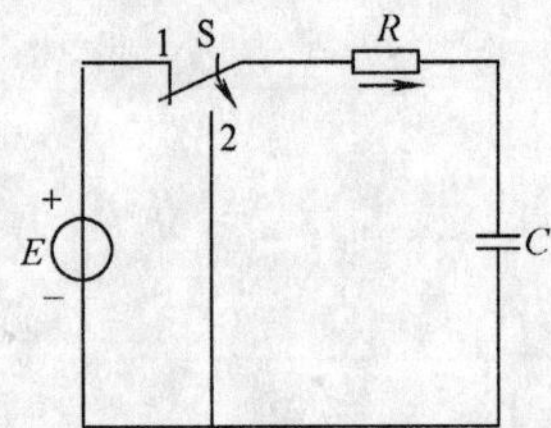

图 3-5　零输入响应 *RC* 电路

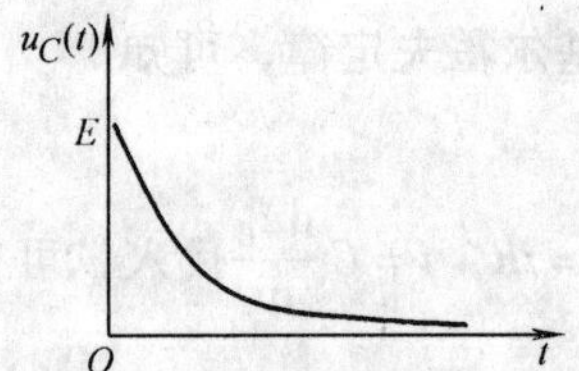

图 3-6　*RC* 电路的零输入响应

3.2.3 *RC* 电路的全响应

当开关 S 的 2 端连接另外一个电源 E_2 时，此时电容的初始值不为零，输入激励也不为零。此时的电容两端电压的过渡过程称为电路的全响应，电路如图 3-7 所示。

根据三要素法，$u_C(0_+)=E_1$，$u_C(\infty)=E_2$，$\tau=RC$，代入式（3-5），可得

$$u_C(t)=E_2+(E_1-E_2)\mathrm{e}^{-\frac{1}{RC}t} \tag{3-9}$$

$$=E_1\mathrm{e}^{-\frac{1}{RC}t}+E_2(1-\mathrm{e}^{-\frac{1}{RC}t}) \tag{3-10}$$

从式（3-10）可以看出，电路的全响应可以分解为零状态响应和零输入响应，这是叠加原理在电路暂态分析中的体现。在求全响应时，可以把电容元件的初始状态 $u_C(0_+)$ 看作为一种电压源。$u_C(0_+)$ 和电源激励分别单独作用时所得出的零输入响应和零状态响应叠加即为全响应，即

$$全响应=零输入响应+零状态响应$$

由式（3-7）可以看出，全响应也可表为

$$全响应=稳态分量+暂态分量$$

全响应曲线如图 3-8 所示。

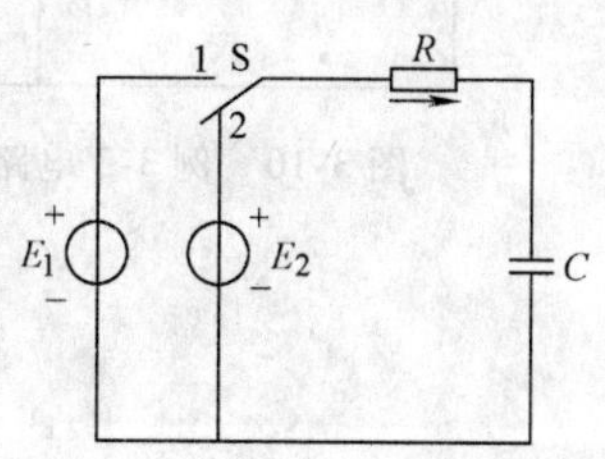

图 3-7　全响应电路

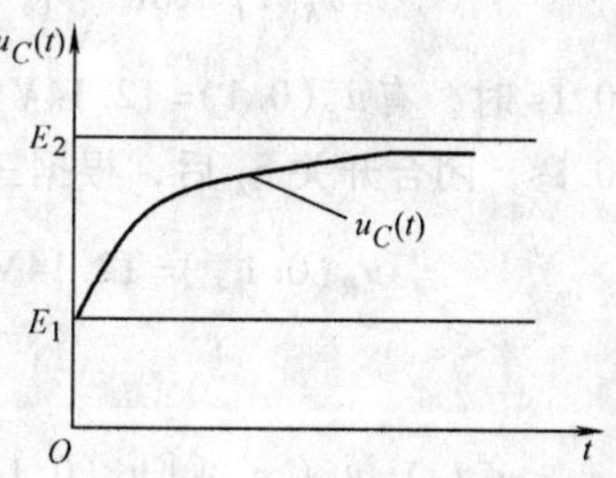

图 3-8　*RC* 电路的全响应

综上所述，分析一阶 *RC* 电路的过渡过程的步骤如下：

1）在 $t=0_-$ 时刻，求出 $u_C(0_-)$ 值。计算时可采用直流电路的一般分析方法，将电容替换成开路，计算出 $u_C(0_-)$，有时它也可以作为已知条件给出。

2）根据换路定律，直接写出 $u_C(0_+)=u_C(0_-)$。

3）在 $t=0_+$ 时刻，将换路后的电容 $u_C(0_+)$ 等效为电压源，求出电路中某支路上的电压 $u(0_+)$ 或电流 $i(0_+)$。

4）求 $f(\infty)$ 值。**注意**：*使用换路以后的电路，将电容替换成开路。*

5）求 $\tau=RC$。等效电阻 *R* 是从电容两端看入的等效电阻，将电压源以短路取代，电流源以开路取代。

6）用三要素法公式写出待求电压或电流 $f(t)$ 的表达式。

例 3-2　电路如图 3-9 所示，其中 $R_1=3\text{k}\Omega$，$R_2=6\text{k}\Omega$，$C=5\mu\text{F}$，$E_1=3\text{V}$，$E_2=9\text{V}$，当开关从 1 闭合到 2 时，求电容电压 u_C 的过渡过程。

解：当 $t=0_-$ 时，$u_C(0_-)=2\text{V}$，根据换路定律，得

$$u_C(0_+)=2\text{V}$$

当 $t=\infty$ 时，有 $u_C(\infty)=6\text{V}$

从电容两端看入，电路的等效电阻 *R* 为 R_1 和 R_2 的并联，所以 $R=2\text{k}\Omega$。电路的时间常数为

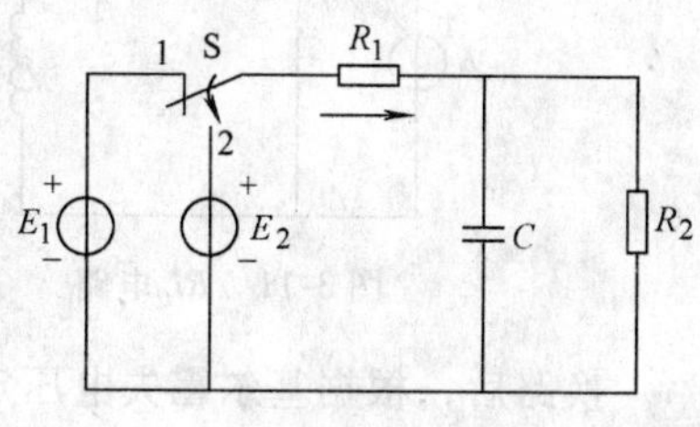

图 3-9　例 3-2 电路

$$\tau=RC=0.01\text{s}$$

根据三要素法，得

$$\begin{aligned}u_C(t)&=u_C(\infty)+[u_C(0_+)-u_C(\infty)]\text{e}^{-100t}\\&=(6-4\text{e}^{-100t})\text{V}\end{aligned}$$

例 3-3　在图 3-10 中，$U=20\text{V}$，$C=4\mu\text{F}$，$R=50\text{k}\Omega$，在 $t=0$ 时刻闭合开关 S_1；$t=0.1\text{s}$ 时闭合开关 S_2。求 S_2 闭合后的电压 u_R。设 $u_C(0_-)=0\text{V}$。

解： 当开关 S_1 闭合后，电路的时间常数为

$$\tau = RC = 50 \times 10^3 \times 4 \times 10^{-6} \quad s = 0.2s$$

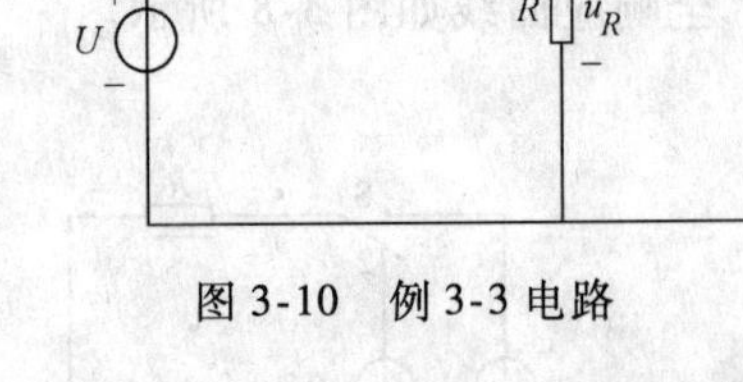

图 3-10　例 3-3 电路

根据零状态响应，可得

$$u_R(t) = 20e^{-5t}V$$

$t = 0.1s$ 时，有 $u_R(0.1) = 12.14V$

$t = 0.1s$，闭合开关 S_2 后，根据三要素法，得

$$u_R(0.1_+) = 12.14V$$

$$u_R(\infty) = 0V$$

$$u_R(t) = u_R(\infty) + [u_R(0.1_+) - u_R(\infty)]e^{-10(t-0.1)} = 12.14e^{-10(t-0.1)}V$$

3.3 *RL* 电路的过渡过程

电感同样是储能元件，具有阻碍电流变化的性质。同电容电路一样，电感电路同样有着储存和释放能量的过程。这一节讲述一阶电感电路的零输入响应和零状态响应。

3.3.1 一阶 *RL* 电路的零输入响应

RL 电路如图 3-11 所示，未换路前开关处于位置 1，电路处于稳定状态。换路后开关处于位置 2，电路的输入突然为零，所以称该过程为零输入响应。

$t = 0_-$ 时，电路中的电流 $i(0_-) = I_0 = \dfrac{E}{R}$，根据换路定律，有 $i_L(0_+) = I_0$。

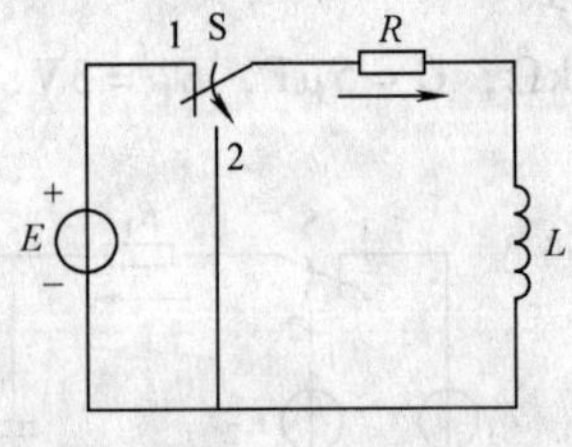

图 3-11　*RL* 电路

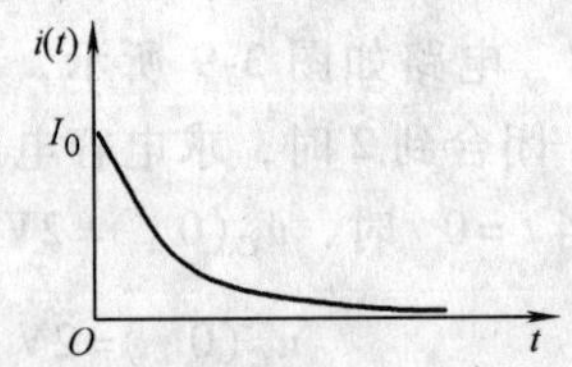

图 3-12　*RL* 电路的零输入响应

换路后，根据基尔霍夫电压定律可得

$$u_R + u_L = 0 \tag{3-11}$$

又由 $u_R = iR$，$u_L = L\dfrac{di}{dt}$得，电流微分方程为

$$iR + L\frac{di}{dt} = 0 \tag{3-12}$$

由数学知识可知，该微分方程的通解为

$$i(t) = Ae^{-\frac{R}{L}t} \tag{3-13}$$

当 $t=0_+$ 时，$i(0_+)=I_0$，所以有

$$i(t)=I_0\mathrm{e}^{-\frac{R}{L}t} \tag{3-14}$$

电路的时间常数为 $\tau=\dfrac{L}{R}$。

一阶 *RL* 电路同样可以用三要素法进行分析。若换路后某支路上的待求量用 $f(t)$ 表示，$f(\infty)$ 为电路稳态时的值，$f(0_+)$ 为电路换路后的初始值，$\tau=\dfrac{L}{R}$为电路的时间常数，则待求量 $f(t)$ 的表达式为

$$f(t)=f(\infty)+[f(0_+)-f(\infty)]\mathrm{e}^{-\frac{t}{\tau}} \tag{3-15}$$

一阶 *RL* 电路的零输入响应用三要素法进行分析时，把 $i(0_+)=I_0$，$i(\infty)=0$，$\tau=\dfrac{L}{R}$代入式（3-13），同样可得

$$i(t)=I_0\mathrm{e}^{-\frac{t}{\tau}} \tag{3-16}$$

一阶 *RL* 电路的零输入响应曲线如图 3-12 所示。

3.3.2 一阶 *RL* 电路的零状态响应

图 3-13 所示 *RL* 电路中，在 $t=0_-$ 时刻开关打开，电感储能为零；在 $t=0$ 时刻，开关 S 闭合，电感中的电流逐渐增大，电感开始储存能量。在 $t=0$ 时刻，电感中的电流为 $i_L(0)=0$，所以此过程为零状态响应。

对该电路应用三要素法进行求解，将

$$i(0_+)=0,\ i(\infty)=I=\frac{E}{R},\ \tau=\frac{L}{R}$$

代入式（3-13），可得

$$i(t)=i(\infty)+[i(0_+)-i(\infty)]\mathrm{e}^{-\frac{t}{\tau}}=I(1-\mathrm{e}^{-\frac{t}{\tau}}) \tag{3-17}$$

零状态响应曲线如图 3-14 所示。

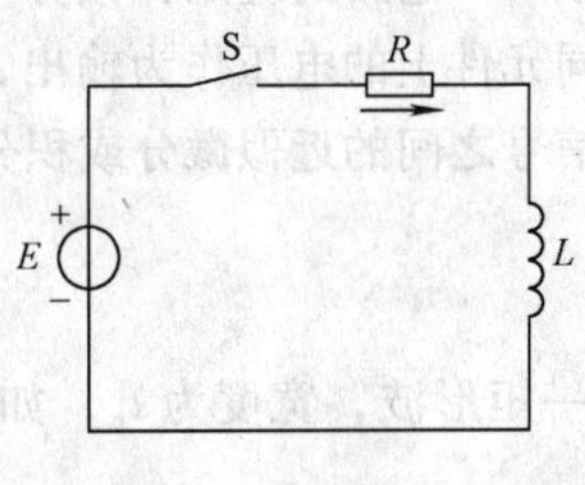

图 3-13 一阶 *RL* 电路

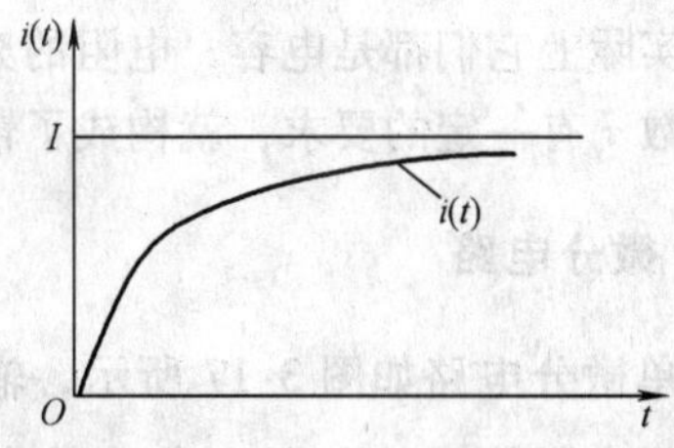

图 3-14 *RL* 电路的零状态响应

一阶 *RL* 电路也存在初始储能不为零，输入激励也不为零的情况，这样的过渡过程称为一阶 *RL* 电路的全响应，电路如图 3-15 所示。$t=0$ 时刻开关 S 打开或闭合，此时都会造成电路中的电流从一个值过渡到另一个值，其初始储能不为零，输入激励也不为零，所以，这个过程为电路的全响应。*RL* 电路的全响应可以用电路微分方程分析，也可以按照三要素法分析。

例 3-4 图 3-15 所示电路中，$R_1=4\text{k}\Omega$，$R_2=2\text{k}\Omega$，$L=4\text{mH}$，$E=12\text{V}$。$t=0$ 时刻开关

S闭合，试求：（1）电路的全响应；（2）$t=2\mu s$ 时电流的值；（3）试画出全响应曲线。

解：根据三要素法求解。

（1）
$$i(0_+)=i(0_-)=\frac{E}{R_1+R_2}=\frac{12}{4+2}\text{mA}=2\text{mA}$$

$$i(\infty)=\frac{E}{R_2}=\frac{12}{2}\text{mA}=6\text{mA}$$

$$\tau=\frac{L}{R}=\frac{0.004}{2000}\text{s}=2\times10^{-6}\text{s}$$

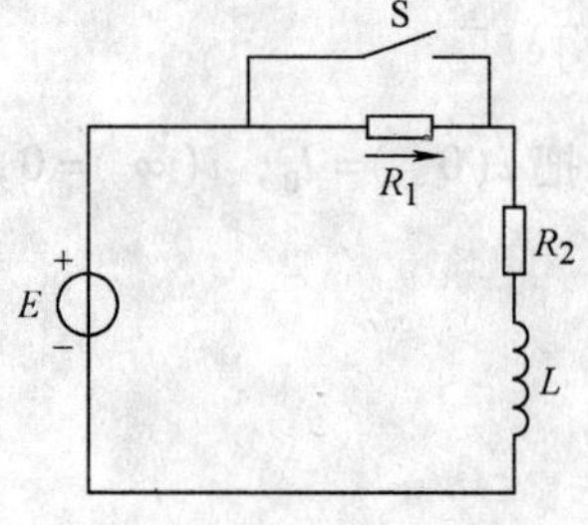

图 3-15 *RL* 全响应电路

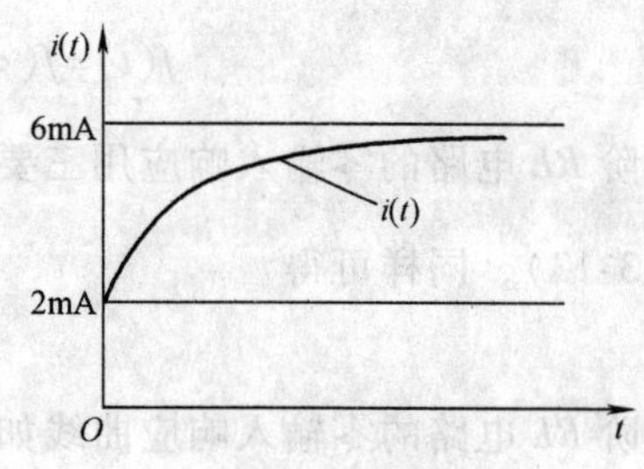

图 3-16 全响应曲线

所以
$$i(t)=[6+(2-6)e^{-5\times10^5t}]\text{mA}=[6-4e^{-5\times10^5t}]\text{mA}$$

（2）将 $t=2\mu s$ 代入得
$$i(2)=(6-4\times0.368)\text{mA}=4.5\text{mA}$$

（3）全响应曲线如图 3-16 所示。

3.4 微分电路和积分电路

一阶电路有着广泛的应用，这一节介绍两种典型的一阶 *RC* 电路的应用：微分电路和积分电路。实际上它们都是电容、电阻的充放电电路。选择不同元件上的电压作为输出，对电路的时间常数 τ 有一定的要求，就构成了输出电压与输入电压信号之间的近似微分或积分关系。

3.4.1 微分电路

简单微分电路如图 3-17 所示，输入电压 u_I 的波形为一矩形波，宽度为 t_p，如图 3-18 所示。选择电阻两端的电压 u_R 作为输出。

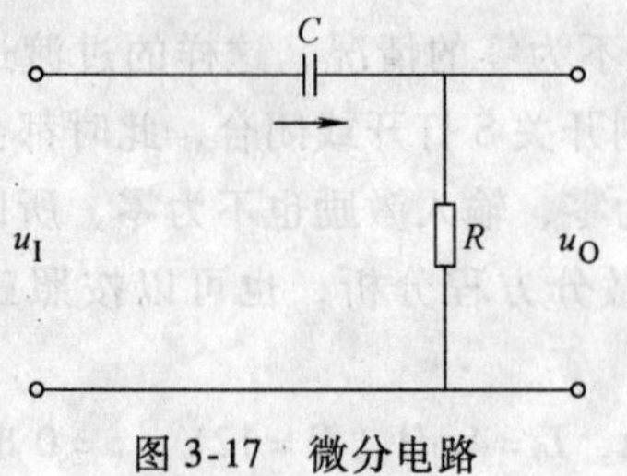

图 3-17 微分电路

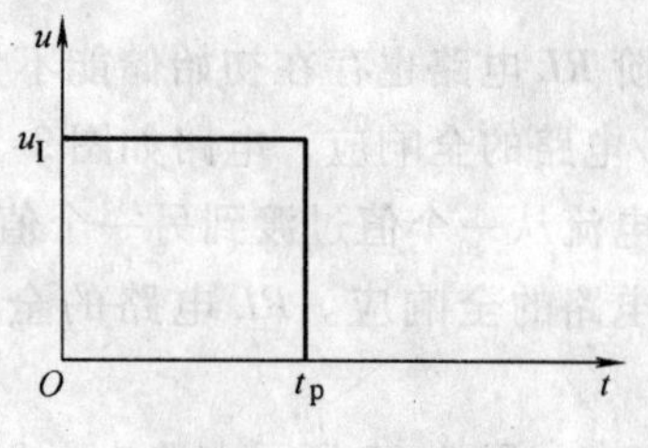

图 3-18 输入矩形波

根据基尔霍夫电压定律，得

$$u_C + u_R = u_I \tag{3-18}$$

根据三要素法，可得输入电压和输出电压之间的关系为

$$u_C = U(1 - e^{-\frac{t}{\tau}})$$

$$u_O = u_R = Ue^{-\frac{t}{\tau}} \tag{3-19}$$

式中，U 为脉冲电压的幅值。

改变电路的时间常数 τ 和 t_p 的关系，就可以得到不同的输出波形，如图 3-19 所示。

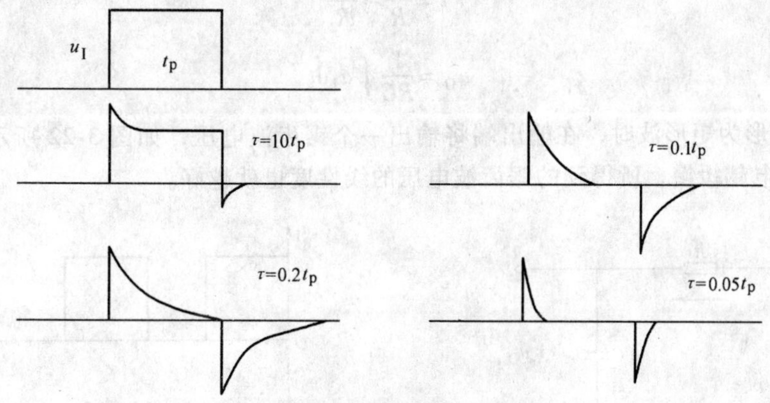

图 3-19　τ 不同时微分电路的输出波形

可以看出，时间常数越小，电容充电的速度越快；时间常数越小，电容的放电速度也越快。当 τ 足够小（$\tau < 0.05t_p$）时，在电阻两端就形成一个尖脉冲输出，这种尖脉冲输出反映了输入矩形脉冲的跃变部分，是对矩形脉冲微分的结果。因此这种电路称为微分电路。如果输入的是周期性矩形脉冲，则输出的是周期性正负尖脉冲，如图 3-20 所示。

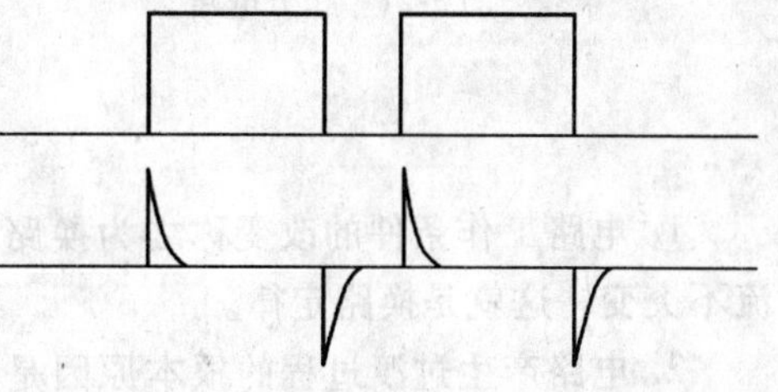

图 3-20　微分电路对周期性矩形波的作用

上述的微分关系，也可以从下面的数学推导看出。

因为 $\tau \ll t_p$，电阻电压下降很快，经过很短的时间，使得 $u_R \ll u_C$，此时认为 $u_C \approx u_I$，又 $i = C\dfrac{du_C}{dt}$，所以，输出电压为

$$u_O = Ri = RC\frac{du_I}{dt} \tag{3-20}$$

可见，RC 微分电路有如下两个条件：

1）$\tau \ll t_p$（一般应小于 $0.2t_p$），t_p 为脉冲宽度。

2）电阻两端输出。

3.4.2　积分电路

图 3-21 所示为积分电路的电路图。根据基尔霍夫电压定律，得

$$u_C + u_R = u_I \tag{3-21}$$

同样为 RC 电路，当改变电路条件时，RC 微分电路就变成 RC 积分电路：

1）$\tau \gg t_p$，t_p为脉冲宽度。

2）电阻两端输出变成电容两端输出。

由于 $\tau \gg t_p$，电容充放电很缓慢，即电容两端电压 u_C 增长和衰减得很缓慢，充电时，$u_O = u_C \ll u_R$，所以有 $u_R = u_I$。输出电压为

$$u_O = u_C = \frac{1}{C}\int i\mathrm{d}t \tag{3-22}$$

且

$$i = \frac{u_R}{R} \approx \frac{u_I}{R}$$

$$u_O = \frac{1}{RC}\int u_I\mathrm{d}t \tag{3-23}$$

当输入波形为矩形波时，在输出端将输出一个锯齿波电压，如图 3-22 所示。时间常数 τ 越大，充放电越缓慢，所得到的锯齿波电压的线性度也就越好。

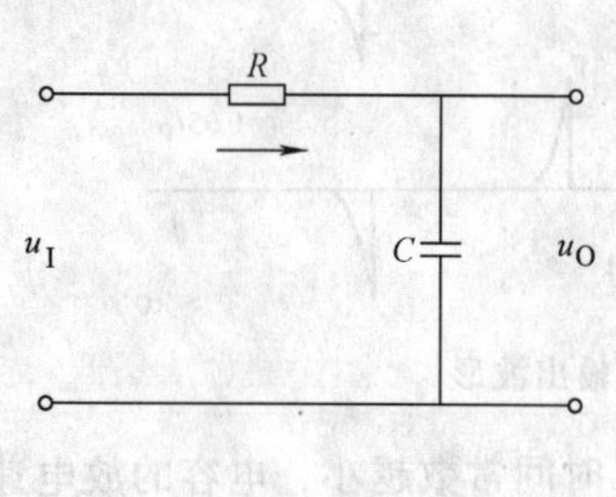

图 3-21　积分电路

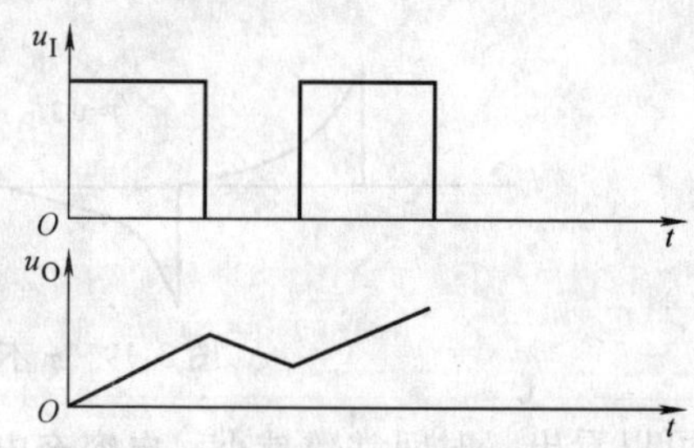

图 3-22　输出的锯齿波形

小　结

1. 电路工作条件的改变称之为换路，换路前后电容两端的电压不突变，流过电感的电流不突变，这就是换路定律。

2. 电路产生过渡过程的根本原因是电路中储能元件所具有的能量不能突变。能量的改变需要一定的时间。因此，必须经历一个过渡过程，才能达到一个新的稳定状态。确定了电路的时间常数、初始值和稳态值，电路的过渡过程也就确定了，这就是求解电路电量的三要素法。其实，三要素法就是求解一阶微分方程的解的方法。求解一阶电路过渡过程也就是列写出一阶微分方程并求其解的过程。

3. 对一阶 RC 电路和 RL 电路的暂态过程，通用的求解方法为三要素法，公式是 $f(t)= f(\infty)+[f(0_+)-f(\infty)]\mathrm{e}^{-\frac{t}{\tau}}$。

4. RC 电路可以根据不同的条件形成两种典型的电路，即微分电路和积分电路。

习题 3

3-1　在图 3-23 所示的电路中，开关 S 闭合前电路已处于稳态，试确定开关 S 闭合后的瞬间，电路中的电压 u_R、u_C、u_L 和电流 i_L、i_C、i_R、i_S的初始值。

3-2　图 3-24 所示电路原已稳定。在 $t=0$ 时将开关 S 闭合。已知 $R_1=R_2=R_3=100\Omega$，$C=100\mu\text{F}$，$U=100\text{V}$，求 S 闭合后的 $u_C(t)$。

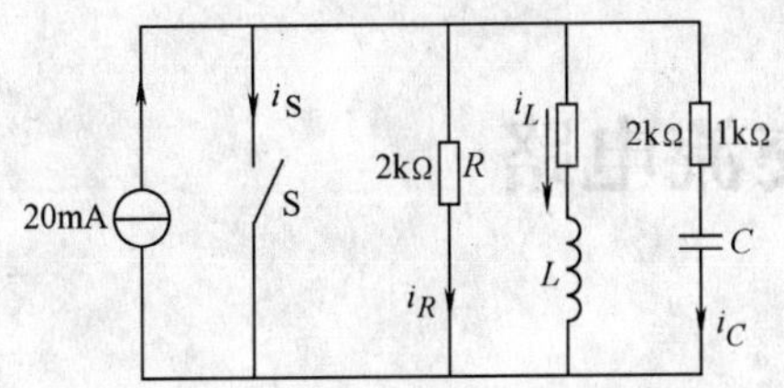

图 3-23　习题 3-1 电路

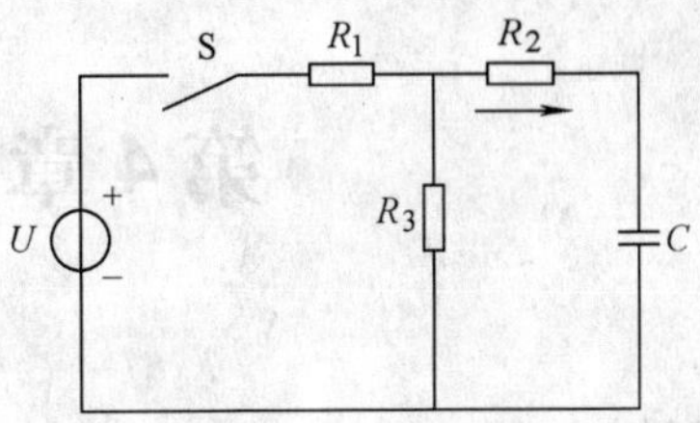

图 3-24　习题 3-2 电路

3-3　电路如图 3-25 所示，分别计算开关 S 接通和关断时的时间常数。已知 $U=100\text{V}$，$R_1=R_2=R_3=R_4=100\Omega$，$C=0.1\mu\text{F}$。

3-4　电路如图 3-26 所示，已处于稳定状态。已知 $R_1=10\text{k}\Omega$，$R_2=20\text{k}\Omega$，$R_3=10\text{k}\Omega$，$C=10\mu\text{F}$，$I_S=2\text{mA}$，$U_S=10\text{V}$。求开关闭合后，流过开关 S 的电流。

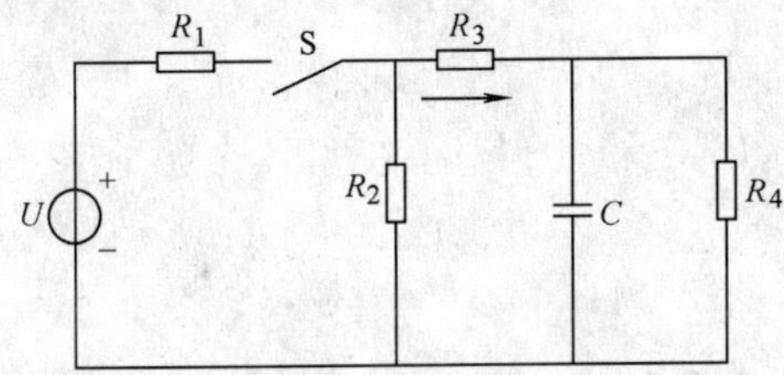

图 3-25　习题 3-3 电路

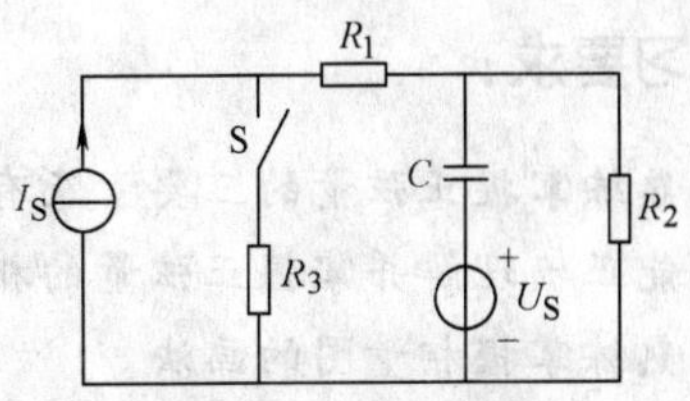

图 3-26　习题 3-4 电路

3-5　如图 3-27 所示，已知：$R_1=1\text{k}\Omega$，$R_2=1\text{k}\Omega$，$L_1=15\text{mH}$，$L_2=L_3=10\text{mH}$。线圈间无互感。S 闭合前电路稳定，求 S 闭合后的电流 $i(t)$。

3-6　在图 3-28 所示电路中，$U=30\text{V}$，$R_1=60\Omega$，$R_2=R_3=40\Omega$，$L=6\text{H}$。换路前电路处于稳态。求 $t\geqslant0$ 时的电流 i_L、i_2 和 i_3。

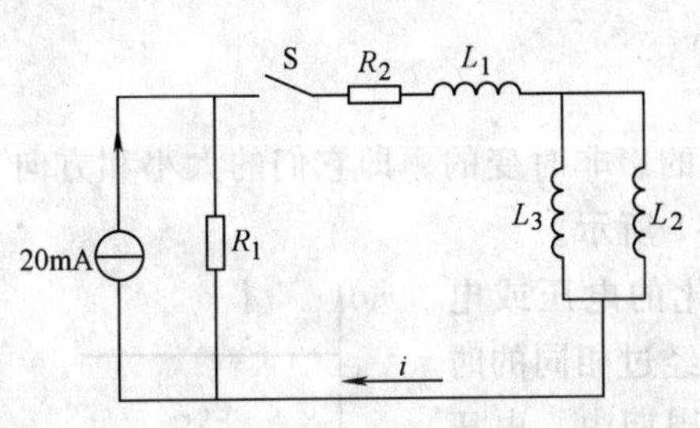

图 3-27　习题 3-5 电路

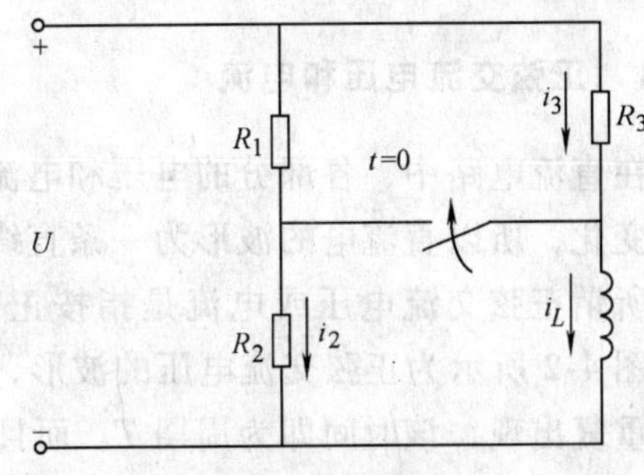

图 3-28　习题 3-6 电路

3-7　电路如图 3-29 所示，$R_1=1\text{k}\Omega$，$R_2=3\text{k}\Omega$，$L=10\text{mH}$，$E_1=10\text{V}$，$E_2=5\text{V}$。试用三要素法求：开关闭合后的电流瞬态过程。

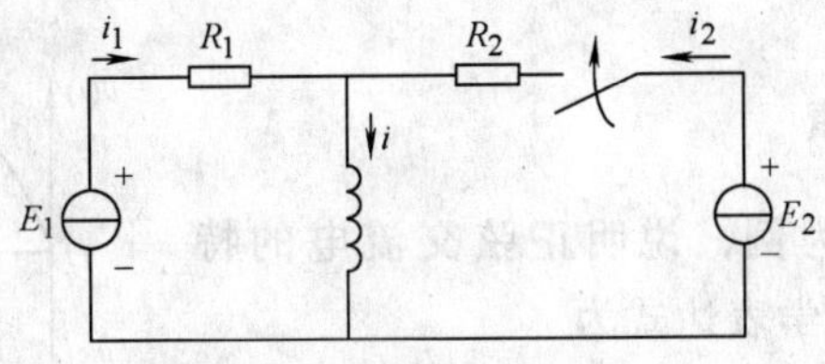

图 3-29　习题 3-7 电路

第 4 章　正弦交流电路

本章导读:

本章主要介绍正弦量的三要素及其相量表示法，电感与电容元件的伏安关系和电路元件伏安关系的相量形式。给出复阻抗、复导纳、正弦交流电路的瞬时功率、有功功率、无功功率、视在功率、复功率和功率因数等概念。介绍利用相量法和相量图法分析正弦交流电路的方法以及交流电路中的谐振现象。

本章学习要求:

1）熟练掌握正弦量的三要素及有效值的概念。
2）能正确理解并掌握正弦量的相量表示法。
3）熟练掌握相量图的画法。
4）掌握复阻抗和复导纳的概念，其中复阻抗最为重要。
5）掌握正弦交流电路中各种功率的概念和计算。
6）通过本章的学习，能够对一般正弦交流电路中的问题及实验问题进行分析和计算。

4.1　正弦交流电及其三要素

4.1.1　正弦交流电压和电流

在直流电路中，各部分的电压和电流都是恒定的、非时变的，即它们的大小和方向不随时间变化，所以直流电的波形为一条直线，如图 4-1 所示。

所谓正弦交流电压或电流是指按正弦规律变化的电压或电流。图 4-2 所示为正弦交流电压的波形，每个值在经过相同的时间后重复出现，该时间即为周期 T。而且在每一个周期内，电压或电流的值按正弦规律变化，其瞬时值有正有负，且在一个周期内平均值为零。当波形变化经过横坐标轴时，在这一瞬间电压为零，但电压的变化率不为零。正弦交流电压（电动势）、电流统称为正弦量。

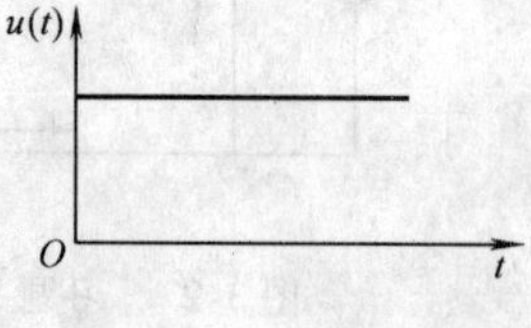

图 4-1　直流电的波形

4.1.2　正弦交流电的三要素

下面以正弦交流电压为例，说明正弦交流电的特征。设一正弦交流电压的数学表达式为

$$u = U_{\mathrm{m}}\sin(\omega t + \psi_u) \tag{4-1}$$

式中，u 为正弦交流电压在某一瞬时的量值，称为瞬时

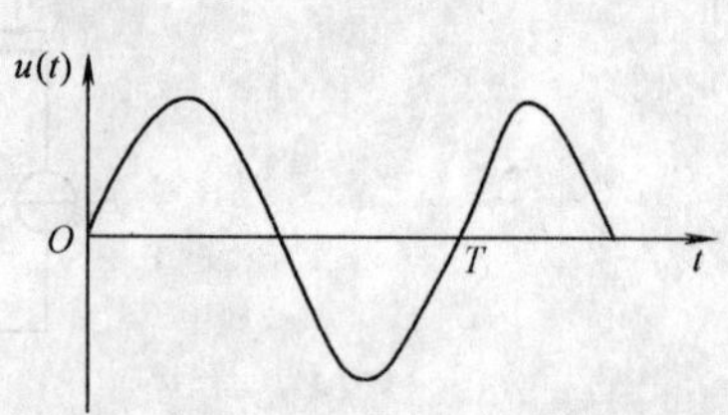

图 4-2　正弦交流电压的波形

值；U_m、ω、ψ_u称为正弦交流电压的三要素。同理，也存在正弦交流电流、电动势等电量的三要素。

1. 最大值 U_m

最大值又称振幅、峰值或幅值。它是瞬时值中最大的值。瞬时值是随时间而变的，而最大值却是与时间无关的定值。只要已知正弦量的解析式，它的系数就是最大值。

2. 角频率 ω、频率 f、周期 T

角频率 ω 表示正弦量相位角的变化速度，角频率的单位是弧度/秒（rad/s）。频率的单位为赫兹，简称赫，用英文字母 Hz 表示。我国电力系统中交流电的频率（简称为工频）是 50Hz。频率的倒数是周期 T，$T=\frac{1}{f}$，单位是 s。频率越高，角频率也就越大，变化的速率也就越大。角频率与频率及周期之间的关系为

$$\omega=\frac{2\pi}{T}=2\pi f \tag{4-2}$$

3. 初相位 ψ_u

式（4-1）中的（$\omega t+\psi_u$）代表正弦量随时间 t 变化的角度，称为正弦量的相位角，简称相位。正弦量在每一瞬间都具有一定的相位。ψ_u为当 $t=0$ 时，正弦量的相位角，称为正弦量的初相位，简称初相。初相确定了正弦量在时间 $t=0$ 时的瞬时值（即初始值），它反映了正弦量在计时起点的状态，是一个不随时间和角频率而变的定值。通常，ψ_u 的范围为（$-\pi$，$+\pi$）。

对于一个正弦量来说，知道它的幅值（最大值）、角频率（频率）和初相位以后，就可以用数学表达式或波形图来确定或描述它的全貌。

例 4-1 已知正弦交流电压 $u=100\sin\left(100\pi t-\frac{\pi}{6}\right)\text{V}$。（1）试指出它的最大值、相位和初相位。（2）角频率和频率各为多少？（3）当 $t=0$ 和 $t=0.01\text{s}$ 时，电压的瞬时值各为多少？

解：（1）最大值 $U_m=100\text{V}$

相位 $\psi=100\pi t-\frac{\pi}{6}$

初相位 $\psi_u=-\frac{\pi}{6}$

（2）角频率 $\omega=100\pi\text{rad/s}$，$f=\frac{\omega}{2\pi}=50\text{Hz}$

（3）$t=0$ 时，$u=100\sin\left(-\frac{\pi}{6}\right)\text{V}=-50\text{V}$

$t=0.01\text{s}$ 时，$u=100\sin\left(100\pi\times0.01-\frac{\pi}{6}\right)\text{V}=50\text{V}$

4.1.3 相位差

在正弦交流电路的分析中，经常要比较两个同频率正弦量的相位，设有任意两个相同频率的正弦交流电流，其表达式分别为

$$i_1=I_{m1}\sin(\omega t+\psi_{i1})$$

$$i_2 = I_{m2}\sin(\omega t + \psi_{i2})$$

它们的波形如图 4-3 所示。

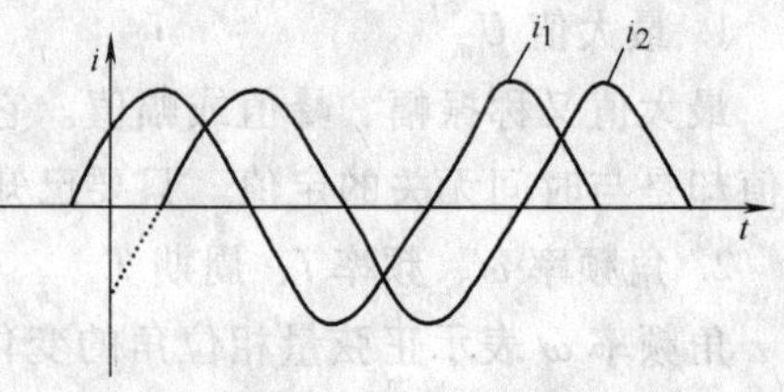

图 4-3 同频率的两个正弦量

两个正弦交流电流的相位之差为

$$\phi = (\omega t + \psi_{i1}) - (\omega t + \psi_{i2}) = \psi_{i1} - \psi_{i2} \quad (4\text{-}3)$$

可见，对于两个同频率的正弦量来说，相位差等于它们的初相位之差，它是一个与时间无关的常量。相位差是区分两个同频率正弦量的重要标志之一。通常，ϕ 的范围亦为 $(-\pi, +\pi)$。

从相位差来看，两个同频率的正弦量存在以下关系：

1）若 $\phi > 0$，称电流 $i_1(t)$ 超前 $i_2(t)$ 一个角度 ϕ，也就是说 $i_1(t)$ 比 $i_2(t)$ 先达到正的最大值，如图 4-4a 所示。若 $\phi < 0$，称电流 $i_1(t)$ 滞后于 $i_2(t)$ 一个角度 ϕ。图 4-4a 中 $i_2(t)$ 就滞后于 $i_1(t)$ 一个角度 ϕ。

2）若 $\phi = 0$，即两个同频率正弦量的相位差为零，称 $i_1(t)$ 和 $i_2(t)$ 同相位，简称同相。这时两个正弦量同时达到最大值，同时达到最小值，也同时达到零值，如图 4-4b 所示。

3）若 $\phi = \pi$，则称 $i_1(t)$ 和 $i_2(t)$ 反相位，简称反相，如图 4-4c 所示。

4）若 $\phi = \pi/2$，则称 $i_1(t)$ 和 $i_2(t)$ 相位正交，即 $i_1(t)$ 为最大值时，$i_2(t)$ 为零，反之亦然，如图 4-4d 所示。

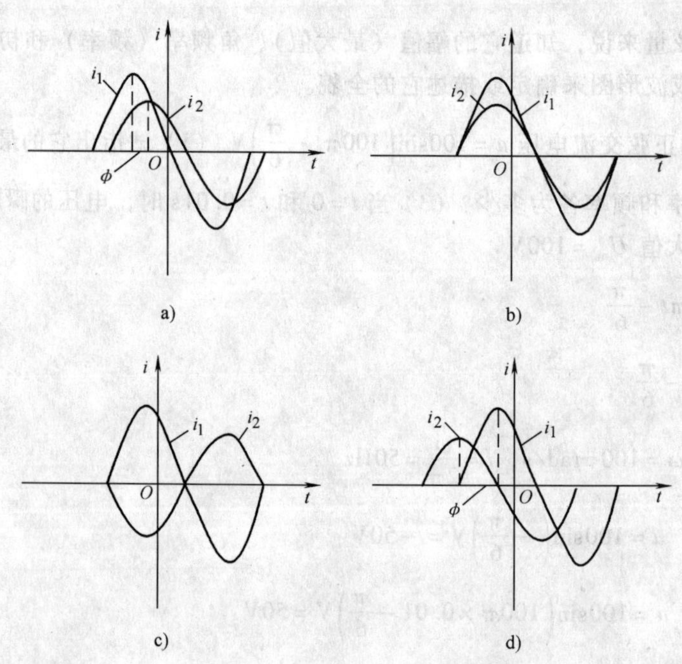

图 4-4 两个同频率正弦量的相位关系

例 4-2 已知两个同频率的正弦交流电流

$$i_1 = 7\cos(\omega t + 85°)\,\text{A}$$

$$i_2 = 10\sin(\omega t + 40°)\,\text{A}$$

试分析它们的相位关系。

解：分析两个正弦量的相位关系，不仅要求它们的频率相同，而且要求它们的瞬时表达式具有同一个标准的函数形式。因此，首先将 i_1 改写成正弦函数，即

$$i_1 = 7\cos(\omega t + 85°)\,\mathrm{A} = 7\sin(\omega t + 175°)\,\mathrm{A}$$

则

$$\phi = (\omega t + \psi_{i1}) - (\omega t + \psi_{i2}) = \psi_{i1} - \psi_{i2} = 175° - 40° = 135°$$

4.1.4 正弦交流电的有效值

电路的主要功能之一是进行能量转换。交流电的最大值和瞬时值均不能准确地反映其效果。因为正弦交流电是一个随时间变化的量，它的瞬时值在一刻不停地变化着，所以很难用来衡量整个正弦交流量的大小。为此，引入有效值的概念，来说明交流量的实际效果和作用。

在电工理论中，有效值是从电流的热效应角度定义的。在一个周期内，假若通过电阻 R 的电流分别为一个直流电流 I 和一个交流电流 i，如果产生的热量相等，那么这个直流电流 I 就为这个交流电流 i 的有效值。

根据定义，假设通过电阻 R 的交流电流为 i，在极短的时间 $\mathrm{d}t$ 内产生的热量为 $i^2R\mathrm{d}t$，则该交流电流在一个周期内产生的热量为 $\int_0^T i^2R\mathrm{d}t$。如果有一直流电流 I 通过同一电阻 R，经过相同时间 T 所产生的热量 I^2RT 与之相等，即

$$I^2RT = \int_0^T i^2R\mathrm{d}t \tag{4-4}$$

则有

$$I = \sqrt{\frac{1}{T}\int_0^T i^2\mathrm{d}t} \tag{4-5}$$

式中，I 即为交流电流 i 的有效值。

由此可见，当 $i = I_\mathrm{m}\sin(\omega t + \psi)$ 时，由式（4-5）得

$$I = \sqrt{\frac{1}{T}\int_0^T i^2\mathrm{d}t} = \sqrt{\frac{1}{T}\int_0^T [I_\mathrm{m}\sin(\omega t + \psi)]^2\mathrm{d}t} = \frac{I_\mathrm{m}}{\sqrt{2}} \tag{4-6}$$

同理，对于正弦交流电压、电动势有

$$U = \frac{U_\mathrm{m}}{\sqrt{2}} \tag{4-7}$$

$$E = \frac{E_\mathrm{m}}{\sqrt{2}} \tag{4-8}$$

由式（4-6）、式（4-7）和式（4-8）可知，正弦交流电流、电压和电动势的有效值与其相对应的幅值之间相差$\sqrt{2}$倍，根据其幅值就可求其有效值。工程技术、实验、测量以及日常生活中所说的正弦交流电压、电流的大小，均是指有效值。我国工业用电的电压为 220V，就是指它的有效值，它的幅值 $U_\mathrm{m} = \sqrt{2}U = 311\mathrm{V}$。

例 4-3 写出下列正弦量的有效值。

（1）$u = 100\sin(628t + 60°)\,\mathrm{V}$

（2） $i = 70.7\sin 314t\text{A}$

解：（1） $U = U_{\text{m}}/\sqrt{2} = 70.7\text{V}$

（2） $I = I_{\text{m}}/\sqrt{2} = 50\text{A}$

4.2 正弦量的相量表示

4.2.1 复数及其运算法则

1. 复数的表示方法

复数是分析和计算正弦稳态电路的有利工具。利用复数分析与计算正弦稳态电路的方法称为相量法，应用相量法可以大大简化正弦稳态电路的计算。在介绍相量法之前，首先来复习复数的有关知识。

一个复数可以用以下几种形式来表示。

（1） 直角坐标形式

$$A = a + \text{j}b \tag{4-9}$$

式中，a 为复数的实部；b 为复数的虚部。

在复平面上，复数和平面上的点一一对应，如图 4-5 所示。复数在复平面上还可以用相量表示，如图 4-6 所示。相量的长度 r 称为复数 A 的模，用 $|A|$ 表示。相量与实轴的夹角，称为复数的辐角，用 φ 表示。

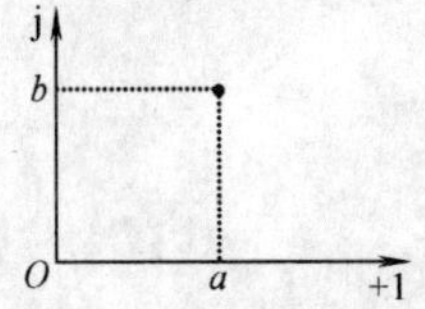

图 4-5 复平面上的点

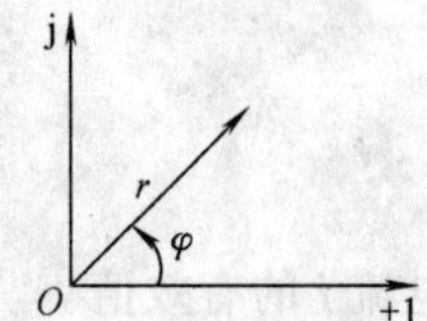

图 4-6 复平面上的相量

（2） 三角形式　由图 4-6 可得出复数的三角形式：

$$A = |A|(\cos\varphi + \text{j}\sin\varphi) \tag{4-10}$$

式中，$|A| = \sqrt{a^2 + b^2}$；$\varphi = \arctan\dfrac{b}{a}$。

（3） 指数形式　根据欧拉公式：$\text{e}^{\text{j}\varphi} = \cos\varphi + \text{j}\sin\varphi$，将上式代入三角形式，可得出复数的另一种表示形式，即指数形式：

$$A = |A|\text{e}^{\text{j}\varphi} \tag{4-11}$$

在电工技术中，还常把复数写成如下的极坐标形式：

$$A = |A|\underline{/\varphi} \tag{4-12}$$

2. 复数的运算

例如：有两个复数

$A = a_1 + \text{j}a_2 = |A|\underline{/\varphi_1}$　　　　$B = b_1 + \text{j}b_2 = |B|\underline{/\varphi_2}$

（1）复数的和差运算　若复数进行加（减）运算，则采用直角坐标形式，实部加（减）实部，虚部加（减）虚部。

$$A \pm B = (a_1 \pm b_1) + \mathrm{j}(a_2 \pm b_2) \tag{4-13}$$

若将上述复数相加的运算画到复平面上，则如图 4-7 所示。复数求和也可用相量的平行四边形法则来进行。同理两个复数的差也可用平行四边形法则来运算，这里要做以下处理：

$$A_1 - A_2 = A_1 + (-A_2)$$

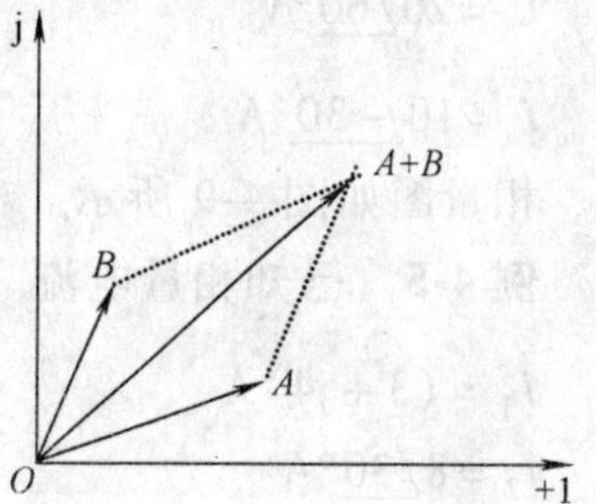

图 4-7　复数的加减运算

（2）复数的乘除运算　若复数进行乘（除）运算时，则采用极坐标形式，模相乘（除），幅角相加（减）。

$$A \cdot B = |A| \underline{/\varphi_1} \, |B| \underline{/\varphi_2} = |AB| \underline{/\varphi_1 + \varphi_2} \tag{4-14}$$

$$\frac{A}{B} = \frac{|A| \underline{/\varphi_1}}{|B| \underline{/\varphi_2}} = \left|\frac{A}{B}\right| \underline{/\varphi_1 - \varphi_2} \tag{4-15}$$

4.2.2　相量表示法

以后所要研究的交流电路，通常都是在同一频率的电源作用下。如果给定了电源的频率，那么电路中各处电压和电流的频率都与电源的频率相同，即各正弦量都是同频率的。正因为如此，只需要画出最大值和初相位就能够反映一个正弦量，如果相量的幅角等于正弦量的初相位，相量的幅值等于正弦量的最大值，那么这个正弦量就可以用相量完全表示出来。这样的相量称为幅值相量，用$\dot{U}_{\mathrm{m}}$或$\dot{I}_{\mathrm{m}}$表示。如果相量的幅值等于正弦量的有效值，那么这样的相量称为有效值相量，表示为$\dot{U}$或$\dot{I}$，如图 4-8 所示。

旋转矢量法是用一个在直角坐标中绕原点作逆时针方向旋转的相量，来表示正弦交流电的方法。运用旋转矢量法可以比较简单地进行正弦交流电路的计算。若图 4-8 中相量$\dot{I}$以角速度 ω 绕原点逆时针旋转，则经过时间 t 后，它与 x 轴的夹角为 $\omega t + \psi$，该相量在 y 轴的投影为 $I_{\mathrm{m}}\sin(\omega t + \psi)$，恰为正弦量的表达式。所以利用旋转矢量法可以完整地表示一个正弦量。

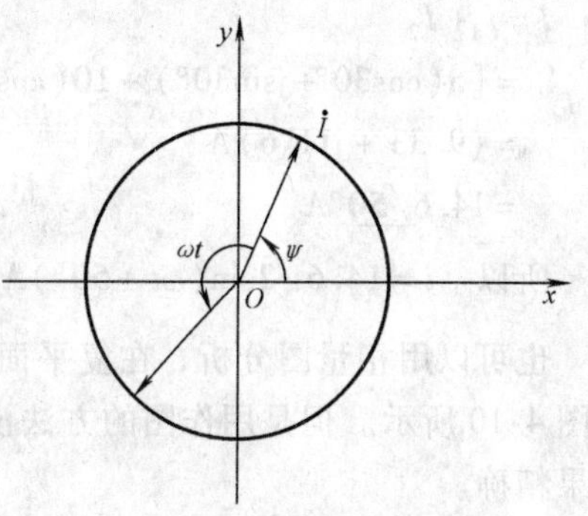

图 4-8　正弦量的相量表示

由于正弦量与表示它的相量之间的对应关系比较简单直观，因此，可以直接把正弦量的相量形式写出来；反之，也可以直接写出相量所表示的正弦量的瞬时值表达式。

例 4-4　已知

$$u = 20\sqrt{2}\sin(\omega t + 60°)\,\mathrm{V}$$

$$i = 10\sqrt{2}\sin(\omega t - 30°)\,\mathrm{A}$$

试写出幅值相量、有效值相量，并画出相量图。

解：幅值相量

$\dot{U}_{m} = 20\sqrt{2}\angle 60°V$

$\dot{I}_{m} = 10\sqrt{2}\angle -30°A$

有效值相量

$\dot{U} = 20\angle 60°V$

$\dot{I} = 10\angle -30°A$

相量图如图 4-9 所示。

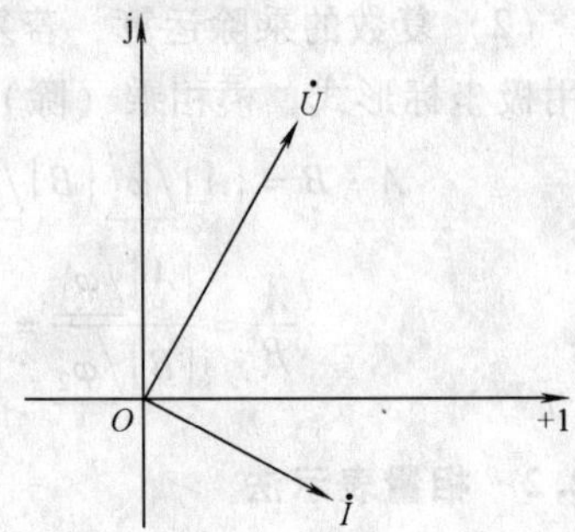

图 4-9　例 4-4 相量图

例 4-5　已知相量电流

$\dot{I}_1 = (3 + j4)A$

$\dot{I}_2 = 8\angle 30°A$

$\omega = 100\pi$

试写出它们所代表的正弦电流的瞬时值表达式。

解：$\dot{I}_1 = (3+4j)\ A = 5\angle \arctan\frac{4}{3}A = 5\angle 53.1°A$

$i_1 = 5\sqrt{2}\sin(100\pi t + 53.1°)A$

$i_2 = 8\sqrt{2}\sin(100\pi t + 30°)A$

正弦量的三角函数表达式在运算时比较繁琐，而用相量形式求解正弦量的运算就比较容易，如下面例题所示。

例 4-6　已知 $i_1 = 5\sqrt{2}\sin(\omega t + 30°)A$，$i_2 = 10\sqrt{2}\sin(\omega t + 60°)A$。试求：$i_1$、$i_2$之和 i。

解：以上正弦电流用相量表示为$\dot{I}_1 = 5\angle 30°A$，$\dot{I}_2 = 10\angle 60°A$。

$$\begin{aligned}\dot{I} &= \dot{I}_1 + \dot{I}_2 \\ &= [5(\cos30° + j\sin30°) + 10(\cos60° + j\sin60°)]\ A \\ &= (9.33 + j11.6)A \\ &= 14.6\angle 50°A\end{aligned}$$

所以　$i = 14.6\sqrt{2}\sin(\omega t + 50°)A$

也可以用相量图分析，在复平面内作出$\dot{I}_1$和$\dot{I}_2$，利用平行四边形法则可以作出相量$\dot{I}$，如图 4-10 所示。但是用作图的方法没有用相量代数法求得的结果精确。

需要说明的是，在以后的相量运算中一般用有效值相量。

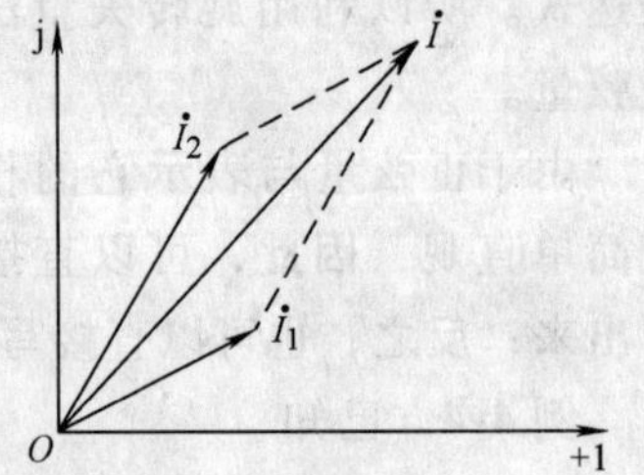

图 4-10　电流相量的求和运算

4.3　理想电路元件的正弦交流电路

在直流电路中，基本的无源元件是电阻，而在正弦交流电路中，基本的无源元件除电阻外，还有电感及电容。对于这三种基本元件的伏安关系，我们已经很熟悉，本节将介绍这些基本元件的伏安关系的相量形式，即这三种元件两端电压与电流相量的关系。

4.3.1 纯电阻电路

纯电阻电路如图 4-11 所示。线性电阻元件的端电压与电流服从欧姆定律，伏安关系为

$$u(t)=Ri(t)$$

假设 $i(t)=\sqrt{2}I\sin(\omega t+\psi_i)$，则有

$$u(t)=R\sqrt{2}I\sin(\omega t+\psi_i)=\sqrt{2}U\sin(\omega t+\psi_i) \tag{4-16}$$

可见，正弦电流通过某一电阻时，在电阻两端会产生一个同频率、同相位的正弦电压，将正弦量表示成相量形式，可得

$$\dot{U}=R\dot{I} \tag{4-17}$$

它们的相量图如图 4-12 所示。

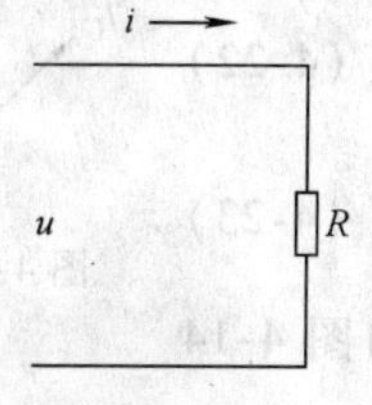

图 4-11 纯电阻电路

图 4-12 电阻电路的伏安关系

4.3.2 纯电容电路

所谓电容器，顾名思义是一种储存电能的容器。任何两块金属板之间夹着不导电的绝缘材料就构成一个电容器。电容器是交流电路中三大基本元件之一，在电路中起隔断直流（简称隔直）、沟通交流以及移相等作用。因此常用来作滤波、选频和波形变换等。在电力系统中，利用电容器改善功率因数以节省电能。

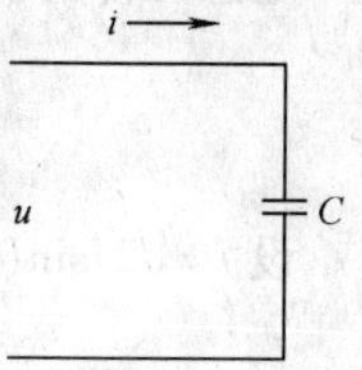

i
u
C

图 4-13 电容电路

把一个电容接在直流电路中，只有在接通或关断电源瞬间，电容处于充放电状态时，电路中才有电流通过，而处于稳定状态时，电流为零。因此，直流电路中的电容在稳态时使电路处于断开状态。如果在电容两端加上交流电压，由于电压极性的不断变化，电容将周期性地充电和放电，就使电路中不断有电流通过，这也是电容通交流的原理。

由电容所构成的基本电路如图 4-13 所示，电容元件的伏安关系为

$$i=C\frac{\mathrm{d}u_C}{\mathrm{d}t} \tag{4-18}$$

设 $u=\sqrt{2}U\sin(\omega t+\psi_u)$ 代入上式，可得

$$\begin{aligned}i(t)&=\sqrt{2}CU\omega\cos(\omega t+\psi_u)\\&=\sqrt{2}\omega CU\sin\left(\omega t+\psi_u+\frac{\pi}{2}\right)\\&=\sqrt{2}I\sin(\omega t+\psi_i)\end{aligned}$$

其中，

$$I=\omega CU \tag{4-19}$$

$$\psi_i = \psi_u + \frac{\pi}{2} \tag{4-20}$$

可见，电容元件两端加上正弦电压时，在电容元件中会产生一个同频率的正弦电流，其有效值为 ωCU，相位超前电压 90°。

由式（4-19）可得

$$\frac{U}{I} = \frac{1}{\omega C} = X_C = \frac{1}{2\pi fC} \tag{4-21}$$

X_C称为电容的电抗，简称容抗，带有阻碍电流通过的性质。在电容一定的条件下，容抗与频率成反比，频率愈低，它的容抗愈大。由于直流电流的频率可看成 $f=0$，所以 X_C趋于无穷大，流过电流为零，这就是电容能够隔断直流的原因。

电容元件的电压和电流的关系也可以表示成相量形式。

$$\dot{I} = \omega CU \angle\left(\psi_u + \frac{\pi}{2}\right) = \omega C\,\dot{U} \angle \frac{\pi}{2} = \mathrm{j}\omega C\,\dot{U} \tag{4-22}$$

或

$$\dot{U} = -\mathrm{j}\frac{1}{\omega C}\dot{I} \tag{4-23}$$

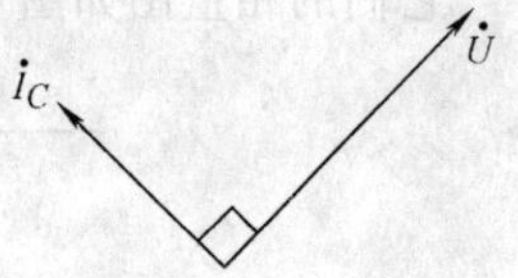

这就是电容元件伏安关系的相量形式，其相量图如图 4-14 所示。

图 4-14　电容电路的伏安关系

4.3.3　纯电感电路

由电感元件构成的电路如图 4-15 所示。

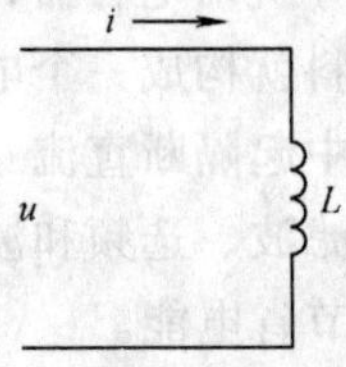

电感元件的伏安关系为

$$u = L\frac{\mathrm{d}i}{\mathrm{d}t}$$

设 $i=\sqrt{2}I\sin(\omega t+\psi_i)$ 代入上式，可得

$$u = -\sqrt{2}\omega LI\cos(\omega t+\psi_i) = \sqrt{2}\omega LI\sin\left(\omega t+\psi_\mathrm{i}+\frac{\pi}{2}\right)$$

$$= \sqrt{2}U\sin(\omega t+\psi_u)$$

图 4-15　电感电路

其中，

$$U = \omega LI \tag{4-24}$$

$$\psi_u = \psi_i + \frac{\pi}{2} \tag{4-25}$$

可见，电感元件通过正弦电流时，在元件两端会产生一个同频率的正弦电压，其幅值为 ωLI，相位超前电流 90°。

由式（4-24）可得

$$\frac{U}{I} = \omega L = X_L = 2\pi fL \tag{4-26}$$

X_L称为电感的电抗，简称感抗。带有阻碍电流通过的性质。在电感一定的条件下，感抗与频率成正比，频率愈低，它的感抗愈小。由于直流电流的频率可看成 $f=0$，所以 X_L趋于零，相当于短路。

电感元件的电压和电流的关系也可以表示成相量形式。

$$\dot{U}=\omega LI\underline{\left/\left(\psi_i+\frac{\pi}{2}\right)\right.}=\omega C\ \dot{I}\ \underline{/\frac{\pi}{2}}=\mathrm{j}\omega L\ \dot{I} \tag{4-27}$$

或

$$\dot{I}=-\mathrm{j}\frac{1}{\omega L}\dot{U} \tag{4-28}$$

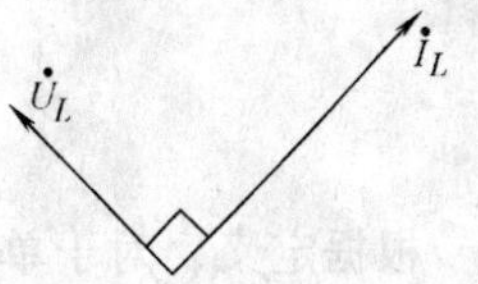

这就是电感元件伏安关系的相量形式，其相量图如图 4-16 所示。

图 4-16 电感电路的伏安关系

4.4 *RLC* 串联与并联电路

在直流电路中，对任何线性无源二端网络来说，可以用串、并联方法以及网络定理等来求得其等效电阻。同理，在正弦交流电路中，任何一个线性无源二端网络都可以用一个复阻抗或复导纳来表示，这将会给复杂正弦交流电路的分析带来极大方便。

4.4.1 复阻抗与复导纳

图 4-17 所示的二端网络 N_0 是由线性无源二端元件任意连接而成的，假设端口电压、电流分别为

$$u=U\sin(\omega t+\psi_u)$$
$$i=I\sin(\omega t+\psi_i)$$

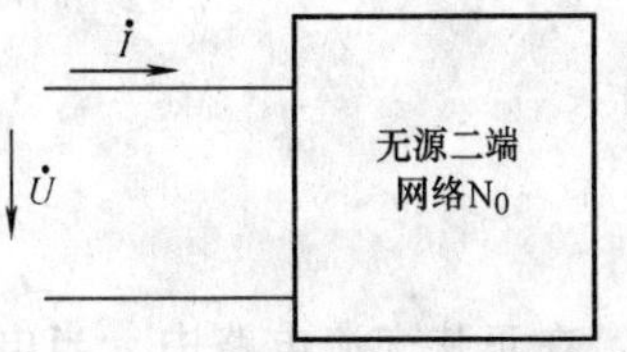

则二端网络 N_0 的复阻抗（驱动点阻抗）定义为：二端网络的端口电压相量与端口电流相量之比，即

$$Z=\frac{\dot{U}}{\dot{I}} \tag{4-29}$$

图 4-17 无源二端网络

式（4-29）称为正弦交流电路的欧姆定律相量形式，其中

$$\dot{U}=U\underline{/\psi_u}\qquad \dot{I}=I\underline{/\psi_i} \tag{4-30}$$

$$Z=\frac{\dot{U}}{\dot{I}}=\frac{U}{I}\underline{/(\psi_u-\psi_i)}=\frac{U}{I}\underline{/\psi_Z} \tag{4-31}$$

复阻抗 Z 是一个复数，可简称为阻抗，它的模 $|Z|$ 为端口电压与电流的有效值或幅值之比，幅角 ψ_Z 等于端口电压和电流之间的相位差，称为阻抗角，即

$$|Z|=\frac{U}{I} \tag{4-32}$$

$$\psi_Z=\psi_u-\psi_i \tag{4-33}$$

同理，二端网络 N_0 的复导纳（驱动点导纳）定义为二端网络的端口电流相量与端口电压相量之比，即

$$Y=\frac{\dot{I}}{\dot{U}}=\frac{I}{U}\underline{/(\psi_i-\psi_u)}=\frac{I}{U}\underline{/\psi_Y} \tag{4-34}$$

复导纳也是一个复数，它的模为端口电流与电压的有效值或幅值之比，幅角为电流相量与电压相量的相位差，称为导纳角，即

$$|Y|=\frac{I}{U} \tag{4-35}$$

$$\psi_Y=\psi_i-\psi_u \tag{4-36}$$

根据定义，对于单一元件 R、L 或 C 来说，其复阻抗分别为

$$R:\quad Z_R=\frac{\dot{U}_R}{\dot{I}_R}=R$$

$$L:\quad Z_L=\frac{\dot{U}_L}{\dot{I}_L}=\mathrm{j}\omega L$$

$$C:\quad Z_C=\frac{\dot{U}_C}{\dot{I}_C}=-\mathrm{j}\frac{1}{\omega C}$$

复导纳分别为

$$R:\quad Y_R=\frac{\dot{I}_R}{\dot{U}_R}=\frac{1}{R}$$

$$L:\quad Y_L=\frac{\dot{I}_L}{\dot{U}_L}=-\mathrm{j}\frac{1}{\omega L}$$

$$C:\quad Y_C=\frac{\dot{I}_C}{\dot{U}_C}=\mathrm{j}\omega C$$

在正弦交流电路中，当电压、电流用相量表示，R、L、C 元件用阻抗表示后，电压及电流相量也遵守相量形式的欧姆定律和基尔霍夫定律。那么，在直流电路中依据欧姆定律和基尔霍夫定律得出的电路分析方法以及常用的电路定理同样也适用于正弦交流电路的分析。只是电路中的电压与电流要用相量表示，而电阻及电导要用阻抗及导纳表示。

4.4.2 *RLC* 串联电路

前面介绍了单一参数的交流电路，以及复阻抗、复导纳等概念。下面在此基础上分析 *RLC* 串联电路，电路形式如图 4-18 所示。

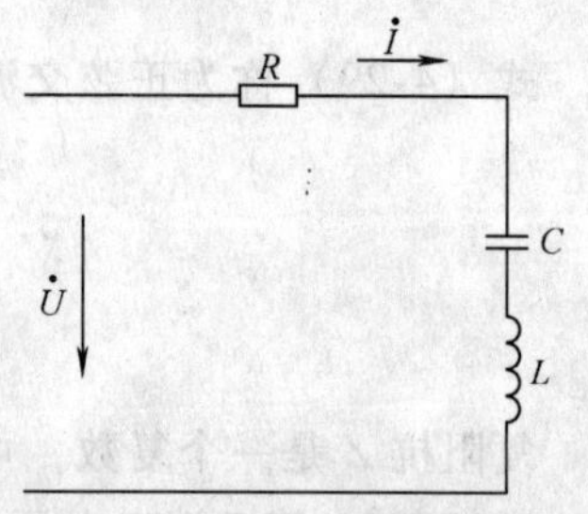

图 4-18 *RLC* 串联电路

在串联电路中，流过各个元件的电流相同，设

$$i=\sqrt{2}I\sin\omega t \tag{4-37}$$

由基尔霍夫电压定律可知

$$u=u_R+u_C+u_L \tag{4-38}$$

其相量形式为

$$\dot{U}=\dot{U}_R+\dot{U}_C+\dot{U}_L \tag{4-39}$$

由元件伏安特性的相量形式知道，其中各电压可表示为

$$\dot{U}_R=R\dot{I}\qquad \dot{U}_C=-\mathrm{j}\frac{1}{\omega C}\dot{I}\qquad \dot{U}_L=\mathrm{j}\omega L\,\dot{I}$$

代入式（4-39），可得

$$\dot{U}=\left(R-\mathrm{j}\frac{1}{\omega C}+\mathrm{j}\omega L\right)\dot{I} \tag{4-40}$$

所以，*RLC* 串联电路的复阻抗为

$$\begin{aligned}Z&=\frac{\dot{U}}{\dot{I}}=R+\mathrm{j}\left(\omega L-\frac{1}{\omega C}\right)\\&=R+\mathrm{j}(X_L-X_C)\\&=R+\mathrm{j}X\\&=\sqrt{R^2+X^2}\underline{/\psi}\end{aligned} \tag{4-41}$$

复阻抗的模 $|Z|=\sqrt{R^2+X^2}$ 反映了串联电路中电流与电压的数值关系，阻抗角 $\psi=\arctan\frac{X}{R}$ 反映了电压与电流之间的相位关系，即电压与电流之间的相位差。

当 $\psi>0$ 时，电压超前电流 ψ 角，电路呈感性。

当 $\psi<0$ 时，电压滞后电流 ψ 角，电路呈容性。

当 $\psi=0$ 时，电压、电流同相，电路阻性。

上面根据串联电路电压与电流的关系，计算得出 *RLC* 串联的复阻抗、电压与电流的关系。其实，在直流电路中电阻串并联的阻值计算方法同样适用于复阻抗的串并联。

在直流电路中，电阻串联的阻值为各个电阻的阻值之和。同样，交流电路中，复阻抗的串联为各个元件的复阻抗之和，即

$$Z=Z_1+Z_2+Z_3+\cdots \tag{4-42}$$

由于 $$Z_R=R,\quad Z_L=\mathrm{j}\omega L, Z_C=-\mathrm{j}\frac{1}{\omega C}$$

由式（4-42）可得 *RLC* 串联电路的复阻抗为

$$Z=Z_R+Z_L+Z_C=R+\mathrm{j}\left(\omega L-\frac{1}{\omega C}\right)$$

结果同上。

例 4-7 设图 4-18 所示电路中 $R=8\Omega$，$\omega L=7.5\Omega$，$1/\omega C=22.5\Omega$，电源电压为 $\dot{U}=10\underline{/0^\circ}\mathrm{V}$。试求：（1）复阻抗 Z；（2）各个元件的电压及电路中的电流。

解：（1）总阻抗为

$$Z=R+\mathrm{j}\left(\omega L-\frac{1}{\omega C}\right)=[8+\mathrm{j}(7.5-22.5)]\Omega=(8-\mathrm{j}15)\Omega=17\underline{/-61.93^\circ}\Omega$$

（2）总电流为

$$\dot{I}=\frac{\dot{U}}{Z}=\frac{10\underline{/0^\circ}}{17\underline{/-61.93^\circ}}\mathrm{A}=0.588\underline{/61.93^\circ}\mathrm{A}$$

各个元件的电压分别为

$$\dot{U}_R=R\dot{I}=4.7\underline{/61.93^\circ}\mathrm{V}$$

$$\dot{U}_L=Z_L\dot{I}=0.588\underline{/61.93^\circ}\times7.5\underline{/90^\circ}\mathrm{V}=4.41\underline{/151.93^\circ}\mathrm{V}$$

$$\dot{U}_C = Z_C \dot{I} = 0.588 \angle 61.93° \times 22.5 \angle -90° \text{V} = 13.23 \angle -28.07° \text{V}$$

4.4.3 *RLC* 并联电路

RLC 并联参考电路如图 4-19 所示。

由于并联电路中各个元件承受的电压相同，所以选取端电压为参考正弦量，设其为

$$u = \sqrt{2} U \sin \omega t \tag{4-43}$$

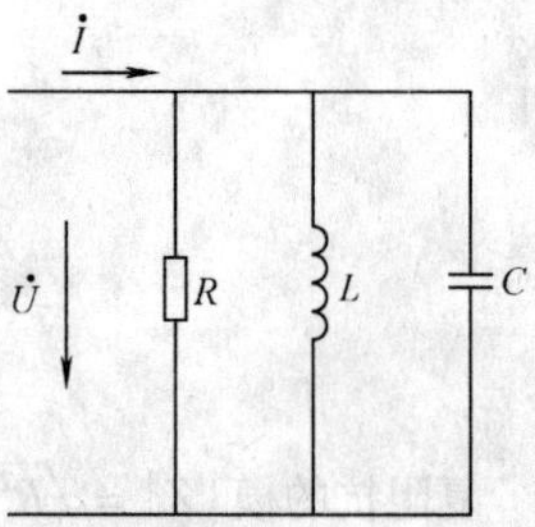

图 4-19 并联参考电路

根据基尔霍夫电流定律可知

$$i = i_R + i_C + i_L \tag{4-44}$$

相量形式为

$$\dot{I} = \dot{I}_R + \dot{I}_L + \dot{I}_C \tag{4-45}$$

由单一参数电路分析知道

$$\dot{I}_R = \frac{1}{R}\dot{U}, \quad \dot{I}_L = -\mathrm{j}\frac{1}{\omega L}\dot{U}, \quad \dot{I}_C = \mathrm{j}\omega C\dot{U}$$

代入式（4-45）可得

$$\dot{I} = \frac{1}{R}\dot{U} - \mathrm{j}\frac{1}{\omega L}\dot{U} + \mathrm{j}\omega C\dot{U} \tag{4-46}$$

所以，复导纳

$$Y = \frac{\dot{I}}{\dot{U}} = \frac{1}{R} - \mathrm{j}\frac{1}{\omega L} + \mathrm{j}\omega C = G + \mathrm{j}(B_C - B_L) \tag{4-47}$$

式中，$G = \frac{1}{R}$称为电导，$B_C = \omega C$ 称为容纳，$B_L = \frac{1}{\omega L}$称为感纳，单位用 S（西门子）表示。

复导纳的模$|Y| = \sqrt{G^2 + (B_C - B_L)^2}$反映了并联电路中电压与电流的数值关系，阻抗角$\psi' = \arctan \frac{B_C - B_L}{Y_R}$反映了电压与电流之间的相位关系，即电流与电压之间的相位差。

当 $\psi' > 0$ 时，电流超前电压 ψ'角，电路呈容性。

当 $\psi' < 0$ 时，电流滞后电压 ψ'角，电路呈感性。

当 $\psi' = 0$ 时，电流、电压同相，电路呈阻性。

同串联电路一样，并联的总复导纳等于各个支路的复导纳的和，即

$$Y = Y_1 + Y_2 + Y_3 + \cdots \tag{4-48}$$

并联电路的复阻抗的倒数等于各支路复阻抗的倒数之和。即

$$\frac{1}{Z} = \frac{1}{Z_1} + \frac{1}{Z_2} + \frac{1}{Z_3} + \cdots \tag{4-49}$$

由于

$$Y_R = \frac{1}{R} \quad Y_L = -\mathrm{j}\frac{1}{\omega L} \quad Y_C = \mathrm{j}\omega C$$

代入式（4-48），可得

$$Y = \frac{1}{R} - \mathrm{j}\frac{1}{\omega L} + \mathrm{j}\omega C = G + \mathrm{j}(B_C + B_L) \tag{4-50}$$

同以上分析结果一致。

例 4-8 设图 4-19 所示的电路中，$Y_R=0.125\text{S}$，$Y_L=-0.318\text{jS}$，$Y_C=0.0445\text{jS}$，电流 $\dot{I}=12\angle -65.44°\text{A}$。求：（1）计算复导纳；（2）计算各支路电流。

解：（1）

$$Y=Y_R+Y_C+Y_L=[0.125+\text{j}(0.0445-0.318)]\text{S}$$
$$=(0.125+\text{j}0.2735)\text{S}$$
$$=0.3\angle -65.44°\text{S}$$

（2）

$$\dot{U}=\frac{\dot{I}}{Y}=\frac{12\angle -65.44°}{0.3\angle -65.44°}\text{V}=40\angle 0°\text{V}$$

$$\dot{I}_R=Y_R\dot{U}=0.125\times 40\angle 0°\text{A}=5\angle 0°\text{A}$$

$$\dot{I}_C=Y_C\dot{U}=\text{j}0.0445\times 40\angle 0°\text{A}=1.78\angle 90°\text{A}$$

$$\dot{I}_L=Y_L\dot{U}=-\text{j}0.318\times 40\angle 0°\text{A}=12.72\angle -90°\text{A}$$

4.4.4 *RLC* 混联电路

正弦交流电路中，正弦电压、电流都可以用相量来表示，而且，这些相量都满足基尔霍夫定律的相量形式和欧姆定律的相量形式。当引入阻抗、导纳的概念以后，使得正弦交流电路的运算完全可以依照直流电阻电路的分析方法来处理。只是电压源用电压相量表示，电压、电流用电压、电流相量表示，*R*、*L*、*C* 元件分别用阻抗表示。这样，得出的电路的拓扑结构与原电路相同。对于正弦交流电路的分析同样可以采用支路电流法、电源等效变换法、节点法以及叠加原理、戴维南定理等。应该注意的是，相量模型中的电压相量、电流相量受基尔霍夫定律的约束，而每个元件端电压相量和电流相量受欧姆定律及其伏安关系的约束。

这样，对于如下的 *RLC* 混联电路，就可以采用如上所述的分析方法。以例题 4-9 为例来分析上面的方法。

例 4-9 电路如图 4-20a 所示，已知端口电压 $u=220\sqrt{2}\sin(314t+30°)\text{V}$，试求支路电流 i_1、i_2 和总电流 i。

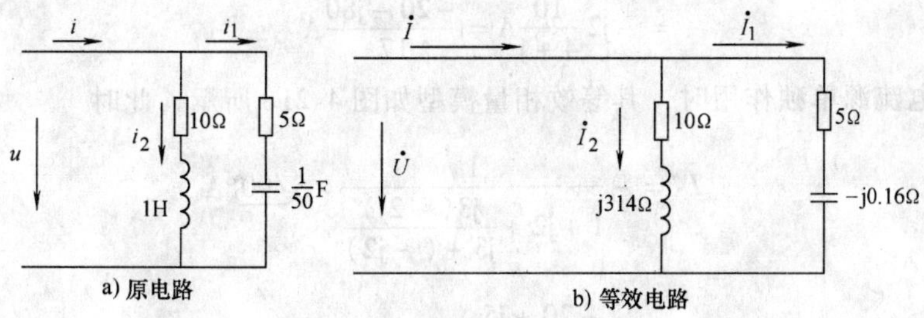

图 4-20 例 4-9 电路

解：将电路转换成相量形式如图 4-20b 所示。

$$Z_1=(10+\text{j}314)\Omega=314.16\angle 88.2°\Omega$$

$$Z_2 = (5 - j0.16)\Omega = 5\angle -1.8^\circ\Omega$$

$$\dot{U} = 220\angle 30^\circ \text{V}$$

所以

$$\dot{I}_1 = \frac{\dot{U}}{Z_1} = \frac{220\angle 30^\circ}{314.16\angle 88.2^\circ}\text{A} = 0.7\angle -58.2^\circ\text{A}$$

$$\dot{I}_2 = \frac{\dot{U}}{Z_2} = \frac{220\angle 30^\circ}{5\angle -1.8^\circ}\text{A} = 44\angle 31.8^\circ\text{A}$$

$$\dot{I} = \dot{I}_1 + \dot{I}_2 = (0.7\angle -58.2^\circ + 44\angle 31.8^\circ)\text{A} = (37.77 + j22.77)\text{A} = 44.1\angle 31^\circ\ \text{A}$$

故

$$i = 44.1\sqrt{2}\sin(314t + 31^\circ)\text{A}$$

$$i_1 = 0.7\sqrt{2}\sin(314t - 58.2^\circ)\text{A}$$

$$i_2 = 44\sqrt{2}\sin(314t + 31.8^\circ)\text{A}$$

例 4-10 电路如图 4-21a 所示，利用叠加定理求电流 I。

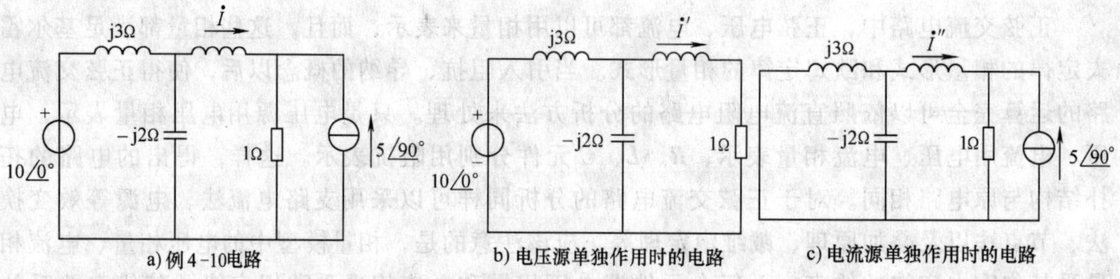

图 4-21 例 4-10 叠加定理的应用示意图

解：(1) 当电压源单独作用时，其等效相量模型如图 4-21b 所示，此时

$$\dot{I}' = \frac{-j2}{1 + j2 - 2j}\ \frac{10\angle 0^\circ}{j3 + \dfrac{(-j2)(1 + j2)}{1 + j2 + (-j2)}}\ \text{A}$$

$$= -j2\,\frac{10}{4 + j}\text{A} = \frac{-20 - j80}{17}\text{A}$$

(2) 当电流源单独作用时，其等效相量模型如图 4-21c 所示，此时

$$\dot{I}'' = -\frac{1}{1 + j2 + \dfrac{j3(-2j)}{j3 + (-j2)}} \times 5\angle 90^\circ\text{A}$$

$$= -\frac{-20 + j5}{17}\ \text{A}$$

(3) 根据叠加定理可得

$$\dot{I} = \dot{I}' + \dot{I}'' = \left(\frac{-20 - j80}{17} - \frac{-20 + j5}{17}\right)\text{A} = 5\angle -90^\circ\text{A}$$

4.5　正弦交流电路的功率及功率因数

在正弦交流电路分析中，功率也是一个很重要的概念。由于正弦交流电路中电压和电流都是随时间按正弦规律变化的，所以正弦交流电路中的功率能量关系要比直流电路复杂得多。为此，我们引入一些新的概念，由于功率能量也是随时间而变化的，所以我们感兴趣的是它的平均值，而不是瞬时值。瞬时功率、平均功率、视在功率、无功功率和功率因数等都是正弦交流电路中的基本概念。

4.5.1　三种理想元件的功率

1. 瞬时功率和平均功率

在交流电路中，因为电压和电流都是变化的，所以功率也是变化的。电路中每一时刻的功率称为瞬时功率，以小写英文字母 p 表示。

$$p = ui \tag{4-51}$$

设　$u(t)=\sqrt{2}U\sin(\omega t+\psi_u)$　　$i(t)=\sqrt{2}I\sin(\omega t+\psi_i)$

则

$$\begin{aligned}p &= ui\\ &=\sqrt{2}U\sin(\omega t+\psi_u)\times\sqrt{2}I\sin(\omega t+\psi_i)\\ &=UI\cos(\psi_u-\psi_i)-UI\cos(2\omega t+\psi_u+\psi_i)\end{aligned}$$

若设电压初相位为零，则

$$p = ui = UI\cos\psi_i - UI\cos(2\omega t+\psi_i) \tag{4-52}$$

瞬时功率是随时间而变化的，它只能说明功率的变化情况，故没有什么实际意义，通常是利用它在一个周期内的平均值来衡量交流电流功率的大小。这个平均值就称为平均功率或有功功率，用大写英文字母 P 表示。

$$P=\frac{1}{T}\int_0^T p\mathrm{d}t=\frac{1}{T}\int_0^T UI(\cos\psi_i+\cos(2\omega t+\psi_i))\mathrm{d}t = UI\cos\psi_i \tag{4-53}$$

通常电气设备上所标的功率都是指平均功率。

2. R、L、C 元件的功率

（1）纯电阻电路　纯电阻电路中电压电流同向，则瞬时功率为

$$p=\sqrt{2}U\sin\omega t\sqrt{2}I\sin\omega t = 2UI\sin^2\omega t = UI - UI\cos2\omega t \tag{4-54}$$

上式表明，电阻上瞬时功率由两部分组成：一部分是电压的有效值 U 与电流的有效值 I 的乘积，它是与时间无关的定值；另一部分是以 2ω 的角频率随时间变化，幅值为 UI。可以画出瞬时功率曲线，如图 4-22 所示。

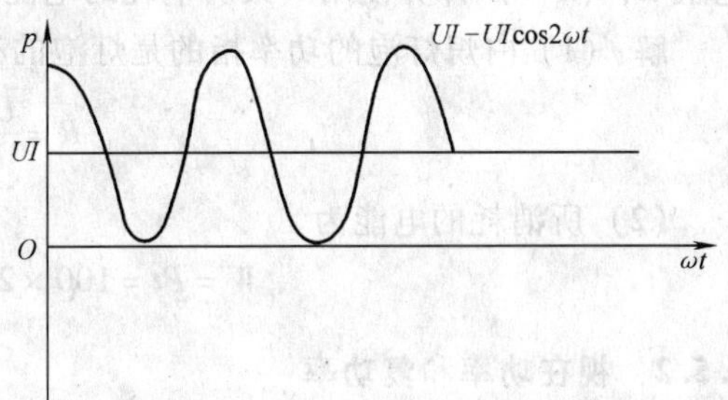

图 4-22　纯电阻电路的瞬时功率曲线

平均功率 $P=\frac{1}{T}\int_0^T p\mathrm{d}t = UI$　　(4-55)

（2）纯电感电路　正弦电流通过电感元

件时，在电感元件上产生一个同频率的正弦电压，在相位上超前电流 90°。所以将 $\psi_i = -90°$代入式（4-52），可得

$$p = ui = UI\cos(-90°) - UI\cos(2\omega t - 90°)$$

$$p = ui = -UI\cos(2\omega t - 90°) = -UI\sin 2\omega t$$

代入式（4-53），可得

$$P = \frac{1}{T}\int_0^T p\mathrm{d}t = 0 \tag{4-56}$$

纯电感电路的平均功率为零，流过电感的电流和电感两端的电压都不为零，瞬时功率 p 以 2ω 角速度变化。当 $p<0$ 时，电感将储存的磁场能转换为电能送还给电源。当 $p>0$ 时，表明电感从电源吸取电能，转化为磁场能储存起来。

（3）纯电容电路　电容电路中，电流超前电压 90°，将 $\psi_i = 90°$和 $\psi_u = 0°$分别代入式（4-52）和式（4-53），可得瞬时功率为

$$p = ui = UI\cos 90° - UI\cos(2\omega t + 90°)$$

$$p = -UI\cos(2\omega t + 90°) = UI\sin 2\omega t \tag{4-57}$$

$$P = \frac{1}{T}\int_0^T p\mathrm{d}t = 0 \tag{4-58}$$

以上表明，纯电容电路也不消耗能量，只与电源进行等量的能量交换。

通过以上分析可以看出，电容和电感既不吸收能量，也不提供能量，在电路中只与电源之间进行能量的交换，起一个能量中转站的作用。

（4）一般二端网络的正弦电流的功率　对于一般二端网络的正弦电流的功率，仍然按照式（4-52）和式（4-53）去求解。从公式和以上单一元件的讨论可知，当 $u>0$、$i>0$ 或 $u<0$、$i<0$ 时，瞬时功率 $p>0$，该二端网络吸收功率，所吸收的功率部分消耗在电阻上，部分被动态元件所储存。当 $u<0$、$i>0$ 或 $u>0$、$i<0$ 时，瞬时功率 $p<0$，此时该二端网络释放网络储能元件所储存的能量。

从平均功率公式可以看出二端网络的平均功率不仅与电流、电压的有效值有关，而且与电压、电流相位差的余弦值有关。

当无源二端网络为纯电阻时，$P = UI$。

当无源二端网络为纯电感或电容时，$P = 0$。

当无源二端网络为感性或容性负载时，$0 < |\psi| < \frac{\pi}{2}$，$0 < \cos\psi < 1$，所以 $0 < P < UI$。

例 4-11　某白炽灯泡的额定电压为 220V，功率为 100W。试求：（1）它在正常工作时的电阻 R；（2）试计算使用一天所消耗的电能。

解：（1）白炽灯泡的功率指的是灯泡的有功功率，所以有

$$R = \frac{U^2}{P} = 484\Omega$$

（2）所消耗的电能为

$$W = Pt = 100 \times 24\mathrm{W \cdot h} = 2400\mathrm{W \cdot h}$$

4.5.2　视在功率和复功率

1. 视在功率

在正弦交流电路中，把电流与电压有效值的乘积称为视在功率，并用 S 表示，即

$$S = UI \tag{4-59}$$

视在功率的单位为伏安（V·A）。

电路的无功功率 $Q = UI\sin\psi$，用它来反映网络与电源进行能量交换的规模大小。这不是消耗的功率，而是表征储能元件与电源之间进行能量交换的部分。无功功率的单位为乏尔（var）。

从前面分析，可知电路的有功功率 $P = UI\cos\psi$。

所以有

$$S = \sqrt{P^2 + Q^2} \qquad \psi = \arctan\frac{Q}{P} \tag{4-60}$$

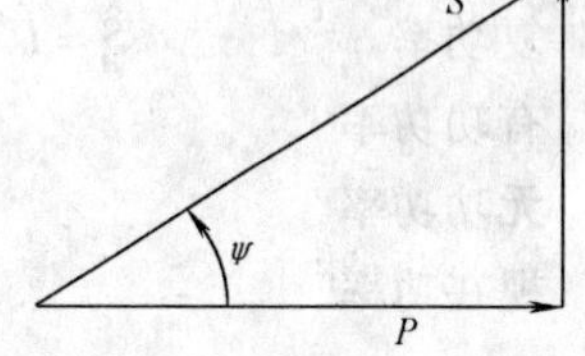

图 4-23　功率三角形

可以看到，S、P、Q 组成一个直角三角形，称为功率三角形，如图 4-23 所示。

视在功率一定时，$\cos\psi$ 的大小决定了有功功率的大小，因此 $\cos\psi$ 称为功率因数，用 λ 表示，ψ 角称为功率因数角。$\psi > 0$ 表明二端网络为电感性电路，$\psi < 0$ 表明二端网络为电容性电路，$\psi = 0$ 表明二端网络为阻性电路。

2. 复功率

若将功率三角形置于复平面内，则所对应的复数视在功率简称为复功率，该复数用 $\tilde{S}$ 表示，复功率等于电压相量与电流共轭相量的乘积。

$$\tilde{S} = \dot{U}\overset{*}{I} = U\angle\psi_u \; I\angle-\psi_i = UI\angle\psi = UI\cos\psi + \mathrm{j}UI\sin\psi = P + \mathrm{j}Q \tag{4-61}$$

其中，$\overset{*}{I} = I\angle-\psi_i$，为电流的共轭相量。

复功率的模 $\sqrt{P^2 + Q^2}$ 就是视在功率，其实部为有功功率 $UI\cos\psi$，虚部为无功功率 $UI\sin\psi$。因此，只要求出复功率，就可以方便地得出 S、P、Q。**注意：**复功率是一个纯复数，不是相量。

若无源二端网络有 n 条支路，那么网络的有功功率为

$$P = \sum_{k=1}^{n} P_k$$

无功功率 Q 为

$$Q = \sum_{k=1}^{n} Q_k$$

则网络的复功率为

$$\tilde{S} = \sum_{k=1}^{n} P_k + \mathrm{j}\sum_{k=1}^{n} Q_k = \sum_{k=1}^{n} \tilde{S}_k$$

例 4-12　电路的相量模型如图 4-24 所示。$R = 10\Omega$，$X_L = X_C = 10\Omega$，$\dot{U}_S = 28.2\angle0°\mathrm{V}$。试求该电路的有功功率 P、无功功率 Q、视在功率 S 和功率因数。

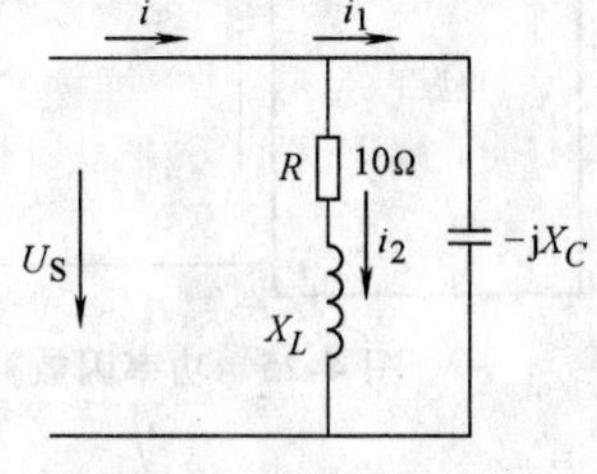

图 4-24　例 4-12 电路

解： $Z_1 = -\mathrm{j}10\Omega$

$Z_2 = R + \mathrm{j}X_L = (10 + \mathrm{j}10)\Omega = 14.1\angle45°\Omega$

$$\dot{I}_1 = \frac{\dot{U}_S}{Z_1} = \frac{28.2\angle0°}{10\angle-90°}\mathrm{A} = 2.82\angle90°\mathrm{A} = \mathrm{j}2.82\mathrm{A}$$

$$\dot{I}_2=\frac{\dot{U}_S}{Z_1}=\frac{28.2\angle 0^\circ}{14.1\angle 45^\circ}\text{A}=2\angle -45^\circ\text{A}=(1.41-\text{j}1.41)\text{A}$$

$$\dot{I}=\dot{I}_1+\dot{I}_2=(1.41+\text{j}1.41)\text{A}=2\angle 45^\circ\ \text{A}$$

所以，电路的功率因数为 $\cos 45^\circ=0.71$

复功率 $\tilde{S}=\dot{U}\overset{*}{I}=28.2\angle 0^\circ\times 2\angle -45^\circ\text{VA}=56.4\angle -45^\circ\text{VA}$

有功功率 $p=56.4\times\cos 45^\circ\text{W}=39.88\text{W}$

无功功率 $Q=-39.88\text{var}$

视在功率 $S=56.4\text{V}\cdot\text{A}$

4.5.3 提高功率因数的意义和方法

由上一节可知，对于感性电路或容性电路，功率因数不为 1，这样电路中储能元件与电源之间存在着能量交换。功率因数角越大，无功功率越大，这在供电系统中是不允许的，其原因在于：

1）电源与负载之间存在能量交换，这就大大增加了发电机绕组和供电线路的损耗。

2）功率因数 $\cos\psi$ 越小，平均功率越小，无功功率越大，则效率越低。提高功率因数是提高供电效率、节约能源的关键，这在国民经济建设中具有十分重要的意义。

功率因数低的根本原因在于生产和生活中的交流用电设备大多是感性负载，如三相异步电动机、荧光灯、空调、冰箱和洗衣机等家用电器设备。感性设备的功率因数都较低。为了提高功率因数，必须使负载所需的无功功率不要全部取自电源，而是部分的由电路本身提供，并且在提高功率因数的同时，还要保证负载仍处于原来的工作状态。根据这些原则，提高功率因数的方法通常是在感性负载两端并上一个电容器作为补偿电容器。由于电容不消耗能量，所以并联电容后，有功功率不变。下面来说明并联电容提高功率因数的原理。

功率因数补偿电路如图 4-25 所示，当没有并联补偿电容 C 时，电流 I_L滞后电压 φ_1 角度。当并联电容 C 后，电阻与电感两端电压不变，所以 I_L不变，总电流 I 相当于原总电流 I_L 叠加上一个电流 $\dot{I}_C$，这时，总电流 I 滞后电压 φ 角度。可见，并联电容后电路的功率因数提高了。

电容补偿无功功率的相量图如图 4-26 所示，由图 4-26 可得

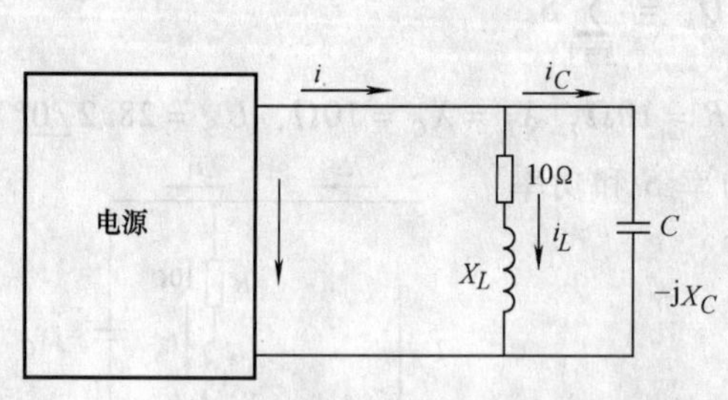

图 4-25 功率因数补偿电路

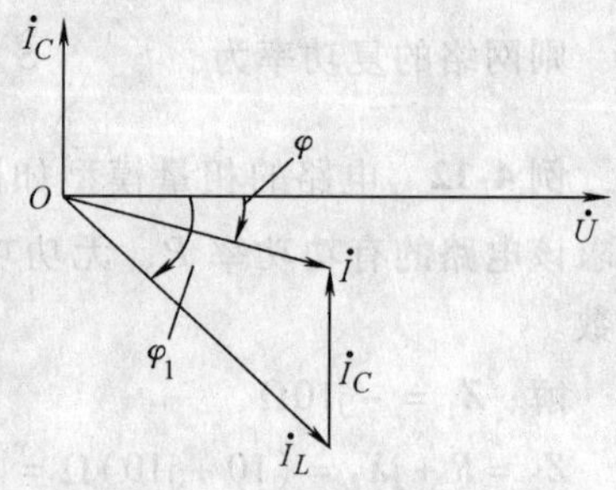

图 4-26 电容补偿无功功率的相量图

$$I_C = I_L\sin\varphi_1 - I\sin\varphi = \frac{P}{U\cos\varphi_1}\sin\varphi_1 - \frac{P}{U\cos\varphi}\sin\varphi$$

$$= \frac{P}{U}(\tan\varphi_1 - \tan\varphi)$$

因为

$$I_C = \frac{U}{X_C} = U\omega C$$

所以

$$I_C = U\omega C = \frac{P}{U}(\tan\varphi_1 - \tan\varphi)$$

得

$$C = \frac{P}{U^2\omega}(\tan\varphi_1 - \tan\varphi) \tag{4-62}$$

式（4-62）给出了提高功率因数并联电容值的计算方法。

例 4-13 电路如图 4-25 所示，已知：$f=50\text{Hz}$，$U=380\text{V}$，感性负载（RL 支路）吸收的功率为 20kW，功率因数为 $\lambda=0.6$，若将功率因数提高到 0.9，试求并联电容的大小。

解：根据式（4-62），有

$$C = \frac{P}{U^2\omega}(\tan\varphi_1 - \tan\varphi)$$

由于 $\cos\varphi_1=0.6$，$\cos\varphi=0.9$，所以 $\varphi_1=53.13°$，$\varphi=25.84°$，代入上式得

$$C = \frac{20\times10^3}{2\pi\times50\times380^2}(\tan53.13° - \tan25.84°)\,\mu\text{F}$$

$$= 37.5\ \mu\text{F}$$

当接入补偿电容以后，无功功率、视在功率减小，而有功功率不变。能否把功率因数提高到 1，使 Q 等于 0 呢？这样做势必会增加设备投资，经济效益也不明显。另外，当功率因数提高到一定数值时，还会引起并联谐振，使电容和电感上的电流增大，造成设备损坏。因此，功率因数的大小一般根据实际情况而定。

4.6 正弦交流电路的谐振

对于含有电感和电容的电路，当电源的频率和电路的参数（L 和 C）符合一定条件时，将会出现电路的端电压和总电流同相的现象，这种现象称为谐振。谐振有串联谐振和并联谐振两种。谐振现象在电子技术中有着广泛的应用，但在电力系统中又应尽可能地避免。

4.6.1 串联谐振

串联谐振电路如图 4-27 所示，电路的复阻抗为

$$Z = \frac{\dot{U}}{\dot{I}} = R + \mathrm{j}\left(\omega L - \frac{1}{\omega C}\right) \tag{4-63}$$

可见，当 $\omega L = 1/\omega C$ 时，电路的端电压与总电流同相，此时，电路发生串联谐振。发生

谐振的频率 $\omega_0=1/\sqrt{LC}$，可见谐振频率 ω_0是由电路中的电感量 L 和电容量 C 决定的，而与电路中的电阻值 R 无关，它反映了 RLC 串联电路的一种固有性质。

当电路发生谐振时，$|Z|=R$，阻抗模值最小，电路中的电流 $I=U/R=I_0$，达到最大值。电路对电源呈电阻性，电源供给的能量全被电阻所消耗，电源与电路之间不发生能量交换。能量的交换只发生在电感 L 与电容 C 之间，此时，有

$$\dot{U}_R=R\dot{I}_0=\dot{U} \tag{4-64}$$

$$\dot{U}_C=-\mathrm{j}\frac{1}{\omega_0 C}\dot{I}_0=-\mathrm{j}\frac{1}{\omega_0 CR}\dot{U} \tag{4-65}$$

$$\dot{U}_L=\mathrm{j}\omega_0 L\dot{I}_0=\frac{\mathrm{j}\omega_0 L}{R}\dot{U} \tag{4-66}$$

发生谐振时，$\dot{U}_C=-\dot{U}_L$，相量图如图 4-28 所示。

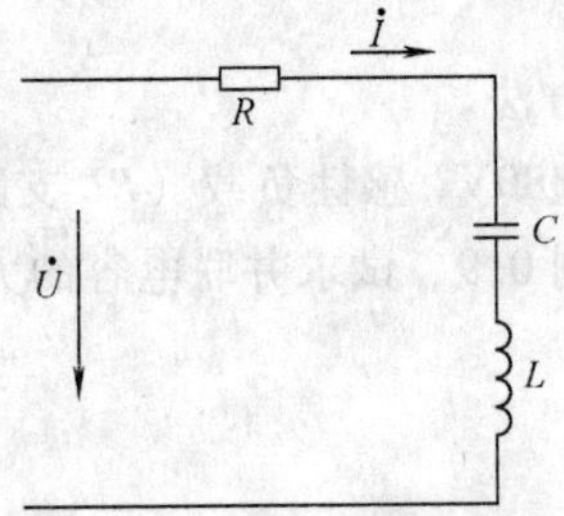

图 4-27　串联谐振电路

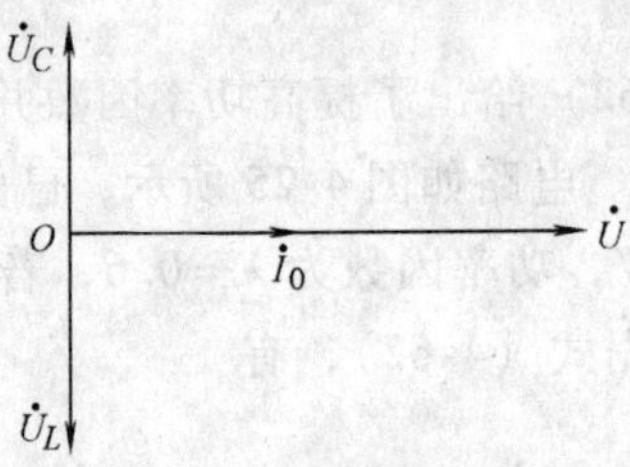

图 4-28　串联谐振时的相量图

定义 $Q=\dfrac{1}{\omega_0 CR}=\dfrac{\omega_0 L}{R}$，称其为品质因数，则有

$$U_C=QU \tag{4-67}$$

$$U_L=QU \tag{4-68}$$

发生串联谐振时，电容或电感元件上的电压是电源电压的 Q 倍。串联电路中的电流有效值为

$$I=\frac{U}{|Z|}=\frac{U}{\sqrt{R^2+\left(\omega L-\frac{1}{\omega C}\right)^2}}=\frac{U}{\sqrt{R^2+\left(\omega_0 L\frac{\omega}{\omega_0}-\frac{\omega_0}{\omega}\frac{1}{\omega_0 C}\right)^2}}$$

$$=\frac{U}{R\sqrt{1+\left(\frac{\omega_0 L}{R}\frac{\omega}{\omega_0}-\frac{\omega_0}{\omega}\frac{1}{R\omega_0 C}\right)^2}}=\frac{I_0}{\sqrt{1+\left(Q\frac{\omega}{\omega_0}-\frac{\omega_0}{\omega}Q\right)^2}}$$

$$=\frac{I_0}{\sqrt{1+Q^2\left(\frac{\omega}{\omega_0}-\frac{\omega_0}{\omega}\right)^2}}$$

画出电路中的电流幅值随频率变化的曲线，如图 4-29 所示。该曲线称为谐振曲线，图中，$Q_2>Q_1$，即电路的品质因数越大，其谐振曲线顶部越尖，谐振点两侧曲线越陡。在不同频率的信号激励下，电路对偏离谐振频率的电流具有一定的抑制能力，这种能力称为选频特性。

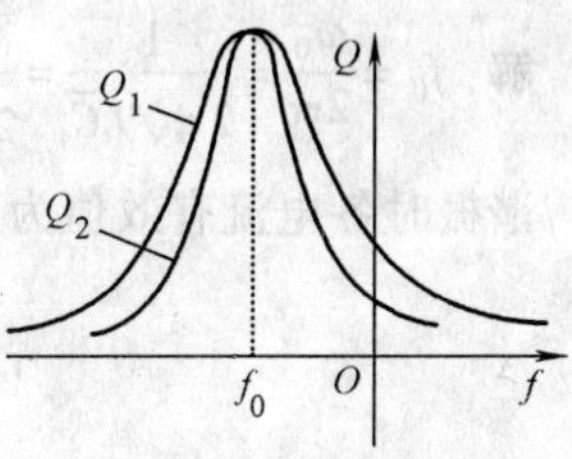

图 4-29　谐振曲线

电路发生串联谐振时具有以下特点：

1）总电流与端电压同相，电路呈纯阻性。

2）串联谐振时，电路的阻抗最小，电路中的电流最大。电容或电感元件上的电压是电源电压的 Q 倍，所以串联谐振又称为电压谐振。

3）电源与电路之间不发生能量交换，能量交换只发生在电感与电容之间。

4.6.2　并联谐振

在图 4-30 所示的并联谐振电路中，当电感支路中电流的无功分量$\dot{I}_L$与电容支路中电流的无功分量$\dot{I}_C$的大小相等、相位相反而互相抵消时，总电流的无功分量 $I=0$。于是总电流与端电压同相，这种现象称为并联谐振。

发生谐振时，有

$$\dot{I}_L = -\mathrm{j}\frac{1}{\omega L}\dot{U} \tag{4-69}$$

$$\dot{I}_C = \mathrm{j}\omega C\dot{U} \tag{4-70}$$

$$\dot{I}_R = \frac{\dot{U}}{R} = \dot{I} \tag{4-71}$$

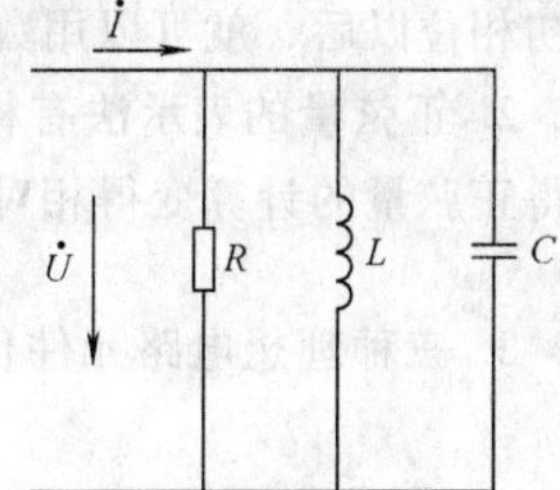

图 4-30　并联谐振电路

根据 $I_C = I_L$，可得$\frac{1}{\omega L} = \omega C$，所以谐振频率为

$$\omega_0 = \frac{1}{\sqrt{LC}} \tag{4-72}$$

定义并联谐振电路的品质因数

$$Q = \omega_0 CR = \frac{R}{\omega_0 L} \tag{4-73}$$

所以，有

$$I_L = QI \tag{4-74}$$

$$I_C = QI \tag{4-75}$$

发生并联谐振时，电感或电容中的电流是电源电流的 Q 倍。谐振时电路的相量图如图 4-31 所示。电路发生并联谐振时具有以下特点：

1）总电流与端电压同相，电路呈纯阻性。

2）并联谐振时，电路的阻抗最大，总电流最小。但各支路电流的无功分量可能远远超过总电流，所以并联谐振又称为电流谐振。

3）也像串联谐振一样，电源和电路之间不发生能量交换，能量交换只发生在电感和电容之间。

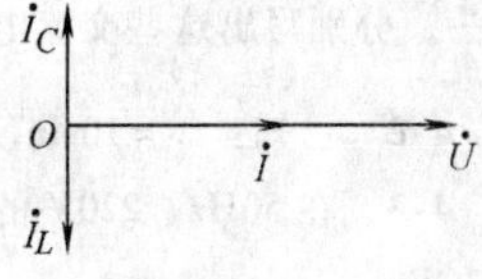

图 4-31　并联谐振时的相量图

例 4-14　假设图 4-30 所示电路中，电源频率可变，已知 $R=50\Omega$，$L=4\mathrm{mH}$，$C=40\mu\mathrm{F}$，$U=200\mathrm{V}$。求：谐振频率 f_0 以及谐振时电流 I、I_L和 I_C。

解：$f_0=\dfrac{\omega_0}{2\pi}=\dfrac{1}{2\pi\sqrt{LC}}=\dfrac{1}{2\pi\sqrt{4\times 40\times 10^{-9}}}\text{Hz}=398\text{Hz}$

谐振时各电流有效值为

$$I_R=\frac{U}{R}=4\text{A}$$

$$I_C=\omega_0 CU=20\text{A}$$

$$I_L=\frac{1}{\omega L}U=20\text{A}$$

小　结

1. 正弦交流电量是指电量按正弦规律变化的电量，即电量的每个值在通过相同的时间后重复出现，而且在每一个周期内，电压或电流的值按正弦规律变化。电量的三要素有最大值、角频率和初相位。对于一个正弦量来说，知道它的幅度值（最大值）、角频率（频率）和初相位以后，就可以用数学表达式或波形图来确定或描述它的全貌。

2. 正弦量的表示法有相量法和旋转式两法，采用相量法可以简化复杂的三角函数计算，使得正弦量的计算变得相对简单。

3. 三种理想电路元件伏安关系的相量形式分别为 R：$Z_R=\dfrac{\dot U_R}{\dot I_R}=R$，$L$：$Z_L=\dfrac{\dot U_L}{\dot I_L}=\text{j}\omega L$，$C$：$Z_C=\dfrac{\dot U_C}{\dot I_C}=-\text{j}\dfrac{1}{\omega C}$。

4. 在正弦交流电路中，当电压、电流用相量表示，R、L、C 元件用阻抗表示后，电压及电流相量也遵守相量形式的欧姆定律和基尔霍夫定律。那么，在直流电路中依据欧姆定律和基尔霍夫定律得出的电路分析方法以及常用的电路定理同样也适用于正弦交流电路的分析。

5. 正弦交流电各种功率的定义、功率因数的补偿和各种谐振现象，这在现实生活中有着重要意义。

习题 4

4-1　已知：三个正弦交流电动势 e_1、e_2、e_3 的振幅均为 311V，频率为 50Hz，初相分别为$\dfrac{\pi}{2}$、0、$-\dfrac{\pi}{2}$，分别写出这些交流电动势的表达式，并画出波形图。

4-2　已知：$i_1=10\sin(\omega t+30°)\text{A}$，$i_2=30\sin(\omega t+90°)\text{A}$，试用作图法和相量法分别求 $i=i_1-i_2$。

4-3　在 50Hz、220V 的正弦交流电源上接入 $L=100\text{mH}$ 的电感线圈（电阻忽略）。求感抗、电流和无功功率。

4-4　在 50Hz、220V 的正弦交流电源上接入 100μF 的电容（线路电阻忽略）。求容抗、电流和无功功率。

4-5　已知：由 $R=4\Omega$，$L=2\text{mH}$，$C=30\mu\text{F}$ 的三个元件组成的串联电路，接于电压为 $u=60\sqrt{2}\sin(10000t+30°)\text{V}$ 的电源上，试求 U_R、U_C、U_L、I、P、Q、S。

4-6　在电阻、电感、电容元件相串联的电路中，$R=30\Omega$，$L=127\text{mH}$，$C=40\mu\text{F}$，电源电压 $U=220\text{V}$。

求：（1）感抗、容抗和阻抗模；（2）电流的有效值与瞬时值；（3）各部分电压的有效值与瞬时值；（4）作相量图；（5）功率 P 和 Q。

4-7　电路如图 4-32 所示，若 $\dot{U}=100\underline{/0°}$ V，$R=30\Omega$，$X_L=40\Omega$，$X_C=87.2\Omega$，求：各支路电流、总电流和电路的有功功率。

4-8　电路如图 4-33 所示，已知：$I_1=10$A，$I_2=10\sqrt{2}$A，$U=200$V，$R=5\Omega$，$R_2=X_L$。试求 I、X_C、X_L、R_2。

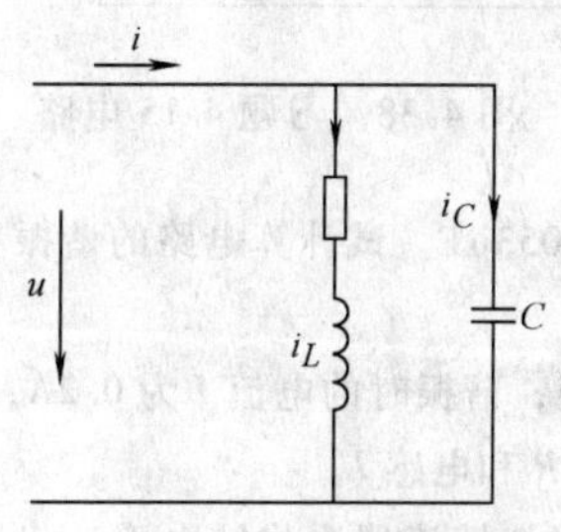

图 4-32　习题 4-7 电路

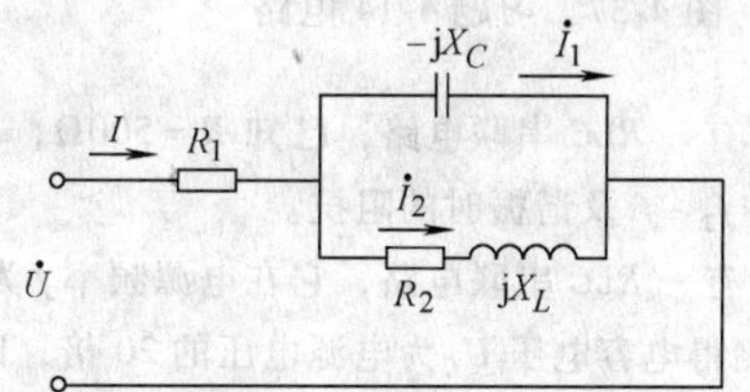

图 4-33　习题 4-8 电路

4-9　电路如图 4-34 所示，已知：$I_1=10$A，$I_2=10$A，$U=100$V，u 与 i 同相，试求 I、X_C、X_L、R。

4-10　电路如图 4-35 所示，已知：电源 $\dot{U}=220\underline{/0°}$ V。试求各个电流和平均功率。

4-11　在图 4-36 所示的电路中，整个电路的功率因数为 1。$U=100$V，$f=50$Hz，$I=I_1=I_2=10$A，Z_1 为电感性，Z_2 为电容性。试求阻抗 Z_1 和 Z_2。

4-12　无源二端口网络，输入端的电压和电流分别为

$$u=220\sqrt{2}\sin(314t+30°)\text{ V}$$

$$i=4.4\sqrt{2}\sin(314t-23°)\text{ A}$$

试求：此二端网络中由两个元件串联的等效电路和元件的参数值，并求二端网络的功率因数及输入的有功功率和无功功率。

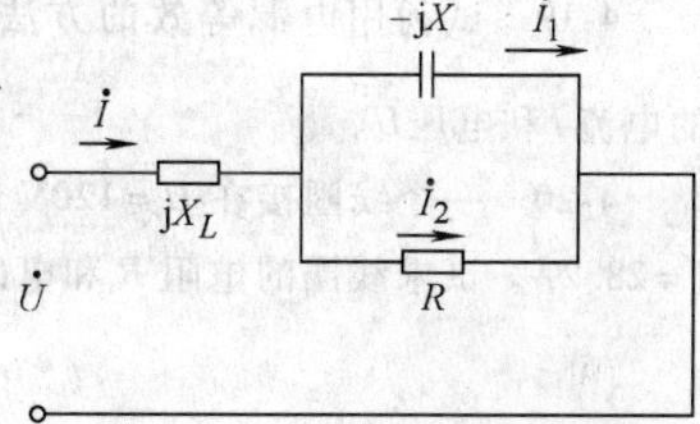

图 4-34　习题 4-9 电路

4-13　设有一电感性负载，其功率 $P=10$kW，功率因数 $\cos\varphi_1=0.6$，接在电压 $U=220$V 的电源上，电源频率 $f=50$Hz。

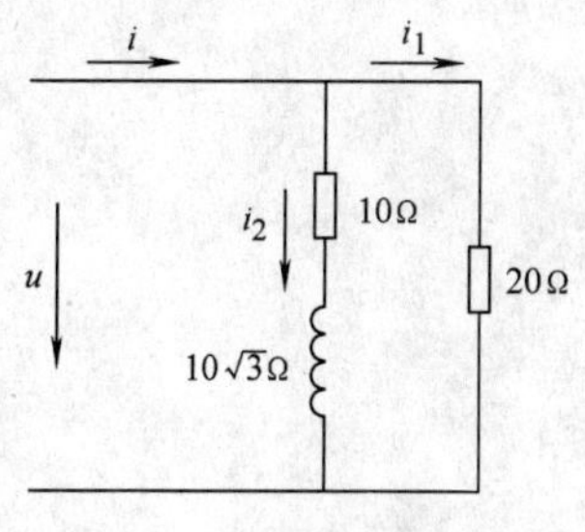

图 4-35　习题 4-10 电路

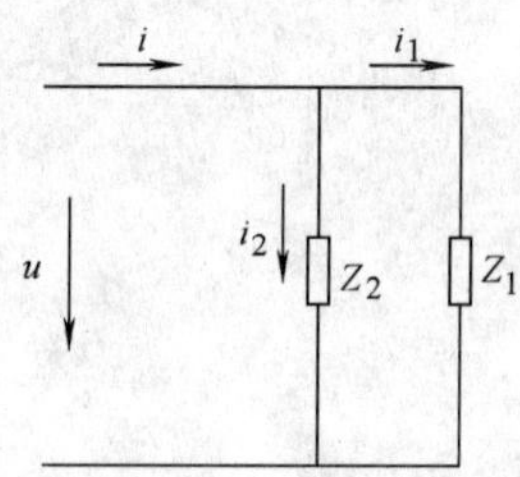

图 4-36　习题 4-11 电路

（1）如要将功率因数提高到 0.95，试求与负载并联的电容器的电容值和电容器并联前后的电路电流。

（2）如要将功率因数从 0.95 再提高到 1，试问并联电容器的电容值还需增加多少？

4-14　电路如图 4-37 所示，已知：$R=25\Omega$，$L=0.25$mH，$C=85$pF。试求谐振角频率 ω、品质因数 Q 和谐振时电路的阻抗模 $|Z|$。

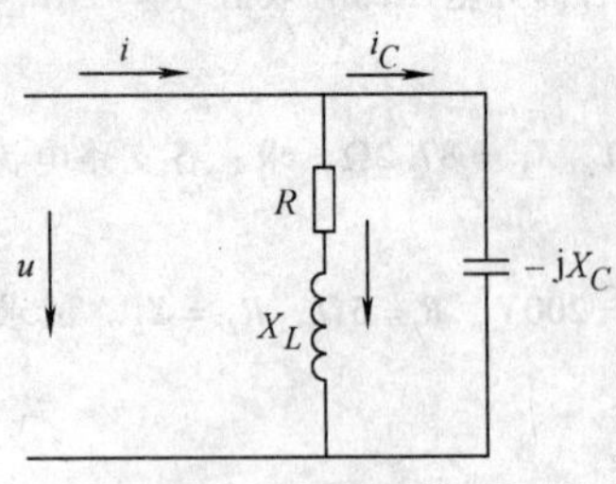

图 4-37　习题 4-14 电路

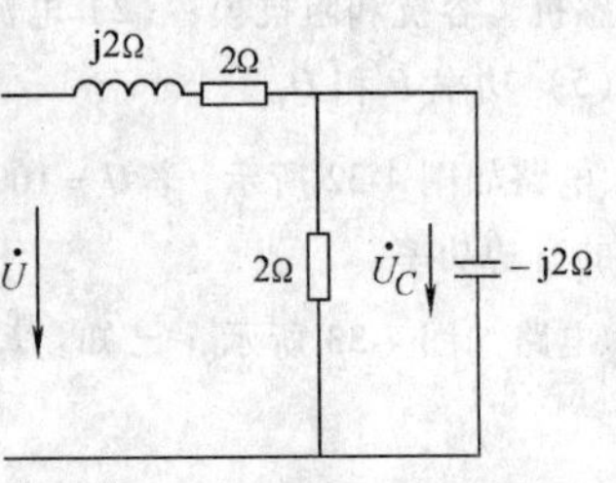

图 4-38　习题 4-15 电路

4-16　有一 *RLC* 串联电路，已知 $R=500\Omega$，$L=600\mathrm{mH}$，$C=0.053\mu\mathrm{F}$。试计算电路的谐振频率、通频带宽度 $\Delta f=f_2-f_1$ 及谐振时的阻抗。

4-17　有一 *RLC* 串联电路，它在电源频率 f 为 50Hz 时发生谐振，谐振时的电流 I 为 0.2A，容抗 X_C 为 314Ω，并测得电容电压 U_C 为电源电压的 20 倍，试求该电路的电阻 R 和电感 L。

4-18　今有一个 40W 的荧光灯，使用时灯管与镇流器（可近似把镇流器看作纯电感）串联在电压为 220V，频率为 50Hz 的电源上，已知灯管工作是属于纯电阻负载，灯管两端的电压等于 110V，试求镇流器的电感与感抗，这时电路的功率因数是多少？若要将功率因数提高到 0.8，试问应并联多大电容？

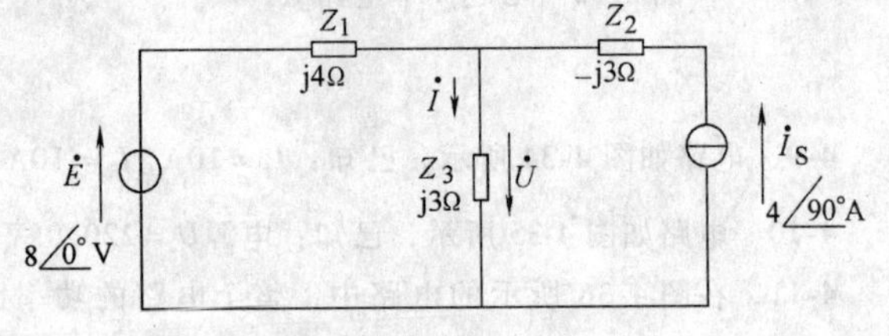

图 4-39　习题 4-19 电路

4-19　试利用电源等效的方法求图 4-39 中的电流 $\dot{I}$ 和电压 $\dot{U}$。

4-20　一个线圈接在 $U=120\mathrm{V}$ 的直流电源上，$I=20\mathrm{A}$；如接在 $f=50\mathrm{Hz}$，$U=220\mathrm{V}$ 的交流电源上，则 $I=28.2\mathrm{A}$。试求线圈的电阻 R 和电感 L。

第 5 章　三相正弦交流电路

本章导读:

目前世界各国广泛使用的交流电能绝大部分是由三相交流电源供电的，即将三个频率和最大值都相同、相位互差 120°的正弦电动势（或电压），按照一定的方式连接起来作为三相交流电源供电。电能的输送是由三相输电线路实现的。三相制具有许多优点，例如，在发电机尺寸相同的情况下，三相发电机比单相发电机的输出功率高；输送电能时，在输送功率、电压、距离和线路损失等电气指标相同的情况下，三相制可比一般单相制节约线材大约25%；三相交流整流电路输出的直流电波形更接近理想的直流电等。

本章学习要求:

1）了解三相交流电源的产生及表示方法。

2）掌握三相交流电源及负载的连接方法，以及电路中各种参数的计算。

3）掌握三相交流电路的功率测量方法及计算。

5.1　三相交流电源

三相交流电源一般是由三相交流发电机产生的，发电机由定子和转子两部分组成，转子在原动机的带动下切割磁力线，分别感应出三相电动势 e_U、e_V、e_W。由于结构上的对称性，各绕组中的电动势必然频率相同、幅值相等，又由于出现幅值的时间彼此相差 1/3 周期，故在相位上彼此相差 120°。参考方向选定为自绕组的末端指向始端，相量图如图 5-1 所示。

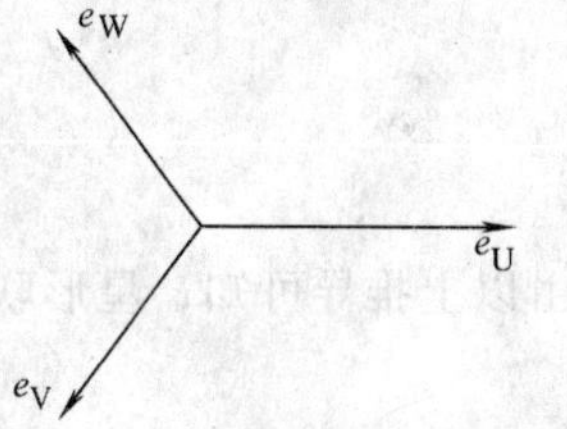

图 5-1　三相电源相量图

当发电机内阻可以忽略不计时，电压的有效值等于每相绕组中电动势的有效值，即

$$u_U = e_U,\ u_V = e_V,\ u_W = e_W \tag{5-1}$$

若以 $\dot{U}_U$ 为参考正弦量，则它们的瞬时值表达式为

$$\begin{aligned} u_U &= \sqrt{2}U\sin\omega t \\ u_V &= \sqrt{2}U\sin(\omega t - 120°) \\ u_W &= \sqrt{2}U\sin(\omega t - 240°) \end{aligned} \tag{5-2}$$

对应的相量为

$$\begin{aligned} \dot{U}_U &= U\underline{/0°} \\ \dot{U}_V &= U\underline{/-120°} \end{aligned} \tag{5-3}$$

$$\dot{U}_W = U\angle 120°$$

显然，在任何瞬时对称三相电源的电压瞬时值之和为零，它们的相位之和也为零，即

$$u_U + u_V + u_W = 0 \tag{5-4}$$

$$\dot{U}_U + \dot{U}_V + \dot{U}_W = 0 \tag{5-5}$$

三相交流电源的连接方式有两种，一种是星形联结，如图 5-2 所示，就是将三相绕组的末端（U_2、V_2、W_2）接到一起，连接点称为中性点或零点，用 N 表示。三相绕组的首端（U_1、V_1、W_1）向外引出三条输出线，称为相线或端线，俗称火线。而由中性点引出的导线称为中性线或零线。电压、电流的参考方向如图所示。

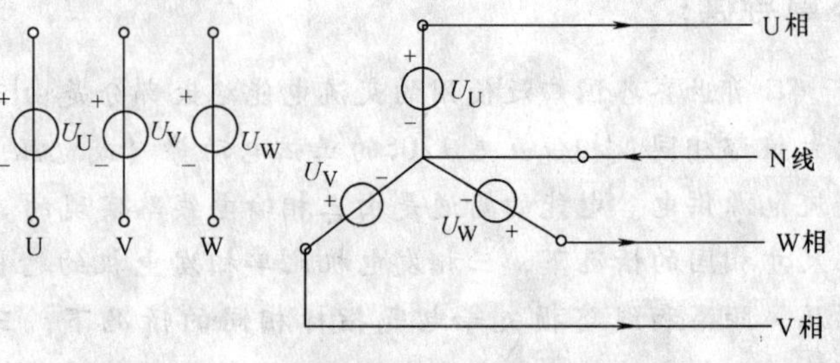

图 5-2　星形联结的三相交流电源

星形联结中，相线与中性线间的电压称为相电压，用 $\dot{U}_U$、$\dot{U}_V$、$\dot{U}_W$表示，或一般地用 $\dot{U}_P$表示。任意两根相线之间的电压称为线电压，表示为 $\dot{U}_{UV}$、$\dot{U}_{VW}$、$\dot{U}_{UW}$，或一般地用 $\dot{U}_l$表示。三相电源线电压与相电压之间的关系为

$$\begin{aligned} \dot{U}_{UV} &= \dot{U}_U - \dot{U}_V \\ \dot{U}_{VW} &= \dot{U}_V - \dot{U}_W \\ \dot{U}_{WU} &= \dot{U}_W - \dot{U}_U \end{aligned} \tag{5-6}$$

将式（5-3）代入式（5-6），可得

$$\begin{aligned} \dot{U}_{UV} &= U\angle 0° - U\angle -120° = \sqrt{3}\dot{U}_U\angle 30° \\ \dot{U}_{VW} &= U\angle -120° - U\angle -240° = \sqrt{3}\dot{U}_V\angle 30° \\ \dot{U}_{WU} &= U\angle 120° - U\angle 0° = \sqrt{3}\dot{U}_W\angle 30° \end{aligned} \tag{5-7}$$

由以上推导可知，星形联结的三相交流电源相电压与线电压的关系可用一个通式表示为

$$\begin{aligned} U_l &= \sqrt{3}U_P \\ \dot{U}_l &= \sqrt{3}\dot{U}_P\angle 30° \end{aligned} \tag{5-8}$$

三相四线制电源的线电压与相电压之间的关系，用相量图表示如图 5-3 所示。

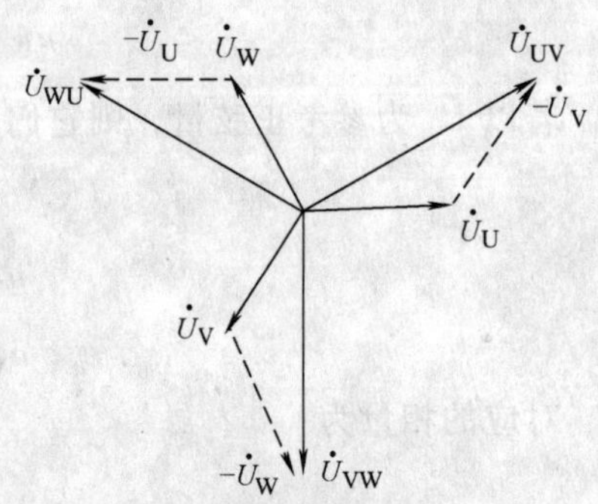

图 5-3　电源星形联结时线电压与相电压的关系相量图

另外一种连接方式是三角形联结，即三相绕组首、末端依次相接，U_2与 V_1、V_2与 W_1、W_2与 U_1相连，形成一个闭合回路，然后从三个首端引出线。

三角形联结电源的线电压就等于相应的相电压，即

$$\begin{aligned} \dot{U}_{UV} &= \dot{U}_U \\ \dot{U}_{VW} &= \dot{U}_V \\ \dot{U}_{WU} &= \dot{U}_W \end{aligned} \tag{5-9}$$

三角形联结的三相交流电源相电压与线电压的关系，可用一个通式表示为

$$\dot{U}_1 = \dot{U}_p \qquad (5\text{-}10)$$

三角形联结方式的三相电源如图 5-4 所示，即三角形联结的电源给负载只提供一种线电压。

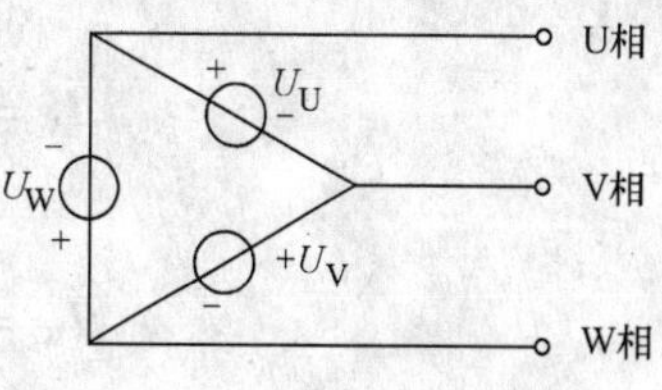

图 5-4 三角形联结的三相电源

5.2 负载星形联结的三相电路

三相负载 Z_U、Z_V、Z_W一端连成一点，接在电源的中性线上，另一端分别与三根电源相线 U、V、W 相连，就构成了负载星形联结的三相四线制电路，如图 5-5 所示。流过各相负载的电流称为相电流，流过相线的电流称为线电流，其参考方向如图所示。

从图中可以看出，当负载星形联结时，负载星形联结的三相电路中，每相负载两端承受的是电源的相电压。

$$\dot{U}_{ZU} = \dot{U}_U$$

$$\dot{U}_{ZV} = \dot{U}_V$$

$$\dot{U}_{ZW} = \dot{U}_W$$

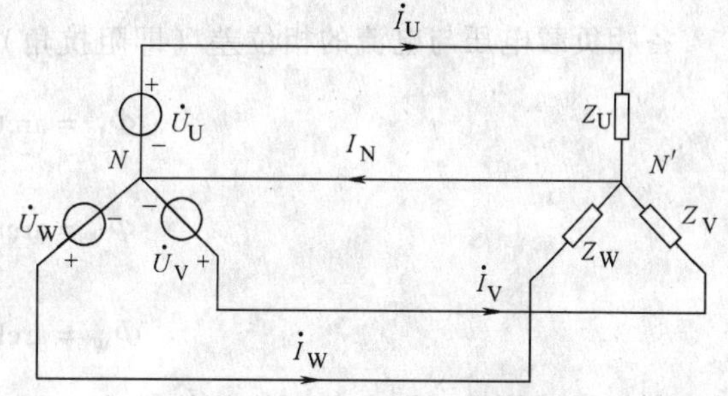
图 5-5 三相四线制电路

即阻抗两端的电压等于电源的相电压

$$\dot{U}_Z = \dot{U}_p \qquad (5\text{-}11)$$

相电流等于线电流，相电流有效值用 I_p表示，线电流有效值用 I_l表示，则有

$$\dot{I}_p = \dot{I}_l \qquad (5\text{-}12)$$

中性线电流 I_N 的参考方向规定从负载中性点指向电源中性点，根据基尔霍夫电流定律有

$$i_N = i_U + i_V + i_W \qquad (5\text{-}13)$$

一般情况下，供电线路上的电压降比负载电压小得多，可以忽略不计，由于三相电源是对称的，所以可以分别计算每相负载的电流而不必考虑其他两相的影响。

设电源相电压 $\dot{U}_U$为参考相量，则每相负载上的电压为

$$\begin{aligned} \dot{U}_{ZU} &= \dot{U}_U = U_p\angle 0^\circ \\ \dot{U}_{ZV} &= \dot{U}_V = U_p\angle -120^\circ \\ \dot{U}_{ZW} &= \dot{U}_W = U_p\angle 120^\circ \end{aligned} \qquad (5\text{-}14)$$

U_p为相电压有效值，因此每相负载中的电流可分别求出，即

$$\dot{I}_U = \frac{\dot{U}_{ZU}}{Z_U} = \frac{U_p\angle 0^\circ}{|Z_U|\angle \Phi_U} = I_U\angle -\Phi_U$$

$$\dot{I}_V=\frac{\dot{U}_{ZV}}{Z_V}=\frac{U_p\angle -120°}{|Z_V|\angle \Phi_V}=I_V\angle -120°-\Phi_V \tag{5-15}$$

$$\dot{I}_W=\frac{\dot{U}_{ZW}}{Z_W}=\frac{U_p\angle 120°}{|Z_W|\angle \Phi_W}=I_W\angle 120°-\Phi_W$$

上式中各相负载中电流的有效值分别为

$$I_U=\frac{U_p}{|Z_U|}$$

$$I_V=\frac{U_p}{|Z_V|} \tag{5-16}$$

$$I_W=\frac{U_p}{|Z_W|}$$

各相负载电压与电流的相位差（即阻抗角）分别为

$$\Phi_U=\arctan\frac{X_U}{R_U}$$

$$\Phi_V=\arctan\frac{X_V}{R_V} \tag{5-17}$$

$$\Phi_W=\arctan\frac{X_W}{R_W}$$

当负载对称时（即各相阻抗相等）有

$$Z_U=Z_V=Z_W=Z=|Z|\angle \Phi \tag{5-18}$$

由式（5-17）和式（5-18）可知，负载相电流也是对称的，即

$$I_U=I_V=I_W=I_p=\frac{U_p}{|Z|} \tag{5-19}$$

$$\Phi_U=\Phi_V=\Phi_W=\Phi=\arctan\frac{X}{R} \tag{5-20}$$

由于对称三相负载的电流也是对称的，因此只要求出三相中的任一相的电流，其他两相可以不必计算，只需根据对称性就可写出。在三相星形负载对称的情况下，中性线电流为

$$\dot{I}_N=\dot{I}_U+\dot{I}_V+\dot{I}_W=0 \tag{5-21}$$

中性线中既然没有电流，中性线也就没有存在的必要了，这就产生了对称星形负载的三相三线制电路。图 5-6 所示的三个相电流的瞬时值在任何瞬时都是既有正也有负的，由于三个相电流对称，所以它们之间满足

$$i_U+i_V+i_W=0$$

对任何瞬时，有的相电流流向 N'，有的相电流从 N' 流出，流入的和流出的电流相等，三相负载彼此构成回路，因此不需要中性线。

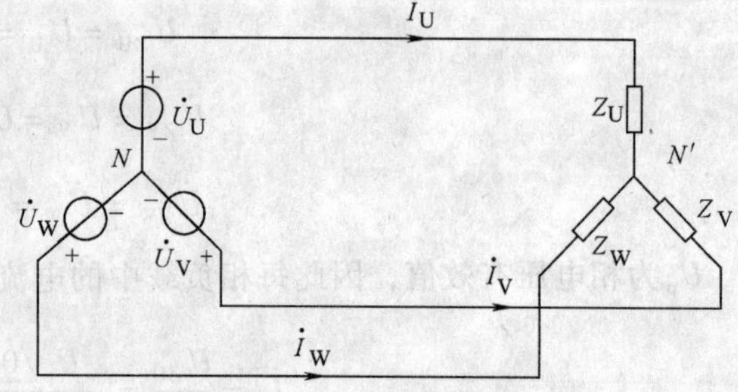

图 5-6　对称星形负载三相三线制电路

三相三线制电路在生产中得到了广泛的应用。因为生产上的三相负载，如三相异步电动机和三相交流电炉等一般都是对

称的，所以都没有连接中性线。没有中性线，但电源的中性点和负载的中性点仍是等电位的。

例 5-1 有一台三相异步电动机，其绕组为星形联结，接在线电压为 380V 的对称三相电源上，每相等效阻抗 $Z=20\underline{/45^\circ}\Omega$，求每相电流。

解：负载对称，只需计算一相（如 U 相）即可，相电压 $U_p=220V$。

以 U 相电压为参考相量，则

$$\dot{U}_U=220\underline{/0^\circ}\ V$$

画出单相计算电路，如图 5-7 所示，可得

$$\dot{I}_U=\frac{\dot{U}_U}{Z}=\frac{220\underline{/0^\circ}}{20\underline{/45^\circ}}A=11\underline{/-45^\circ}A$$

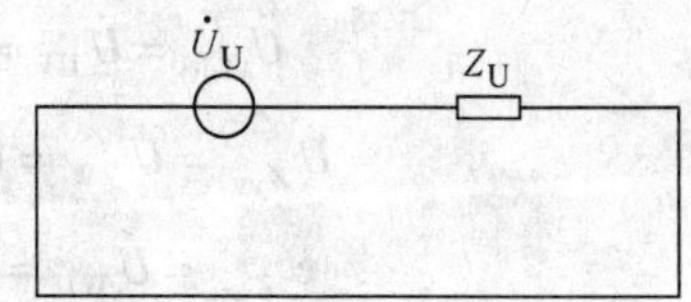

图 5-7 等效单相计算电路

根据对称性，可写出 $\dot{I}_V$、$\dot{I}_W$，有

$$\dot{I}_V=11\underline{/-165^\circ}A$$
$$\dot{I}_W=11\underline{/75^\circ}A$$

负载不对称，当有中性线且阻抗可忽略不计时，负载相电压等于电源相电压，各相的计算具有相对独立性，可分别计算。当没有中性线时，可以根据节点法求出各相的电流，然后求出各相电压，必然有的相电压高于负载的额定电压，有的相电压低于负载的额定电压，这都是不允许的。因此，为了保证负载的相电压对称，在照明系统中必须采用三相四线制的供电线路，且中性线上不允许接熔断器和开关。

例 5-2 在图 5-5 所示电路中，三相电源电压对称，$U_p=220V$，负载为电灯组，额定电压为 220V，各相负载电阻分别为 $R_U=5\Omega$，$R_V=10\Omega$，$R_W=20\Omega$，求各负载相电压、负载电流及中性线电流。

解：由于有中性线，且中性线阻抗可忽略不计，故各相的计算具有相对独立性，可分别计算。

设

$$\dot{U}_U=220\underline{/0^\circ}V$$

则

$$\dot{I}_U=\frac{\dot{U}_U}{R_U}=\frac{220\underline{/0^\circ}}{5}A=44\underline{/0^\circ}A$$

$$\dot{I}_V=\frac{\dot{U}_V}{R_V}=\frac{220\underline{/-120^\circ}}{10}A=22\underline{/-120^\circ}A$$

$$\dot{I}_W=\frac{\dot{U}_W}{R_W}=\frac{220\underline{/120^\circ}}{20}A=11\underline{/120^\circ}A$$

中性线电流

$$\begin{aligned}\dot{I}_N&=\dot{I}_U+\dot{I}_V+\dot{I}_W\\&=44\underline{/0^\circ}A+22\underline{/-120^\circ}A+11\underline{/120^\circ}A\\&=44A+(-11-j18.9)A+(-5.5+j9.45)A\\&=(27.5-j9.45)A=29.1\underline{/-19^\circ}A\end{aligned}$$

5.3 负载三角形联结的三相电路

当三相电源为星形，各相负载直接接在两根相线之间时，就形成了负载三角形联结的三相电路，如图5-8所示，所以不论负载是否对称，其相电压总是对称的。负载两端所承受的相电压为电源的线电压，而相电流和线电流是不一样的。

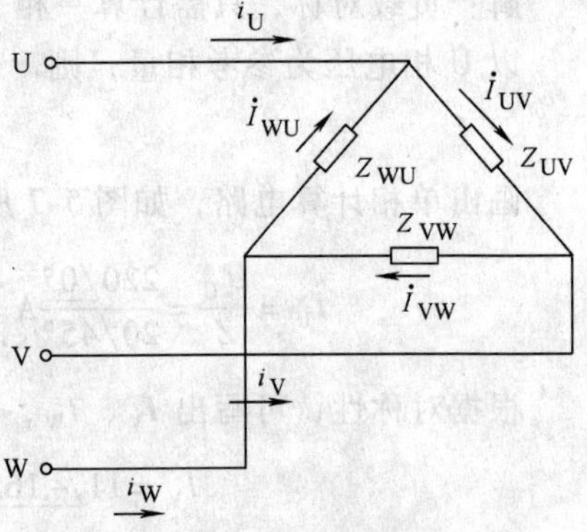

以 $\dot{U}_{UV}$ 为参考相量，各相负载的电压为

$$\dot{U}_{Z_{UV}} = \dot{U}_{UV} = U_1\angle 0°$$

$$\dot{U}_{Z_{VW}} = \dot{U}_{VW} = U_1\angle -120°$$

$$\dot{U}_{Z_{WU}} = \dot{U}_{WU} = U_1\angle 120°$$

图5-8 负载三角形联结的三相电路

即负载两端的电压为电源的线电压：

$$\dot{U}_Z = \dot{U}_1 \tag{5-22}$$

U_1为线电压的有效值，各相负载的相电流为

$$\dot{I}_{UV} = \frac{\dot{U}_{Z_{UV}}}{Z_{UV}} = I_{UV}\angle -\Phi_{UV}$$

$$\dot{I}_{VW} = \frac{\dot{U}_{Z_{VW}}}{Z_{VW}} = I_{VW}\angle -120° - \Phi_{VW} \tag{5-23}$$

$$\dot{I}_{WU} = \frac{\dot{U}_{Z_{WU}}}{Z_{WU}} = I_{WU}\angle 120° - \Phi_{WU}$$

其中

$$I_{UV} = \frac{U_1}{|Z_{UV}|}$$

$$I_{VW} = \frac{U_1}{|Z_{VW}|} \tag{5-24}$$

$$I_{WU} = \frac{U_1}{|Z_{WU}|}$$

各相负载的电压与电流的相位差（即各相的阻抗角）为

$$\Phi_{UV} = \arctan\frac{X_{UV}}{R_{UV}}$$

$$\Phi_{VW} = \arctan\frac{X_{VW}}{R_{VW}} \tag{5-25}$$

$$\Phi_{WU} = \arctan\frac{X_{WU}}{R_{WU}}$$

当负载对称，即 $Z_{UV} = Z_{VW} = Z_{WU} = Z = |Z|\angle\Phi$时，由式（5-23）可知，负载的相电流对称：

$$\dot{I}_{UV} = \frac{U_1}{|Z|}\angle -\Phi$$

$$\dot{I}_{VW}=\frac{U_1}{|Z|}\underline{/-120^\circ-\Phi} \tag{5-26}$$

$$\dot{I}_{WU}=\frac{U_1}{|Z|}\underline{/120^\circ-\Phi}$$

根据基尔霍夫电流定律，可求出各线电流：

$$\begin{aligned}\dot{I}_U&=\dot{I}_{UV}-\dot{I}_{WU}\\ \dot{I}_V&=\dot{I}_{VW}-\dot{I}_{UV}\\ \dot{I}_W&=\dot{I}_{WU}-\dot{I}_{VW}\end{aligned} \tag{5-27}$$

各电流相量之间的关系如图 5-9 所示。

线电流的大小是相电流的$\sqrt{3}$倍，即 $I_1=\sqrt{3}I_p$，相位上滞后于相应的（下标第一个字母相同的）相电流 30°，即

$$\begin{aligned}\dot{I}_U&=\sqrt{3}\dot{I}_{UV}\underline{/-30^\circ}\\ \dot{I}_V&=\sqrt{3}\dot{I}_{VW}\underline{/-30^\circ}\\ \dot{I}_W&=\sqrt{3}\dot{I}_{WU}\underline{/-30^\circ}\end{aligned} \tag{5-28}$$

用一个通式表示为

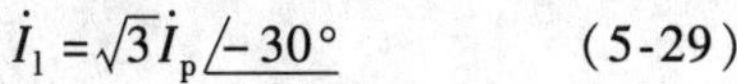

$$\dot{I}_1=\sqrt{3}\dot{I}_p\underline{/-30^\circ} \tag{5-29}$$

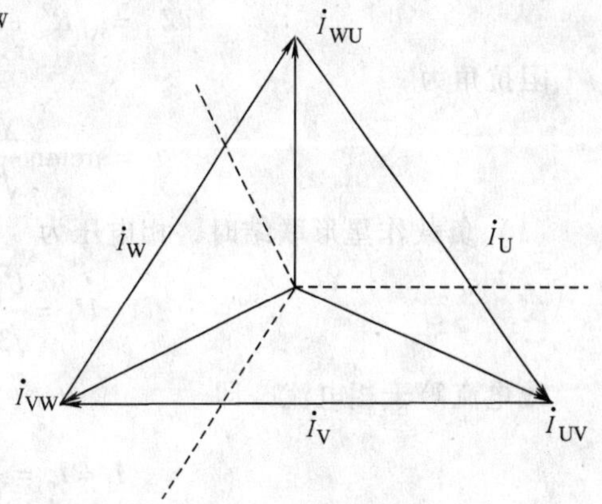

图 5-9 三角形负载的电流相量图

5.4 三相交流电路的功率

不论负载是星形或三角形联结，三相负载吸收的有功功率即平均功率总等于各相负载吸收的有功功率之和，即

$$\begin{aligned}P&=P_U+P_V+P_W\\ &=U_{P_U}I_{P_U}\cos\Phi_U+U_{P_V}I_{P_V}\cos\Phi_V+U_{P_W}I_{P_W}\cos\Phi_W\end{aligned} \tag{5-30}$$

同理，三相负载吸收的总无功功率 Q 也等于各相负载吸收的无功功率的代数和，即

$$\begin{aligned}Q&=Q_U+Q_V+Q_W\\ &=U_{P_U}I_{P_U}\sin\Phi_U+U_{P_V}I_{P_V}\sin\Phi_V+U_{P_W}I_{P_W}\sin\Phi_W\end{aligned} \tag{5-31}$$

式中，U_{P_U}、U_{P_V}、U_{P_W}为各相电压的有效值；I_{P_U}、I_{P_V}、I_{P_W}为各相电流的有效值；Φ_U、Φ_V、Φ_W为各相电压与该相电流的相位差。

对于对称三相负载，各相电压和电流的有效值相等、相位差也相等，因此各相负载吸收的平均功率也相等，式（5-30）、式（5-31）可改写为

$$P=3U_PI_P\cos\Phi \tag{5-32}$$

$$Q=3U_PI_P\sin\Phi \tag{5-33}$$

当对称负载是星形联结时，$U_P=\frac{U_1}{\sqrt{3}}$，$I_P=I_1$；当对称负载是三角形联结时，$U_P=U_1$，$I_P=\frac{I_1}{\sqrt{3}}$。因此不论负载是星形还是三角形联结，总有

$$P = \sqrt{3}U_1 I_1 \cos\Phi \tag{5-34}$$

$$Q = \sqrt{3}U_1 I_1 \sin\Phi \tag{5-35}$$

三相负载的总视在功率为

$$S = \sqrt{P^2 + Q^2} \tag{5-36}$$

例 5-3 对称三相负载，每相电阻 $R = 6\Omega$，感抗 $X_L = 8\Omega$，接在线电压为 380V 的对称三相电源上，分别计算负载作星形和三角形联结时消耗的功率。

解：每相负载的阻抗模为

$$|Z| = \sqrt{R^2 + X_L^2} = \sqrt{6^2 + 8^2}\Omega = 10\Omega$$

阻抗角为

$$\Phi = \arctan\frac{X_L}{R} = \arctan\frac{8}{6} = 53.1°$$

(1) 负载作星形联结时，相电压为

$$U_{\mathrm{p}} = \frac{U_1}{\sqrt{3}} = \frac{380}{\sqrt{3}}\mathrm{V} = 220\mathrm{V}$$

线电流等于相电流，即

$$I_1 = I_{\mathrm{p}} = \frac{U_{\mathrm{p}}}{|Z|} = \frac{220}{10}\mathrm{A} = 22\mathrm{A}$$

三相功率为

$$\begin{aligned} P_{\mathrm{Y}} &= 3U_{\mathrm{P}}I_{\mathrm{P}}\cos\Phi \\ &= 3 \times 220 \times 22 \times \cos 53.1°\mathrm{kW} \\ &= 8.7\mathrm{kW} \end{aligned}$$

(2) 负载作三角形联结时，相电压为

$$U_{\mathrm{p}} = U_1 = 380\mathrm{V}$$

相电流为

$$I_{\mathrm{p}} = \frac{U_{\mathrm{p}}}{|Z|} = \frac{380}{10}\mathrm{A} = 38\mathrm{A}$$

三相功率为

$$\begin{aligned} P_{\triangle} &= 3U_{\mathrm{p}}I_{\mathrm{p}}\cos\Phi \\ &= 3 \times 380 \times 38 \times \cos 53.1°\mathrm{kW} \\ &= 26\mathrm{kW} \end{aligned}$$

小 结

1. 三相交流电源一般是由三相发电机产生的，发电机由定子和转子两部分组成，转子在原动机的带动下切割磁力线，分别感应出三相电动势。

2. 三相交流电源的连接方式有两种，一种是星形联结，另一种是三角形联结。负载也有两种连接方式，即星形联结和三角形联结。

3. 不论负载是星形还是三角形联结，三相负载吸收的有功功率即平均功率总等于各相负载吸收的有功功率之和，三相负载吸收的总无功功率 Q 也等于各相负载吸收的无功功率的代数和。

4. 在使用三相交流电时，最应该注意的是星形联结中性线的有无，如果是对称负载可以不接中性线；如果负载不对称，则会造成某相电压升高，而某相电压降低，严重时甚至会烧毁设备。

习题 5

5-1　星形联结的三相负载，每相电阻 $R=6\Omega$，感抗 $X_L=8\Omega$，电源电压对称，$u_{UV}=380\sqrt{2}U\sin(314t+30°)$V，试求三相电流。

5-2　三个电感性负载的电阻值都是 5Ω，感抗都是 10Ω，若将它们连接成星形后，接于 380V 对称三相电源上，试求负载的相电压、相电流、线电流和总功率，并画出三相完整的相量图。

5-3　负载星形联结的电路如图 5-10 所示，电源电压对称，每相电压 $U_P=220$V，负载为电灯组，在额定电压下其阻抗分别为 $Z_U=8\Omega$、$Z_V=15\Omega$、$Z_W=30\Omega$。试求各负载的相电压、负载电流及中性线电流。电灯的额定电压为 220V。

5-4　电路如图 5-10 所示，在如下两种情况下，试求各相负载上的电压：(1) U 相短路时；(2) U 相短路且中性线又断开时。

5-5　有一三相异步电动机，其绕组连接成三角形，接在线电压 $U_1=380$V 的电源上，从电源所吸收的功率 $P=11.43$kW，功率因数为 0.87，试求电动机的相电流和线电流。

5-6　图 5-11 所示电路中，$R_1=3.9$kΩ，$R_2=5.5$kΩ，$C_1=0.47\mu$F，$C_2=1\mu$F，电源电压对称，$U_{UV}=380\angle 0°$，$f=50$Hz，试求电压 U_o。

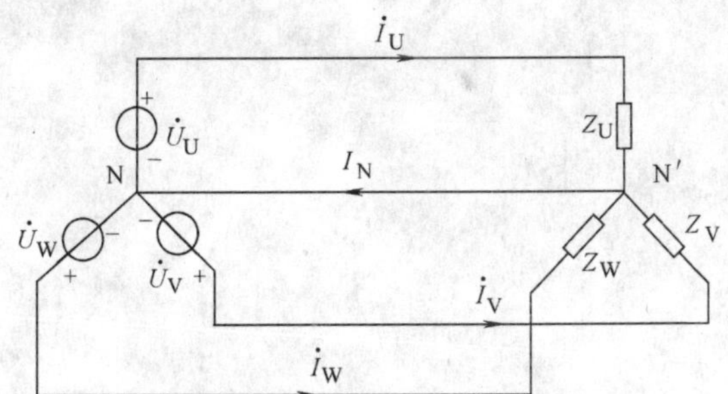

图 5-10　习题 5-3、5-4 图

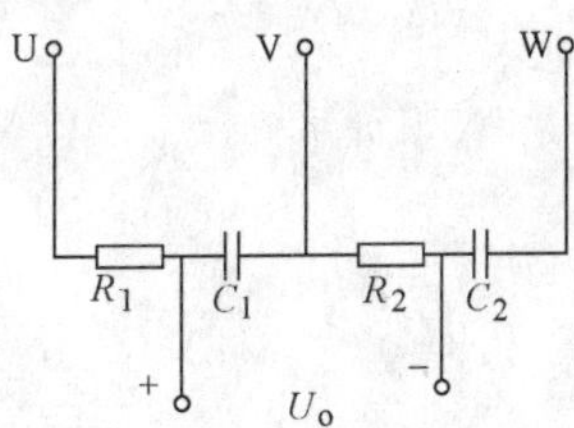

图 5-11　习题 5-6 图

5-7　对称三相负载采用星形联结，已知每相负载 $Z=30.8+j23.1\Omega$，电源的线电压为 380V。求三相功率 P、Q、S 和功率因数 $\cos\varphi$。

5-8　负载为三角形联结的对称三相电路中，已知线电流 $I_1=25.5$A，有功功率 $P=7760$W，功率因数为 0.8。求电源的线电压、电路的视在功率和每相负载的阻抗。

5-9　三相四线制电路中，电源电压为 380V，不对称星形联结负载的各相阻抗分别为 $Z_U=40\Omega$、$Z_VA=10\Omega$、$Z_W=20\Omega$。试计算：

(1) 中性线正常时，各相负载的电压、电流和中性线电流。

(2) 中性线断开时，各相负载的电压、电流。

5-10　已知对称三相电路中，电压 U_1为 220V，线电流 I_1为 20.8A，三相感性负载的总输入功率为 5500W，求负载的功率因数。

5-11　某一设备上安装有三台交流电动机，它们的功率因数和所取用的功率分别为 0.8、20kW，0.7、16kW，0.86、25kW。测得电动机的线电压为 380V。求电源的有功功率、无功功率、视在功率、功率因数以及电源所提供的电流。

5-12　对称三相负载成星形联结，由三相交流发电机产生，并用三相三线制供电。已知负载端的线电压为380V，负载消耗的总功率为8.8kW，功率因数为0.7（感性），每根输电线上的电阻为1Ω，感抗为2Ω。求：

（1）负载中的电流及负载的阻抗。

（2）发电机的线电压及所输出的总功率。

（3）当某一根输电线断开后，其余两相负载中的电流。

（4）接上中性线，当某一根输电线断开后，其余两相负载中的电流。

第 6 章 磁路与变压器

本章导读：

在电气工程中广泛地应用着各种机电能量转换设备、机电信号转换器件（如电机、电磁仪表等）以及从一个电系统到另一个电系统的能量转换设备和信号转换器件（如变压器、互感器等），这些设备和器件都是通过磁场作为耦合媒介而完成的。因此本章重点研究磁路的基本规律及其应用。

本章学习要求：

1）掌握磁感应强度、磁通、磁场强度和磁导率等概念。

2）了解磁性材料、磁化特性和磁滞回线等概念。

3）重点掌握磁路欧姆定律、磁路基尔霍夫定律。

4）重点掌握变压器的工作原理、变压器的变换电压、电流及阻抗变换的工作原理。

6.1 磁场的基本物理量及磁性材料

6.1.1 磁场的基本物理量

1. 磁感应强度

磁感应强度是描述空间某点磁场强弱与方向的物理量，它是矢量，用符号 $\boldsymbol{B}$ 表示，其大小可用通电导体在磁场中受力的大小来表示。当载有电流为 I，长度为 L 的导体与磁感应强度方向垂直时，受到的磁场力为 F，则磁场的磁感应强度 $\boldsymbol{B}$ 的大小为

$$B=\frac{F}{IL} \tag{6-1}$$

磁感应强度 $\boldsymbol{B}$ 可用通过垂直于磁场方向的单位面积内磁力线的数目来表示。由电流产生的磁场的方向和电流的方向之间符合右手螺旋定则。在国际单位制中，磁感应强度 $\boldsymbol{B}$ 的单位是特斯拉（T），在磁学中还可使用高斯单位制（G_S）。

$$1T=10^4 G_S$$

2. 磁通量

磁通量是曲面上任意一点的磁感应强度与该处面元 dA 的标积 $\boldsymbol{B}\cdot \mathrm{d}\boldsymbol{A}$ 的面积分，即

$$\Phi=\int_A \boldsymbol{B}\mathrm{d}\boldsymbol{A} \tag{6-2}$$

式中，A 为磁场中某一截面的面积；磁通量 Φ 是一标量。

当磁感应强度 $\boldsymbol{B}$ 和通过它的面积垂直且它在该面积中均匀分布时，有

$$\Phi = BA \quad 或 \quad B = \frac{\Phi}{A} \tag{6-3}$$

磁通量还可以描述为穿过某一面积的磁力线的条数，上式中的磁感应强度等于单位面积上的磁通量。因此，磁感应强度又称磁通密度。

在国际单位制中，磁通量的单位是韦伯（Wb）。

3. 磁场强度

磁场强度是描述磁场的一个辅助物理量，它是一个矢量，用 $\boldsymbol{H}$ 表示。磁场强度与产生该磁场的电流的关系，由安培环路定理确定：

$$\oint \boldsymbol{H} \cdot \mathrm{d}\boldsymbol{L} = \sum I_i \tag{6-4}$$

即磁场强度沿任一闭合路径的线积分等于此闭合路径所包围的电流的代数和。电流的正负规定为：任意选取闭和路径的环绕方向，当电流与环绕方向符合右手螺旋定则时取正，反之为负。

在国际单位制中，磁场强度的单位是安/米（A/m）。

磁场强度 $\boldsymbol{H}$ 的方向与 $\boldsymbol{B}$ 相同，它和磁场中同一点的磁感应强度 $\boldsymbol{B}$ 的关系是

$$\boldsymbol{B} = \mu \boldsymbol{H} \tag{6-5}$$

式中，μ 为磁场中该点磁介质的磁导率。

4. 磁导率

磁导率是描述物质导磁性能或磁化能力的物理量，大小为

$$\mu = \frac{\boldsymbol{B}}{\boldsymbol{H}} \tag{6-6}$$

在真空中，磁导率为一常数，其数值为

$$\mu_0 = 4\pi \times 10^{-7}\mathrm{H/m}$$

为更好地理解不同磁介质的性能，通常把它们的磁导率与真空中的磁导率相比较，比值称为相对磁导率，用 μ_r 表示。

$$\mu_r = \frac{\mu}{\mu_0} \tag{6-7}$$

相对磁导率 μ_r 的数值表示了物质的导磁性质。当磁性材料的 $\mu_r > 1$ 时，称为顺磁质；当磁性材料的 $\mu_r < 1$ 时，称为抗磁质；当磁性材料的 $\mu_r >> 1$ 时，称为铁磁质。

6.1.2 磁性材料的磁特性

1. 高导磁性

物质按其性质分为磁性材料和非磁性材料。磁性材料的导磁性能高，如铁、镍、钴及其合金等材料，这些材料的 μ_r 值很高，从几百到几十万，这类材料称为铁磁性材料，被广泛用于电气设备中。

2. 磁饱和性

磁性材料的磁化特性可用磁化曲线（B-H 曲线）来表示，该曲线可以通过实验测定。

假设一磁性材料从未被磁化过（即 $B=0$、$H=0$），将其放入磁场内，通过实验测定 B-H 变化规律，如图 6-1 所示。

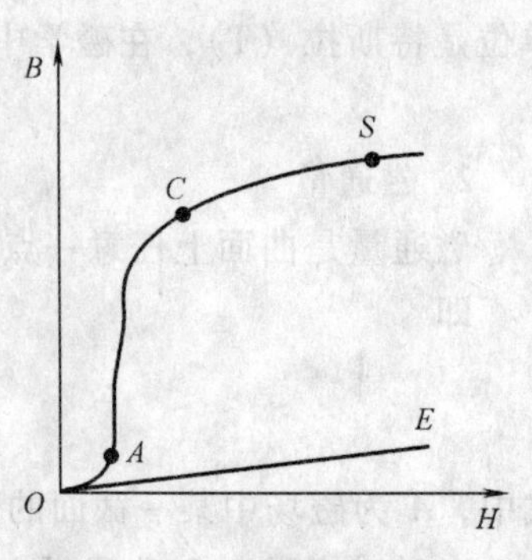

图 6-1 起始磁化曲线

OA 段 B 随 H 的增长缓慢增长；AC 段 B 随 H 的增长而迅速增长；其后 B 随 H 的增长又趋缓慢，并且从某点 S 开始，B 几乎不随 H 的增长而增长，曲线接近水平线，此时磁化达到饱和。S 点对应的 H_S 称为饱和磁场强度，该曲线称为起始磁化曲线。

3. 磁滞性

当 H 从 H_S 逐渐减为零时，曲线 B-H 为 SR 段，与起始曲线不一致，如图 6-2 所示。这说明磁性材料的 B 和 H 之间不存在单值对应关系，要想知道某一 H 对应的 B，必须首先知道材料原来的磁化情况。当 H 减小时 B 也随之减小，H 降为零时 B 并不降为零，这种现象称为磁性滞后，简称磁滞。R 点对应的 B_r 称为剩磁。

要去掉剩磁（使 $B=0$），必须对材料施加一反向的磁场强度 H，当反向 H 逐渐增加时，B 由 B_r 逐渐减为零，此时的外磁场强度称为矫顽力 H_c，这一过程称为去磁，如图 6-3 所示。反向继续增加磁场强度到 $-H_S$，再使其减为零，继而正向增加磁场强度至 H_S，即得到曲线 $S'R'C'S$。从 S 经路径 R、C、S'、R'、C' 再到 S 的闭合曲线称为磁滞回线。

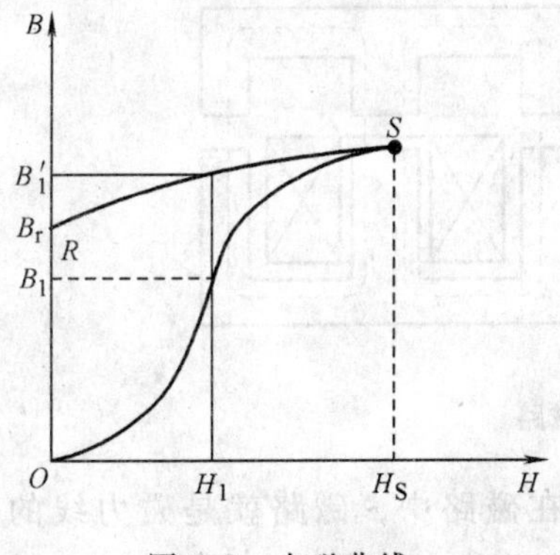

图 6-2 去磁曲线

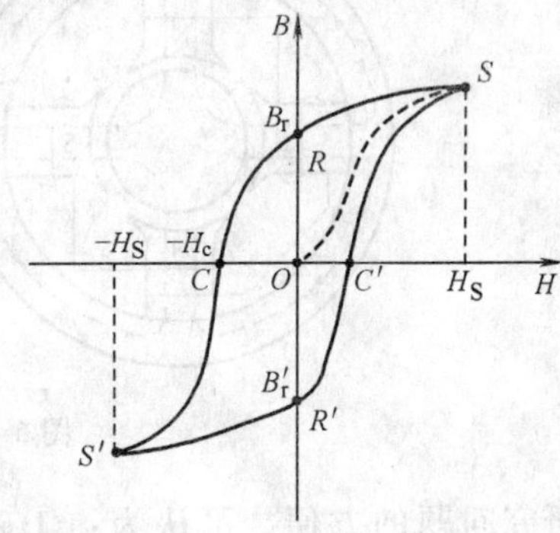

图 6-3 磁滞回线

磁性材料不同，其磁化曲线也不同，图 6-4 是由实验测出的几种磁性材料的磁化曲线。a 为铸铁，b 为铸钢，c 为硅钢片。

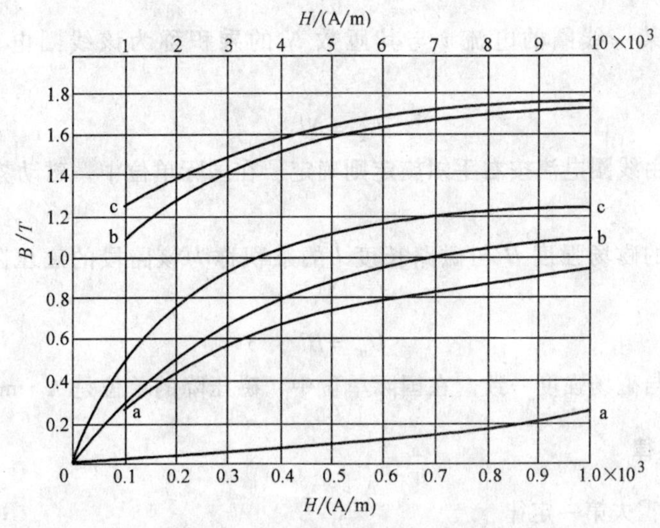

图 6-4 不同材料的一系列磁滞回线

6.2 磁路及其基本定律

6.2.1 磁路的几个概念

1. 磁路

在实际电磁设备中，为了提高效率，减小成本和体积，要求以尽可能小的电流产生尽可能大的磁通，这就要求设法使磁场集中在尽可能小的区域内。利用具有高磁导率的材料作成一定的形状结构，在其周围绕制电流线圈或其中装有永久磁铁，人为地制造磁通易通过的路径，使磁通主要集中在这一路径上，这种结构的总体称为磁路。图 6-5 所示是两种常见的磁路结构。

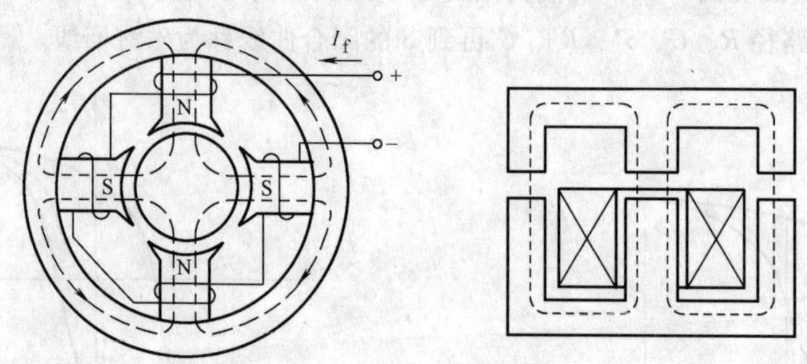

图 6-5 两种常见的磁路

为研究问题的方便，可认为：①磁通全部集中在磁路中，磁路就是磁力线的轨迹，磁路的同一个支路里磁通相同。②由若干路段组成的磁路，每段由相同截面积的同种材料组成，磁路中任意截面上的磁通分布均匀，并且各段中磁场强度处处相同，方向与磁路路径一致。

2. 磁动势

绕在磁路上的某一线圈的电流 i 与其匝数 N 的乘积称为该线圈电流产生的磁动势 F_m，即

$$F_m = Ni \tag{6-8}$$

磁动势的方向由线圈电流按右手螺旋定则确定。在国际单位中，磁动势单位是安（A）。

3. 磁压降

某一磁路段中的磁场强度 H 与磁路长度 l 的乘积称为该路段的磁压降，用符号 U_m 表示，即

$$U_m = Hl \tag{6-9}$$

磁压降的方向与磁场强度一致。在国际单位中，磁压降的单位是 A · m。

6.2.2 磁路基本定律

1. 磁路的基尔霍夫第一定律

磁力线是闭合的，因此磁通是连续的。对磁路中的任意闭合面，任意时刻穿入的磁通必定

等于穿出的磁通，或者说，穿过该闭合面的各分支磁路的磁通的代数和等于零，如图 6-6所示。

$$-\Phi_1+\Phi_2+\Phi_3=0$$

或

$$\sum \Phi_i=0 \tag{6-10}$$

该式称为磁路的基尔霍夫第一定律。

2. 磁路的基尔霍夫第二定律

在磁路中，由磁场中的安培环路定理知：

$$\int \boldsymbol{H}\cdot \mathrm{d}\boldsymbol{L}=\sum I_i \tag{6-11}$$

在均匀磁路中，若磁路由不同材料、不同长度或不同截面的几段组成，则有

$$\sum U_{\mathrm{m}}=\sum F_{\mathrm{m}} \tag{6-12}$$

在任一时刻，磁路中的任一闭合路径，沿该路径的各段磁压降之和等于围绕此路径的所有磁动势之和。上式称为磁路的基尔霍夫第二定律。

在应用基尔霍夫第二定律时，必须规定闭合路径的绕行方向，上式中等号两侧各项的符号与绕行方向一致者为正，否则为负。例如，在图 6-6 中有

$$H_1l_1+H_2l_2+H_0l_0+H_3l_3=N_1i_1-N_2i_2 \tag{6-13}$$

3. 磁路的欧姆定律

磁路的欧姆定律是描述某一磁路段性质的规律。如图 6-7 所示，一段均匀磁路，设材料的磁导率为 μ，磁路长度为 l，截面积为 A，磁路的磁通为 Φ，磁感应强度为 B，磁场强度为 $\boldsymbol{H}$，那么，该磁路的磁压降为

$$U_{\mathrm{m}}=Hl \tag{6-14}$$

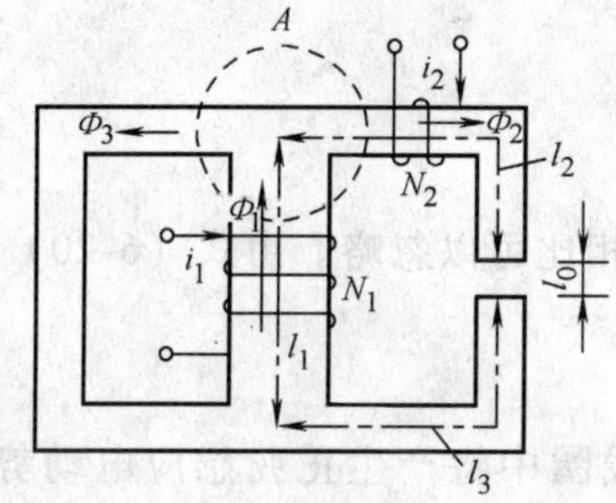

图 6-6　磁路定律说明图

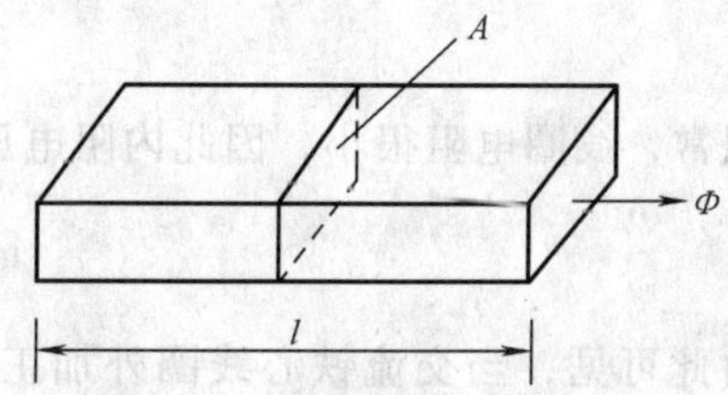

图 6-7　磁阻概念说明图

由式（6-3）和式（6-5）得

$$U_{\mathrm{m}}=\frac{l}{\mu A}\Phi \tag{6-15}$$

令

$$R_{\mathrm{m}}=\frac{l}{\mu A} \tag{6-16}$$

则有

$$U_{\mathrm{m}}=R_{\mathrm{m}}\Phi \tag{6-17}$$

式（6-17）表示了一个磁路段中磁通与磁压降的关系，与电路的欧姆定律相似，磁通 Φ 相当于电流 I，磁压降 U_{m} 相当于电压 U，式（6-16）相当于电阻 $R=l/\rho A$，因此将式(6-17)称为磁路的欧姆定律，$R_{\mathrm{m}}=l/\mu A$ 称为该磁路的磁阻，表示磁路材料对磁通阻碍作用的大小。

6.3 交流铁心线圈电路

6.3.1 电磁关系

交流铁心线圈电路是在铁心线圈两端加交流电压而形成的电路，如图 6-8 所示。它除了具有与直流铁心线圈电路相同的性质外，还有其本身的特点。

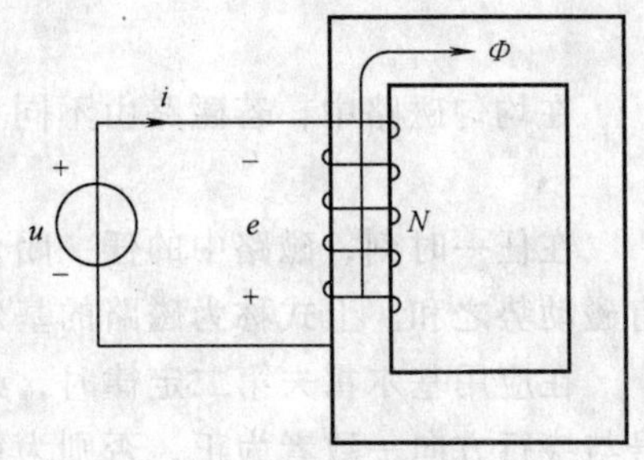

图 6-8 交流铁心线圈电路

前面我们讨论的主要是铁心线圈在直流电压激励下的磁路的特点和规律。显然，此时将交流铁心线圈电路的电路分析与磁路分析分开对待已不合适，这是因为铁心线圈的两端电压与电流总是由铁心中磁通的变化引起的。

设图 6-8 中铁心线圈外加电压 $u = U_m \sin\omega t$，铁心中将产生交变的磁通 Φ，线圈中将产生交变的电流 i。根据基尔霍夫电压定律，有

$$u = Ri - e \tag{6-18}$$

式中，R 为线圈电阻，e 为线圈的感应电动势。

根据电磁感应定律，有

$$e = -N\frac{\mathrm{d}\Phi}{\mathrm{d}t} \tag{6-19}$$

代入上式，得

$$u = Ri + N\frac{\mathrm{d}\Phi}{\mathrm{d}t} \tag{6-20}$$

通常，线圈电阻很小，因此内阻电压降与外加电压相比可以忽略。由式（6-20）得

$$u = -e = N\frac{\mathrm{d}\Phi}{\mathrm{d}t} \tag{6-21}$$

由此可见，当交流铁心线圈外加正弦电压 u 时，线圈中将产生正弦感应电动势 e，而且两者大小相等，在相位上相差 180°。用相量表示为 $\dot{U} = -\dot{E}$。将 $u = U_m \sin\omega t$ 代入式（6-21），得

$$U_m \sin\omega t = N\frac{\mathrm{d}\Phi}{\mathrm{d}t} \tag{6-22}$$

解微分方程，得

$$\Phi = \Phi_m \sin(\omega t - 90°) \tag{6-23}$$

式（6-23）中

$$\Phi_m = \frac{U_m}{\omega N} \tag{6-24}$$

在交流电路中，Φ_m 与铁心的饱和程度有关，U_m 能够测量，将 $U_m = \sqrt{2}U$、$\omega = 2\pi f$ 代入式（6-24），得

$$\Phi_m = \frac{U}{4.44fN} \tag{6-25}$$

$$U = 4.44fN\Phi_m \tag{6-26}$$

由式（6-23）、式（6-25）和式（6-26）看出，当线圈两端连接正弦交流电，且电阻很小时，铁心中产生的磁通也是正弦的，其最大值与电压成正比，与电压频率、线圈匝数成反比，其相位落后于电源电压90°。并且，当电压频率不变，线圈匝数不变时，Φ_m 与 U 成正比，与线圈电流无关。因此，当电源电压不变，频率不变，线圈匝数不变时，Φ_m 也不变，这称为恒磁通原理。

由于 $\dot{U} = -\dot{E}$，所以很容易得到：

$$E = 4.44fN\Phi_m$$

其中，E 为感应电动势 e 的有效值。

6.3.2 交流铁心线圈电流与磁阻的关系

根据磁路的欧姆定律，得最大磁通为

$$\Phi_m = \frac{NI_m}{R_m} \tag{6-27}$$

由式（6-25）得

$$I_m = \frac{UR_m}{4.44fN^2} \tag{6-28}$$

由上式分析，当 U、f 和 N 一定时，磁阻 R_m 的变化，将直接影响线圈电流 I_m。设铁心为电磁铁，铁心吸合前空气隙较大、磁阻大，所以电流大；当铁心吸合后磁阻小，所以电流小。因此，交流电磁铁的起动电流比吸合后的工作电流要大几倍到几十倍。

6.3.3 铁心损耗

1. 磁滞损耗

在交流电源的作用下，铁心反复被磁化，分子电流产生的磁场方向不停地变化，引起分子间摩擦生热，产生不可逆损耗，称为磁滞损耗。磁滞损耗的大小和铁心的体积、电流频率及磁滞回线所包围的面积成正比。磁滞损耗引起铁心发热。

为了减小磁滞损耗，应选用磁滞回线较窄的磁性材料制作铁心，硅钢是制作铁心的理想材料。

2. 涡流

铁磁材料是导电材料，在交变磁通的作用下，垂直于磁通的截面上必然产生感应电流，此电流呈漩涡状，称为涡流，如图6-9a所示。涡流与材料电阻相互作用产生热能，造成功率损耗。

为了减小涡流损耗，多数交流电气铁心是由许多0.35mm或者0.5mm厚的硅钢片叠加而成的。硅钢片之间相互绝缘，截面和磁场方向垂直，如图6-9b所示。把涡流限制在许多狭长的截面中，从而使涡流路径电阻加大，涡流值减小。

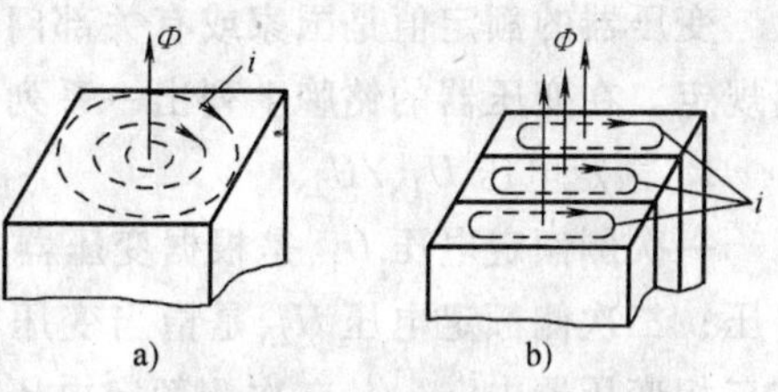

图6-9 涡流示意图

在实际生活中，涡流的热效应有许多应用，感应炉就是利用涡流的热效应原理制成的。

6.4 变压器的结构、额定值与工作原理

变压器是根据电磁感应原理制成的一种电气设备，在电工技术中，常需要变压器作为能量传输或信号转换器件。

在进行电力传输时，当传输功率和功率因数一定时，据 $P = UI\cos\theta$ 可知，传输电压 U 越高，线路电流 I 越小，则可减小输电线路的截面积，以节省材料，并且可减小线路的电压降及能源损耗。因此，在输电时用变压器升高电压，在用电时用变压器降低到使用电压。

在电子设备中，常采用变压器提供所需要的各种电压传输信号，实现阻抗匹配。下面分别讲述。

6.4.1 变压器的结构

变压器主要是由铁心和绕在铁心上而又相互绝缘的绕组构成。图 6-10 所示是变压器的示意图及表示符号。

1. 铁心

铁心是变压器的磁路部分。为了减小涡流及磁滞损耗，铁心用导磁性能好的铁磁材料制成，多用厚度为 0.35 ~ 0.5mm、表面涂有绝缘漆的硅钢片叠加而成。

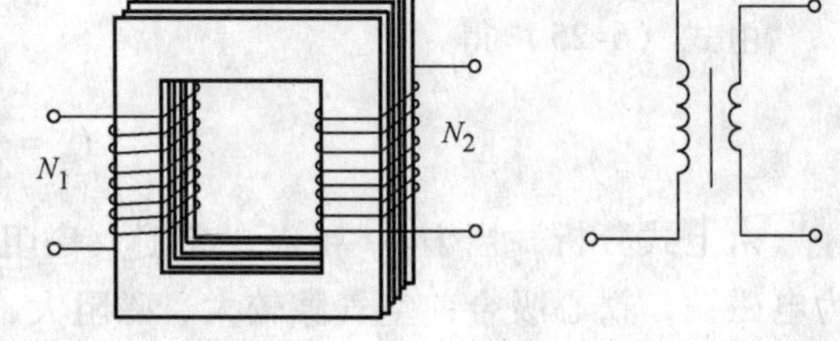

图 6-10 变压器的示意图及符号

2. 绕组

绕组是变压器的电路部分。一般情况下把接电源的绕组称为一次绕组，接负载的绕组称为二次绕组。根据需要，一个变压器可以有一个绕组，如自耦变压器；也可有多个二次绕组，以输出不同的电压。

3. 冷却系统

变压器工作时铁心和绕组要发热，为防止变压器过热，损坏绝缘材料，必须采用适当的方式冷却。小容量变压器采用自冷式，依靠空气的自然对流把热量散发到周围的空气中。大容量电力变压器采用油浸自冷、油浸风冷或用油泵使冷却油在油箱和散热管中作强制循环进行制冷。

6.4.2 变压器的额定值

变压器的额定值是国家或有关部门对变压器长期可靠运行，并具有良好性能时所作的使用规定。在变压器的铭牌上列出一系列的额定值，指导用户安全合理地使用。

1. 额定电压 U_{1N}/U_{2N}

一次侧额定电压 U_{1N} 是根据变压器的绝缘强度和允许发热而规定的一次绕组的正常工作电压；二次侧额定电压 U_{2N} 是指当变压器空载，一次侧在额定电压下时，二次侧的端电压。在三相变压器中，一、二次侧额定电压均指线电压。在变压器铭牌上，额定电压用分数形式表示，分子为高压额定值，分母为低压额定值，如 10000V/400V。

2. 额定电流 I_{1N}/I_{2N}

一次绕组接额定电压时，根据变压器容许温升而规定的一、二次绕组长期通过的最大电

流值，以安（A）或千安（kA）为单位。三相变压器的额定电流是指一、二次侧的线电流。

3. 额定容量 S_N

额定容量又称为额定视在功率，以伏安（V·A）或千伏安（kV·A）为单位。

单相变压器

$$S_N = U_{1N} I_{1N} = U_{2N} I_{2N} \tag{6-29}$$

三相变压器

$$S_N = \sqrt{3} U_{1N} I_{1N} = \sqrt{3} U_{2N} I_{2N} \tag{6-30}$$

变压器的额定容量反映该变压器传输功率的能力，而不是变压器运行时的实际输出功率。

4. 额定频率 f_N

变压器额定运行时一次侧所加电压的频率。我国的标准工业电力频率为50Hz，有的国家为60Hz。

6.4.3 变压器的工作原理

变压器的工作原理如图6-11所示，它由闭合铁心和两个绕组构成。左侧的一次绕组和电源相接，右侧的二次绕组通过开关与负载连接，经过电磁感应，一次侧把电能传递给负载。

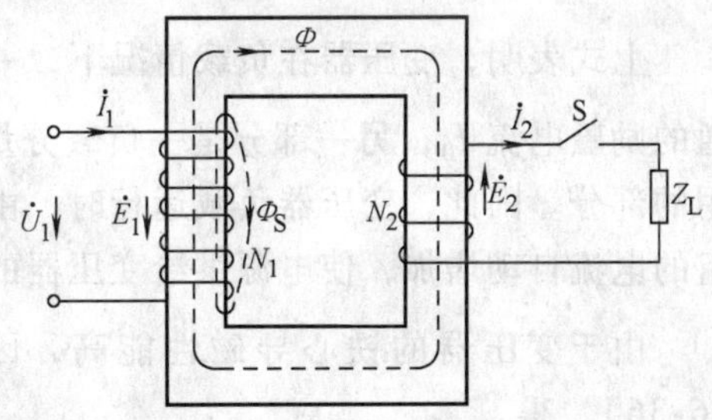

图6-11 变压器的空载运行

1. 变压器的空载运行及电压变换

变压器的一次绕组接入交流电压，二次绕组所接开关S断开的运行方式称为变压器的空载运行，如图6-11所示。此时二次绕组的电流 $\dot{I}_2 = 0$，磁动势 $N_2 \dot{I}_2 = 0$；一次绕组匝数为 N_1，外加电压为 $\dot{U}_1$，通过的电流为空载电流 $\dot{I}_1 = \dot{I}_0$，磁动势为 $N_1 \dot{I}_0$。由于二次侧开路，此时变压器的一次侧电路相当于交流铁心线圈电路，空载电流 $\dot{I}_0$ 就是励磁电流。一次绕组在磁动势 $N_1 \dot{I}_0$ 作用下，产生的磁通大部分通过铁心，只有非常少的漏磁通。为分析问题的方便，略去绕组的电阻、铁损和漏磁通，将变压器视为理想变压器。铁心中的主磁通为 Φ，在一、二次绕组中分别感应出电动势 $\dot{E}_1$、$\dot{E}_2$，并存在下列关系式：

$$\dot{U}_1 = -\dot{E}_1 \qquad \dot{U}_2 = \dot{E}_2 \tag{6-31}$$

有效值关系式为

$$U_1 = 4.44 f N_1 \Phi_m \tag{6-32}$$

$$U_2 = 4.44 f N_2 \Phi_m \tag{6-33}$$

由式（6-32）和式（6-33），得

$$\frac{U_1}{U_2} = \frac{N_1}{N_2} = K \tag{6-34}$$

上式表明，变压器空载运行时，一、二次绕组的电压之比等于它们的匝数之比，比值 K

称为变压器的电压比，即 $K=\frac{N_1}{N_2}$，它是变压器的一个重要参数。当 K 大于 1 时为降压变压器，当 K 小于 1 时为升压变压器。

2. 变压器的负载运行及电流变换

在图 6-11 中，开关 S 闭合时，变压器的二次绕组接负载，变压器在有载状态下运行，称为变压器的负载运行。此时，一次绕组的电流为 $\dot{I}_1$，磁动势为 $N_1\dot{I}_1$，二次绕组的电流为 $\dot{I}_2(\dot{I}_2\neq 0)$，磁动势为 $N_2\dot{I}_2$，磁路的总磁动势为 $N_1\dot{I}_1+N_2\dot{I}_2$。由式 $U_1=4.44fN_1\Phi_m$ 知，当输入电压 U_1、频率 f 及 N_1 不变时，无论是空载还是负载，Φ_m 都不变。空载时的磁动势为 $N_1\dot{I}_0$，由此得

$$N_1\dot{I}_0=N_1\dot{I}_1+N_2\dot{I}_2 \tag{6-35}$$

或

$$\dot{I}_1=\dot{I}_0+\left(-\frac{N_2}{N_1}\dot{I}_2\right)=\dot{I}_0+\dot{I}'_2 \tag{6-36}$$

其中

$$\dot{I}'_2=-\frac{N_2}{N_1}\dot{I}_2 \tag{6-37}$$

上式表明，变压器在负载情况下，一次电流 $\dot{I}_1$ 由两部分组成，一部分是用来产生主磁通的励磁电流 $\dot{I}_0$；另一部分是一负载分量 $\dot{I}'_2$，$\dot{I}'_2$ 的大小等于二次电流中对主磁通起去磁作用的部分。因此，变压器负载运行时，由于二次绕组的电流对磁通的影响，使变压器一次绕组的电流自动增加，使电源供给变压器的功率也相应地增加。

由于变压器的铁心导磁性能高，因而空载电流 $\dot{I}_0$ 很小，因此 $\dot{I}_0$ 可以忽略。则由式（6-36），得

$$\dot{I}_1=-\frac{N_2}{N_1}\dot{I}_2 \tag{6-38}$$

由式（6-38）看出：一、二次绕组的电流相位相反，其有效值的关系式为

$$I_1=\frac{N_2}{N_1}I_2 \tag{6-39}$$

即

$$\frac{I_1}{I_2}=\frac{N_2}{N_1}=\frac{1}{K} \tag{6-40}$$

在理想情况下，即绕组无内阻、无铁损和无漏磁通，二次侧接负载后的电压等于空载电压。因此，式（6-34）对理想变压器在负载运行下也成立。

例 6-1 一台单相变压器一次侧额定电压为 220V，二次侧额定电压为 44V，铁心中磁通的最大值为 5×10^{-4}Wb，电源频率为 50Hz。求：（1）变压器一、二次绕组的匝数；（2）如果二次侧所接负载电阻为 1kΩ，则变压器一、二次绕组的电流分别为多少？

解：（1）由式（6-26），得

$$U\approx E=4.44fN\Phi_m$$

变压器一次侧的匝数为

$$N_1=\frac{U_{1N}}{4.44f\Phi_m}=\frac{220}{4.44\times50\times5\times10^{-4}}\text{匝}=1982\text{匝}$$

二次侧的匝数为

$$N_2 = \frac{U_2}{U_1}N_1 = \frac{44}{220} \times 1982 \text{ 匝} = 396 \text{ 匝}$$

（2）二次侧接电阻后，二次绕组的电流为

$$I_2 = \frac{44}{1000}\text{A} = 0.044\text{A}$$

根据变压器电流变换的工作原理，得

$$I_1 = \frac{N_2}{N_1}I_2 = \frac{396}{1982} \times 0.044\text{mA} = 8.8\text{mA}$$

3. 变压器的阻抗变换

在电子电路中，为使各级之间的信号传递获得较大的功率输出，必须使负载阻抗与信号源内阻相等，即阻抗匹配。但是，在实际电路中负载阻抗与信号源内阻往往不相等，而且负载阻抗是给定的不能随便改变，因此，常采用变压器来获得输出电路所需要的等效阻抗，变压器的这种作用称为阻抗变换。

图 6-12 所示为变压器的阻抗变换等效电路。设负载阻抗为 Z_L，等效阻抗为 Z'，那么有

$$\frac{U_1}{I_1} = Z' \qquad \frac{U_2}{I_2} = Z_L \qquad (6\text{-}41)$$

将式（6-34）和式（6-40）代入式（6-41）中，得

$$Z' = \left(\frac{N_1}{N_2}\right)^2 Z_L \quad \text{或者} \quad Z' = K^2 Z_L \qquad (6\text{-}42)$$

上式说明变压器二次绕组接上负载后，对电源来说，相当于接上阻抗为 Z' 的负载，二者等效，如图 6-12b 所示。

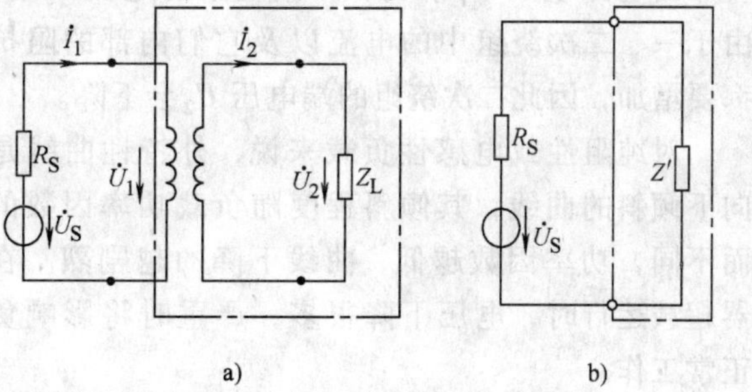

图 6-12 阻抗变换等效电路

例 6-2 已知图 6-12 中交流信号源的电压为 150V，信号源内阻 $R_S = 900\Omega$，负载电阻为 8Ω，试求负载与信号源直接连接时，信号源输出多大功率？若要使信号源输出给负载的功率达到最大，采用变压器进行阻抗变换，则变压器的匝数比为多少？阻抗变换后，信号源的输出功率为多大？

解：负载与信号源直接连接时，信号源的输出功率为

$$P = R_L I^2 = R_L\left(\frac{U_S}{R_S + R_L}\right)^2$$

$$= 8 \times \left(\frac{150}{900 + 8}\right)^2 \text{W} = 0.218\text{W}$$

达到最大输出功率时，有

$$R_S = R_L' = 900\Omega$$

所以变压器匝数比为

$$K = \frac{N_1}{N_2} = \sqrt{\frac{R'_L}{R_L}} = \sqrt{\frac{900}{8}} = 11$$

阻抗变换后，信号源的输出功率为

$$P = R'_L I^2 = R'_L \left(\frac{U_S}{R_S + R'_L}\right)^2$$

$$= 900 \times \left(\frac{150}{900 + 900}\right)^2 \text{W}$$

$$= 6.25\text{W}$$

6.5 变压器的运行特性

6.5.1 变压器的外特性及电压变换率

在电源电压 U_1 和负载的功率因数 $\cos\varphi_2$ 不变的情况下，U_2 与 I_2 的变化关系 $U_2 = f(I_2)$，称为变压器的外特性。图 6-13 所示为变压器的外特性曲线。

当电源电压 U_1 不变、二次绕组的电流 I_2 增加时，由于一、二次绕组中的电流以及它们内部的阻抗压降都要增加，因此二次绕组的端电压 U_2 会下降。

对纯阻性或电感性负载来说，外特性曲线是一条向下倾斜的曲线，其倾斜程度随负载功率因数的不同而不同，功率因数越低，曲线下降的越剧烈。在变压器超载运行时，电压下降很多，严重时将影响负载的正常工作。

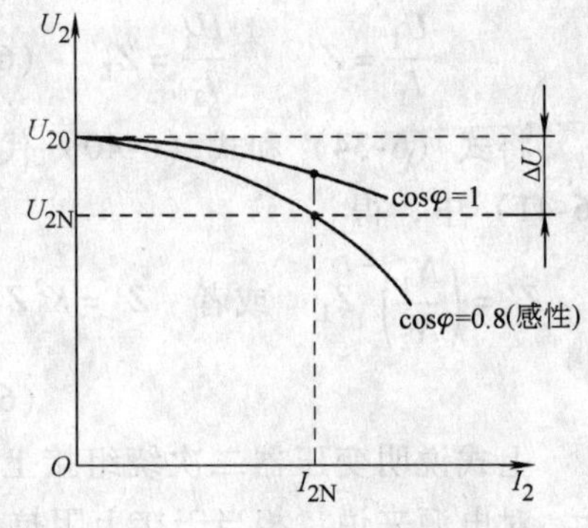

图 6-13 变压器的外特性曲线

从空载到额定负载（即 $I_2 = I_{2N}$），二次电压的变化程度用电压变化率表示，即

$$\Delta U = \frac{U_{20} - U_{2N}}{U_{20}} \times 100\% \tag{6-43}$$

对负载来说，希望电压越稳定越好，即电压变化率越小越好，它将直接影响到供电质量。一般变压器，电压变化率为 5% 左右；电力变压器约为 2% ~3%，变压器容量越大，电压变化率越小。

6.5.2 变压器的损耗与效率

变压器的损耗主要有两部分：铁损和铜损。铁心中的磁滞损耗和涡流损耗称为铁损，用 p_{Fe} 表示。当外加额定电压不变时，工作磁通不变，铁损也不变。电流在绕组电阻上的功率损耗称为铜损，用 p_{Cu} 表示。变压器的输出功率与输入功率之比称为变压器的效率，用 η 表示：

$$\eta = \frac{P_2}{P_1} \times 100\% = \frac{P_2}{P_2 + p_{Fe} + p_{Cu}} \times 100\% \tag{6-44}$$

6.6 常用变压器

6.6.1 自耦变压器

自耦变压器与普通变压器的不同之处在于自耦变压器的闭合铁心上只绕有一个绕组，这个绕组既是一次绕组，又是二次绕组，两者之间既有电的联系，又有磁的联系，其工作原理与普通变压器相同。

当一次绕组 N_1 的两端加上交流电压 U_1 时，铁心中就产生了交变磁通，由于该磁通穿过一、二次绕组，因此两绕组的电压大小必定与匝数成正比，即

$$\frac{U_1}{U_2}=\frac{N_1}{N_2}=K \tag{6-45}$$

当自耦变压器接负载时，电源电压通常保持额定值，主磁通为常数，因此，一、二次电流同样有如下关系，即

$$I_1=\frac{N_2}{N_1}I_2=\frac{1}{K}I_2 \tag{6-46}$$

如果把自耦变压器的铁心做成环形，将绕组绕在这个环形的铁心上，二次绕组的分触头是一个能沿着绕组的表面自由滑动的电刷头，那么当移动电刷触头时，就可以平滑地调节电压，此变压器又称为调压器，如图 6-14 所示。

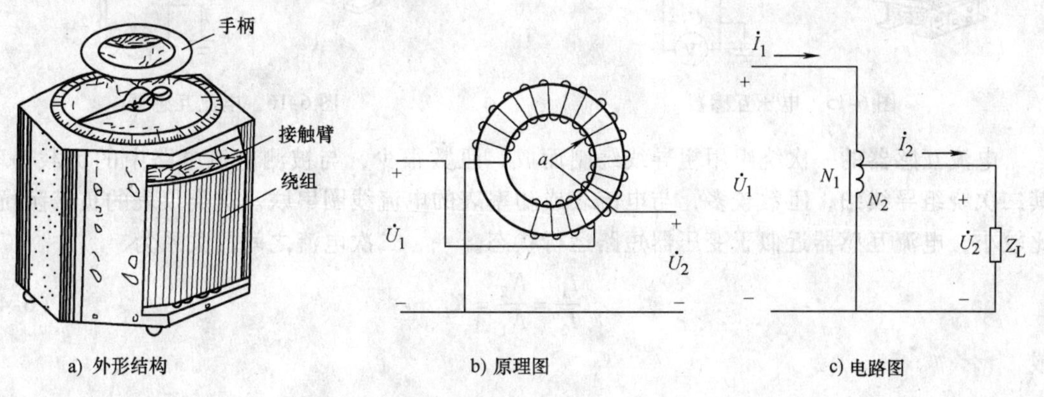

图 6-14 单相自耦变压器

6.6.2 仪用互感器

利用变压器原理，可将高电压变换成低电压，或将大电流变换成小电流，然后接入低量程电压表或电流表进行测量。这种供仪表使用的变压器统称为仪用互感器。仪用互感器是电工测量中常用的仪器，它能扩大仪表的量程以及将测量仪表与高压大电流电路隔离开来，以保证工作安全。

仪用互感器分为电压互感器和电流互感器两种。

1. 电压互感器

电压互感器是一种专用的降压变压器，其结构和原理如图 6-15 所示。

电压互感器的一次绕组匝数多，与被测的高压电网并联，二次绕组匝数少，与电压表或功率表的电压线圈并联。因该类表的负载阻抗都比较大，二次电流很小，电压互感器近似于变压器的空载运行状态，两侧电压之间的关系为

$$\frac{U_1}{U_2}=\frac{N_1}{N_2}=K_U \tag{6-47}$$

或

$$U_1=K_U U_2 \tag{6-48}$$

只要选择合适的电压比，就可以将高电压变换成低电压，便于测量。

电压互感器有干式、油浸式、单相和三相之分，在运行中电压互感器的二次绕组绝对不允许短路，否则将烧毁互感器，因此要在一、二次绕组电路中串联熔断器。电压互感器的二次绕组、铁心和外壳都要可靠接地，避免当互感器损坏时高压窜入二次绕组，造成人身或设备危害。

2. 电流互感器

电流互感器把大电流转换为一定值的小电流，其结构和原理如图 6-16 所示。

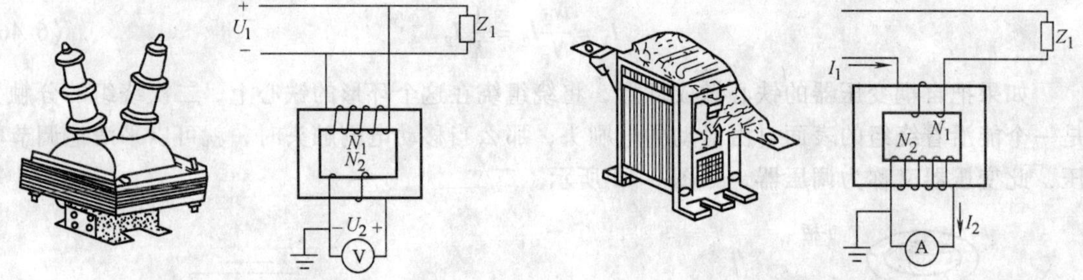

图 6-15　电压互感器　　　　图 6-16　电流互感器

电流互感器的一次绕组用粗导线绕制而成，匝数很少，与被测电流电路中的负载串联，其二次绕组导线细，匝数较多，与电流表或功率表的电流线圈串联。这类仪表的负载阻抗都比较小，电流互感器近似于变压器短路运行状态。一、二次电流之间的关系为

$$\frac{I_1}{I_2}=\frac{N_2}{N_1}=K_I \tag{6-49}$$

或

$$I_1=\frac{N_2}{N_1}I_2=K_I I_2 \tag{6-50}$$

只要选择合适的电流比，就可将被测大电流变成小电流，用小量程的电流表来测量。电流互感器在运行时，二次绕组不允许开路，否则将引起高压，造成人身和设备危害。另外，电流互感器的二次绕组和铁心也都要可靠接地。

小　结

本章首先讲述了描述磁场的基本物理量、基本定律以及交流铁心线圈电路，并在此基础上讲述了变压器的基本工作原理。最后讲述了几种常用的变压器。本章重点掌握：

1. 磁路的概念；磁感应强度 $\boldsymbol{B}$ 与磁通 Φ 的关系为 $\Phi=BA$；磁感应强度 $\boldsymbol{B}$ 与磁场强度 $\boldsymbol{H}$ 的关系为 $\boldsymbol{B}=\mu\boldsymbol{H}$；相对磁导率 μ_r 为 $\mu_r=\mu/\mu_0$；当铁心受到交变磁化时，磁感应强度 $\boldsymbol{B}$ 随磁

场强度 $\boldsymbol{H}$ 变化而变化的曲线，是一条闭合的对称于坐标原点的回线，称磁滞回线。

2. 磁路欧姆定律：$\Phi = \dfrac{F_m}{R_m}$；磁路基尔霍夫定律：$\sum \Phi_i = 0$，$\sum NI = HL$。

3. 在交流铁心线圈中，电压的有效值为 $U = 4.44fN\Phi_m$。

4. 变压器具有变换电压、变换电流和变换阻抗的作用，即

$$\frac{U_1}{U_2} = \frac{N_1}{N_2} = K \qquad \frac{I_1}{I_2} = \frac{N_2}{N_1} = \frac{1}{K} \qquad Z' = \left(\frac{N_1}{N_2}\right)^2 = K^2 Z_L$$

变压器的运行特性有外特性和效率特性两种。

习题 6

6-1　有一线圈，其匝数 $N = 1000$ 匝，绕在由铸钢制成截面为圆形的闭合铁心上，铁心的截面积 $S = 20\text{cm}^2$，铁心的平均长度 $L = 50\text{cm}$。如果在铁心中产生的磁通 $\Phi = 0.002\text{Wb}$，则试问线圈中应通入多大电流（已知铸钢 $B = 1\text{T}$ 时，$H = 700\text{A/m}$）？

6-2　如图 6-17 所示，对称磁路含有 1、2、3 三个部分，它们的尺寸和材料分别为：截面积 $A_1 = 4\text{cm}^2$，$A_2 = A_3 = 2\text{cm}^2$，平均磁路长度 $l_1 = 5\text{cm}$，$l_2 = l_3 = 10\text{cm}$，相对磁导率 $\mu_{r1} = 1200$，$\mu_{r2} = 1000$，$\mu_{r3} = 900$，线圈匝数 $N = 1000$，电流 $I = 1\text{A}$，求各分支磁通。

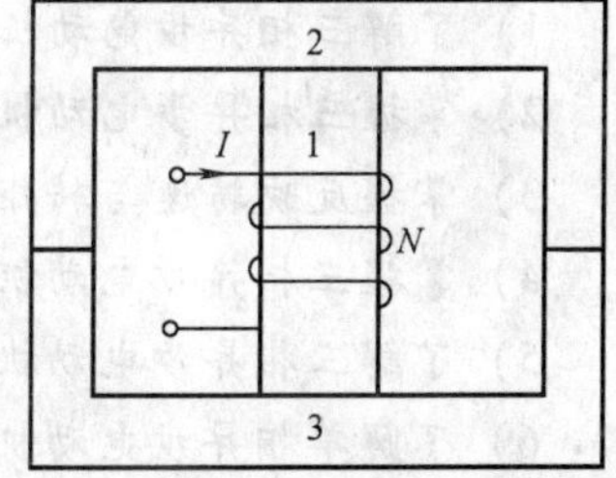

图 6-17　习题 6-2 图

6-3　一单相变压器铁心，其横截面积 $S = 90\text{cm}^2$，$B_m = 1.2\text{T}$，$f = 50\text{Hz}$，现欲用它制成额定电压为 1000V/220V 的单相变压器，试计算一、二次绕组的匝数。

6-4　某低压照明变压器一次绕组 $U_1 = 380\text{V}$，$I_1 = 0.263\text{A}$，$N_1 = 1010$ 匝，二次绕组 $N_2 = 103$ 匝，求二次绕组输出的电压及电流。

6-5　一单相变压器，一次绕组同信号源连接，将 $R_L = 8\Omega$ 的扬声器接在变压器的二次侧，已知 $N_1 = 300$ 匝，$N_2 = 100$ 匝，信号源电动势 $E = 6\text{V}$，内阻 $R_0 = 100\Omega$，试求信号源输出的功率？为使负载 R_L 获得最大功率，变压器的电压比 K 应是多少？与负载直接接入电源相比，经过变压器，负载获得的功率增加了多少？

第7章　三相异步电动机

本章导读：

三相异步电动机是交流电动机的一种。在工业中，它被广泛地用于驱动各种金属切削机床、起重机、锻压机、传动带和锻造机械。在农业中，它被用于排灌、脱粒、磨粉和其他农副产品的加工。此外，在医疗器械和日常生活中也得到广泛的应用。三相异步电动机之所以得到如此广泛的应用，是由于它具有结构简单、制造容易、维护方便、价格低廉和工作可靠等一系列的优点。

本章学习要求：

1）了解三相异步电动机的基本结构和铭牌数据。

2）掌握三相异步电动机的工作原理。

3）掌握反映转速与转矩之间关系的机械特性。

4）掌握三相异步电动机的起动、调速和制动的基本原理和方法。

5）了解三相异步电动机的选择依据。

6）了解单相异步电动机的工作原理。

7.1　三相异步电动机的结构和铭牌数据

7.1.1　基本结构

三相异步电动机由两个基本部分组成：固定部分称为定子，旋转部分称为转子。定子与转子之间有一空气间隙，一般为0.2~2mm。三相异步电动机的总体结构如图7-1所示。

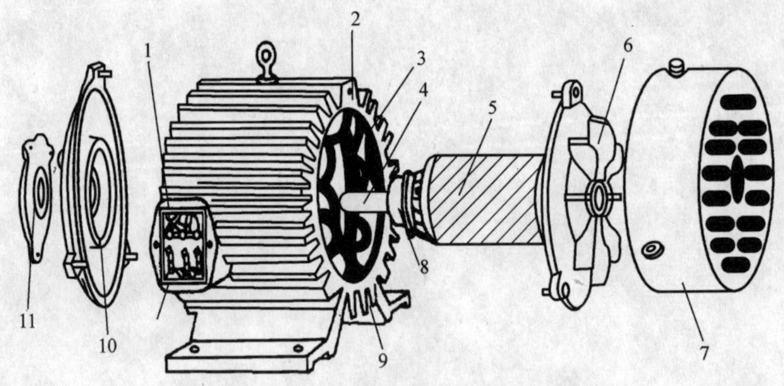

图7-1　三相异步电动机的构造

1—线盒　2—定子铁心　3—定子绕组　4—转轴　5—转子　6—风扇
7—罩壳　8—轴承　9—机座　10—端盖　11—轴承盖

1. 定子部分

三相异步电动机的定子部分主要由定子铁心、定子绕组和机座组成。

1）定子铁心是电动机磁路的一部分，并在其上放置定子绕组。定子铁心一般由 0.35 ~ 0.5mm 厚、表面具有绝缘层的硅钢片冲制、叠压而成。在铁心内圆冲有均匀分布的槽，用以嵌放定子绕组，如图 7-2 所示。

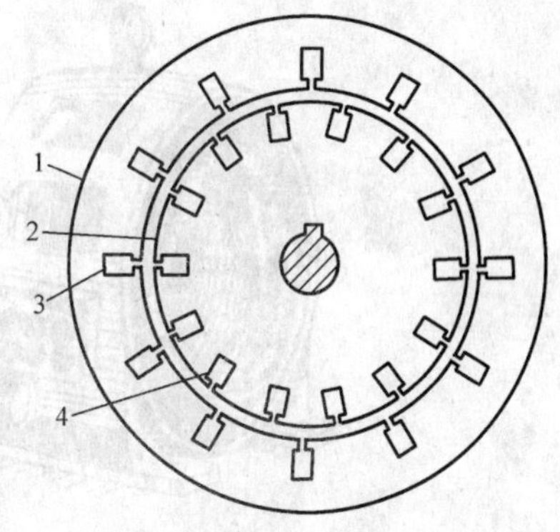

图 7-2　定子与转子铁心冲片
1—定子铁心　2—转子铁心
3—定子槽　4—转子槽

2）定子绕组是电动机的电路部分，用以通入三相交流电产生旋转磁场。小型三相异步电动机的定子绕组通常用高强度漆包线（铜线或铝线）绕制成各种线圈后，再嵌入定子铁心槽内。大中型电动机则用各种规格的铜条经过绝缘处理后，再嵌入定子铁心槽内，并且要保证绕组与铁心之间、各相之间、绕组本身之间可靠绝缘。定子绕组在铁心槽内嵌放完毕后，共有六个出线端引到电动机机座的接线盒内，可按需要接成星形联结（Y）或三角形联结（△）。

3）机座的作用是固定定子铁心，并以两个端盖支撑转子，同时保护整台电动机的电磁部分和散发电动机运行中产生的热量。机座通常为铸铁件，大中型电动机的机座一般用钢板焊成。

2. 转子部分

转子是电动机的旋转部分，包括转子铁心、转子绕组和转轴等部件。

1）转子铁心是电动机的磁路的一部分，并在其上放置转子绕组。转子铁心一般用 0.35 ~ 0.5mm 厚的硅钢片冲制、叠压而成。在铁心外圆周表面冲有均匀分布的槽，用以嵌放转子绕组。

2）转子绕组的作用是切割定子绕组产生的旋转磁场，产生感应电动势和感应电流，并在旋转磁场作用下受力而使转子转动。根据构造的不同可分为笼型转子和绕线式转子两种类型。

笼型转子绕组做成鼠笼状，在转子铁心槽中放置铜条，其两端用端环连接，如图 7-3a 所示。中小型三相异步电动机的转子也有很多是采用铸铝转子的，如图 7-3b 所示。

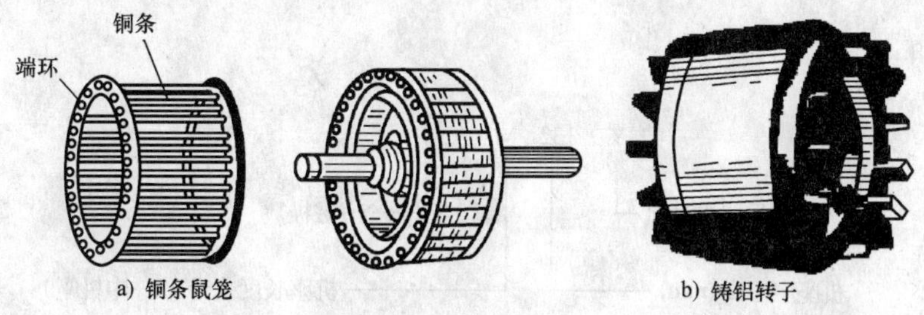

图 7-3　笼型电动机转子

绕线式转子异步电动机的结构如图 7-4 所示。绕线式转子绕组同定子绕组一样也是三相的，它连接成星形或三角形，绕组的首端引出线接到互相绝缘的三个铜制集电环上，集电环

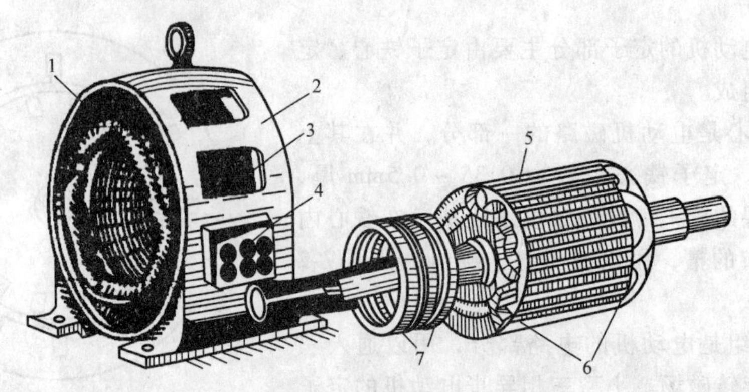

图 7-4　绕线式转子异步电动机的构造

1—定子绕组　2—机座　3—定子铁心　4—接线盒　5—转子铁心　6—转子绕组　7—集电环

固定在转轴上。环与环、环与转轴之间都互相绝缘。集电环上用弹簧压着碳质电刷，通过电刷将转子绕组的三个首端引到机座的接线盒上，以便在转子电路中串接附加电阻，用来改善起动和调速性能。

笼型转子与绕线式转子只是在转子的构造上不同，它们的工作原理是一样的。

3）转轴用以传递转矩及支撑转子的重量，一般由中碳钢或合金钢制成。

7.1.2　铭牌数据

在三相异步电动机的机座上都有一块铭牌，现以 Y132M—4 型电动机为例，说明铭牌上各个数据的意义。

三相异步电动机		
型号　Y132M—4	功率　7.5kW	频率　50Hz
电压　380V	电流　15.4A	接法　△
转速　1440r/min	绝缘等级　B	工作方式　连续
年　月　日		××电机厂

1. 型号

为适应不同用途和不同工作环境的需要，电动机制成不同的系列，每种系列都有不同的型号。

型号说明：

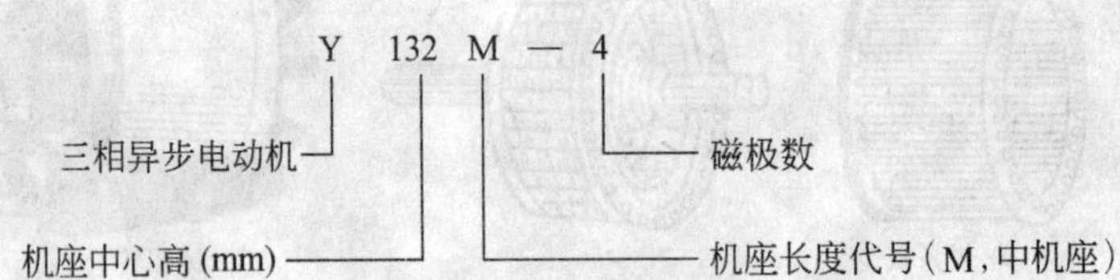

（S—短机座；M—中机座；L—长机座）

除 Y 系列外，还有 YR 系列（三相绕线式电动机）、YB 系列（防爆型三相异步电动机）、YQ 系列（高起动转矩三相异步电动机）等。

2. 电压

铭牌上的电压值是指电动机在额定运行时，定子绕组上应加的线电压值，称为额定电压 U_N。

3. 转速

铭牌上的转速是指电动机在额定运行时的额定转速 n_N。

4. 电流

铭牌上所标的电流值是指电动机正常工作时定子绕组的线电流值，称为额定电流 I_N。

5. 功率

铭牌上的功率是指电动机在额定运行时轴上输出的机械功率 P_N。

输出功率与输入功率数值不相等，其差值就是损耗功率。输出功率与输入功率的比值称为效率 η。

以 Y132M—4 型电动机为例，功率因数为 0.85：

输入功率 $P_1=\sqrt{3}U_1I_1\cos\varphi=\sqrt{3}\times380\times15.4\times0.85\mathrm{W}=8.6\mathrm{kW}$

输出功率 $P_2=P_N=7.5\mathrm{kW}$

效率 $$\eta=\frac{P_2}{P_1}\times100\%=\frac{7.5}{8.6}\times100\%=87\%$$

6. 绝缘等级

绝缘等级是按电动机及绕组所用绝缘材料在使用时的最高容许温度来划分的。一般有 A（105℃）、E（120℃）、B（130℃）、F（155℃）、H（180℃）等几个等级。

7. 接法

接法是指三相定子绕组的连接方法。一般笼型电动机的接线盒中有六根引线，即 U_1、V_1、W_1、U_2、V_2、W_2。其中，U_1、U_2是第一相绕组的首端末端；V_1、V_2是第二相绕组的首端末端；W_1、W_2是第三相绕组的首端末端。这六个出线端在连接电源之前必须正确连接，连接方式有星形联结（Y）和三角形联结（△），如图 7-5 所示。

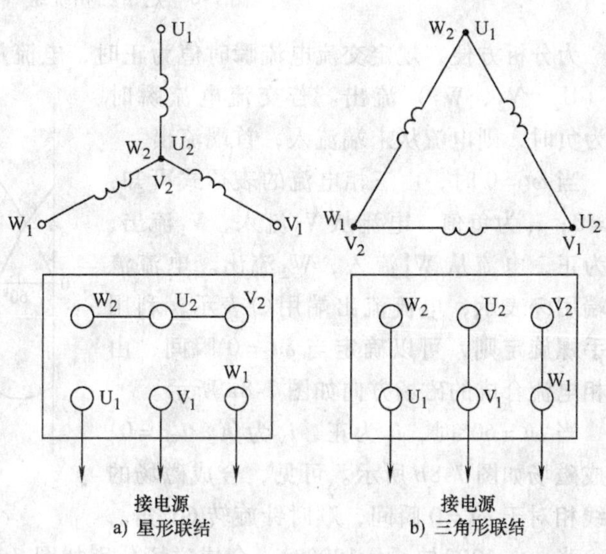

图 7-5 定子绕组的接线方式

7.2 三相异步电动机的工作原理

7.2.1 旋转磁场

1. 旋转磁场的产生

旋转磁场是指磁场的轴线位置随时间而旋转的磁场。三相异步电动机的定子铁心中放置结构完全相同的三相绕组，即 U_1U_2、V_1V_2、W_1W_2，各相绕组在空间上互差 120°角度，如图 7-6a 所示。向这三相绕组中通入三相对称电流 i_U、i_V、i_W，如图 7-6b 所示。三相电流的波形图如图 7-7 所示。

$$i_U = I_m \sin\omega t$$
$$i_V = I_m(\sin\omega t - 120°)$$
$$i_W = I_m(\sin\omega t + 120°)$$

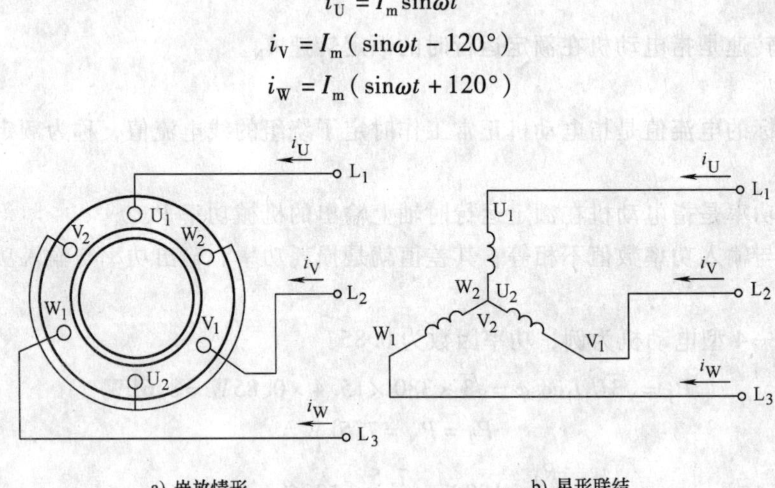

图 7-6 定子三相绕组（$p=1$）

为分析方便，规定交流电流瞬时值为正时，电流从绕组首端（U_1、V_1、W_1）流入，末端（U_2、V_2、W_2）流出。若交流电流瞬时值为负时，则电流从末端流入，首端流出。

当 $\omega t=0$ 时，由三相电流的表达式可知：$i_U=0$；i_V为负值，电流从 V_2流入，V_1流出；i_W为正，电流从 W_1流入，W_2流出。电流流入端用⊗表示，电流流出端用⊙表示，利用右手螺旋定则，可以确定当 $\omega t=0$ 瞬间，由三相电流合成的磁场方向如图 7-8a 所示。

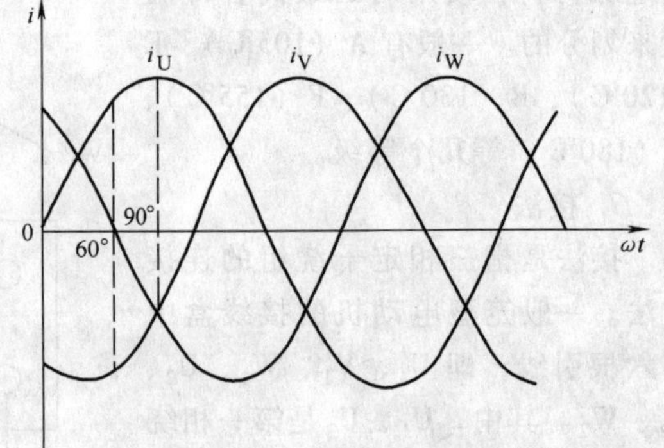

图 7-7 三相交流电流波形图

当 $\omega t=60°$时，i_U为正，i_V为负，$i_W=0$，合成磁场如图 7-8b 所示。可见，合成磁场的轴线相对于 $\omega t=0$ 瞬间，顺时针旋转 60°角。

当 $\omega t=120°$与 $\omega t=180°$时，合成磁场分别如图 7-8c、7-8d 所示。合成磁场的轴线相对于 $\omega t=0$ 瞬间，在空间分别转过了 120°和 180°角。

由上述分析可见，当三相定子绕组通入三相对称电流后，它们共同产生的合成磁场是随电流的交变而在空间不断地旋转着，这就是旋转磁场。旋转磁场同磁极在空间旋转所起的作用是一样的。

2. 旋转磁场的转向

由图 7-7 可以看出，三相交流电流的变化次序为正相序，即：U 相达到最大值→V 相达到最大值→W 相达到最大值→U 相达到最大值……，则产生的旋转磁场的旋转方向也为 U 相→V 相→W 相→U 相……，即与电流的变化次序一致。如果调换电动机三相绕组中任意两根连接电源的导线，则旋转方向就反向，如图 7-9 所示。

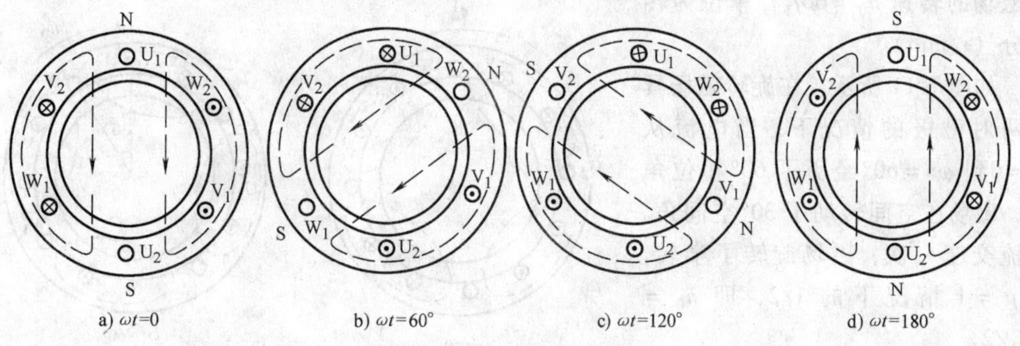

图 7-8　三相电流产生的旋转磁场（$p=1$）

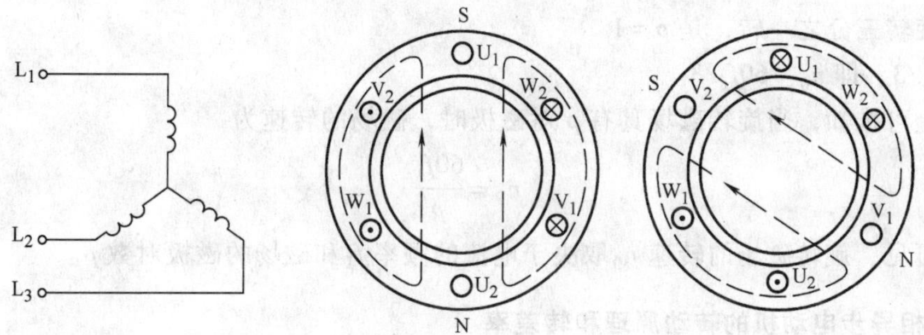

图 7-9　旋转磁场的反转

3. 旋转磁场的磁极对数

三相异步电动机的极数就是旋转磁场的磁极数目。旋转磁场的磁极对数和三相绕组有关。在图 7-6 中，每相绕组只有一个线圈，绕组的始末端相差 120°空间角，则产生的旋转磁场具有一对磁极，即 $p=1$（p 是磁极对数）。如定子绕组的连接如图 7-10 所示，即每相绕组有两个线圈串联，绕组的始末端相差 60°空间角，则产生的旋转磁场具有两对磁极，即 $p=2$，如图 7-11 所示。

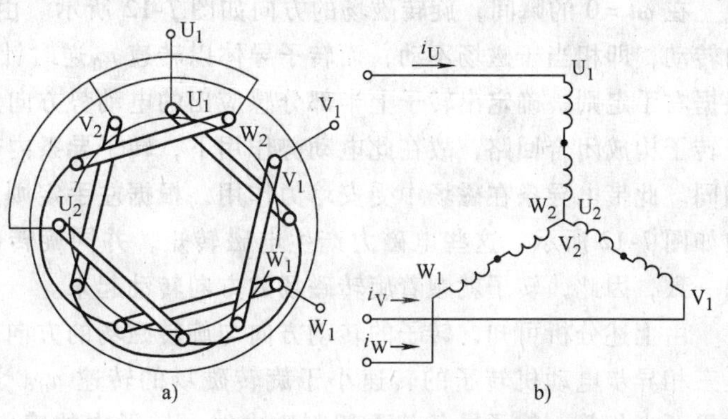

图 7-10　三相定子绕组

同理，若要产生三对磁极，即 $p=3$ 的旋转磁场，则每相绕组必须有均匀安排在空间的三个线圈串联，绕组的始末端相差 40°（即 $120°/p$）空间角。

4. 旋转磁场的转速

旋转磁场的转速与磁极对数有关，在一对磁极的情况下，由图 7-8 可见，当电流从 $\omega t=0$ 到 $\omega t=60°$ 经历了 60°相位角时，磁场在空间转动了 60°空间角。电流交变一次，磁场恰好在空间旋转了一转。设电流频率为 f_1，即电流每秒钟交变 f_1 次，或每分钟交变 $60f_1$ 次，则旋

转磁场的转速 $n_0=60f_1$，单位为转每分（r/min）。

如图 7-11 所示，在旋转磁场具有两对磁极的情况下，当电流从 $\omega t=0$ 到 $\omega t=60°$ 经历了 60° 相位角时，磁场在空间转动了 30° 空间角。电流交变一次，磁场旋转了半转，是 $p=1$ 情况下的 1/2，即 $n_0=60f_1/2$。

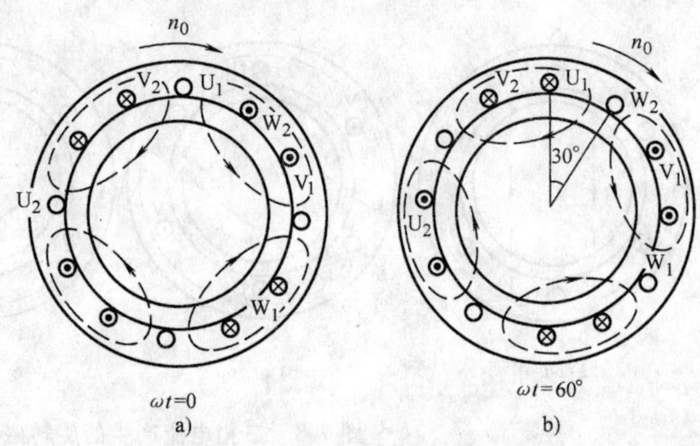

图 7-11　三相电流产生的旋转磁场（$p=2$）

同理，在旋转磁场具有三对磁极的情况下，电流交变一次，磁场在空间只旋转三分之一转，是 $p=1$ 情况下的 1/3，即 $n_0=60f_1/3$。

由以上可推知，当旋转磁场具有 p 对磁极时，磁场的转速为

$$n_0=\frac{60f_1}{p} \tag{7-1}$$

由此可见，旋转磁场的转速 n_0 取决于电流的频率 f_1 和磁场的磁极对数 p。

7.2.2　三相异步电动机的转动原理和转差率

1. 转动原理

如图 7-12 所示，N、S 是旋转磁场的两极，转子中只表示出两根导条。当定子绕组接通三相电源后，定子绕组中便有电流流过，并在空间产生一旋转磁场。

在 $\omega t=0$ 的瞬间，旋转磁场的方向如图 7-12 所示。由于旋转磁场以 n_0 的转速顺时针方向转动，即相当于磁场不动，而转子导体以转速 n_0 逆时针方向旋转，转子导条切割磁力线。根据右手定则，确定出转子上半部分感应出的电动势方向是出来的，下半部分是进去的。由于转子构成闭合回路，故在此电动势作用下，转子导条内有电流流过，方向和电动势的方向相同。此带电导条在磁场中受安培力作用，根据左手定则，受力方向如图 7-12 所示。这些电磁力产生电磁转矩，并同旋转磁场的转向一致，因此，转子就顺着旋转磁场的方向转动起来。

由上述分析可知，转子的转动方向与旋转磁场的方向一致。但是三相异步电动机转子的转速小于旋转磁场的转速 n_0。这是因为如果两者相等，转子导条就不切割磁力线，转子中的感应电动势、感应电流及电磁转矩也就不存在。因此，转子的转速与旋转磁场的转速之间必有差别，这就是三相异步电动机名称的由来。旋转磁场的转速称为同步转速。

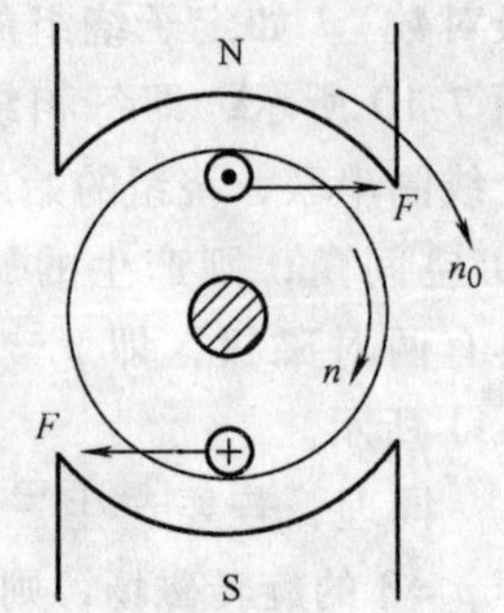

图 7-12　转子转动原理

2. 转差率

转差率 s 是指三相异步电动机的转子转速 n 与旋转磁场转速 n_0 之间的差别程度，即

$$s=\frac{n_0-n}{n_0} \tag{7-2}$$

转差率是三相异步电动机的一个重要参数。在转子起动瞬间，$n=0$，$s=1$；当理想空载时，$n=n_0$，$s=0$。所以三相异步电动机在额定运行时的转差率在0与1之间，即$0<s<1$。通常，三相异步电动机的额定转差率在1%～6%之间。

例7-1 有一台Y112M—4型的三相异步电动机，额定转速$n_N=1440\text{r/min}$，交流电源频率$f_1=50\text{Hz}$，求额定转差率。

解：由于$2p=4$，同步转速$n_0=60\dfrac{f_1}{p}=1500\text{r/min}$，故额定转差率为

$$s=\frac{n_0-n_N}{n_0}=\frac{1500-1440}{1500}=0.04=4\%$$

7.3 三相异步电动机的电磁转矩与机械特性

三相异步电动机的工作原理与变压器有许多相似之处，如三相异步电动机的定子绕组与转子绕组分别相当于变压器的一次绕组与二次绕组。变压器利用电磁感应把电能从一次绕组传递到二次绕组，三相异步电动机的定子绕组从电源吸收的能量也是靠电磁感应传递到转子绕组。因此，变压器可以认为是静止的三相异步电动机，分析三相异步电动机时，通常把定子绕组看成是变压器的一次绕组，而把转子绕组看成是二次绕组。当三相异步电动机不转时，转子中的各物理量的分析与计算可用分析与计算变压器的方法进行。但是当三相异步电动机转动以后，转子的感应电动势及感应电流也就跟着发生变化，而不再与定子绕组中的电流频率相等，随之引起转子感应电动势、转子感抗、转子电流、功率因数等一系列的变化，下面分别进行讨论。

7.3.1 旋转磁场对定子绕组的作用

在三相异步电动机的三相定子绕组中通入三相交流电后，即产生旋转磁场。一般而言，旋转磁场按正弦规律变化，即

$$\Phi=\Phi_m\sin\omega t \tag{7-3}$$

旋转磁场以同步转速$n_0=\dfrac{60f_1}{p}$旋转，而定子绕组不动，因此定子绕组切割旋转磁场产生的感应电动势的频率与电源频率一样，也是f_1。定子绕组相当于变压器的一次绕组，产生的感应电动势为

$$E_1=4.44K_1f_1N_1\Phi_m \tag{7-4}$$

式中，E_1为定子绕组感应电动势的有效值，单位为V；K_1为定子绕组的绕组系数，$K_1<1$；f_1为定子绕组感应电动势的频率，单位为Hz；Φ_m为旋转磁场每极磁通的最大值，单位为Wb。

式（7-4）与变压器的感应电动势公式相比多了一个绕组系数K_1，这是因为变压器的绕组集中在一个铁心上，而在三相异步电动机中，同一绕组的线圈并不是集中嵌放在一个槽内。所以引入了一个系数K_1，K_1略小于1。

由于定子绕组本身的阻抗压降比电源电压要小得多，即可以近似认为电源电压U_1与感应电动势E_1相等，即

$$U_1 \approx E_1 = 4.44 K_1 f_1 N_1 \Phi_{\mathrm{m}} \tag{7-5}$$

旋转磁场不仅通过定子绕组，而且也与转子绕组相交链，下面分析旋转磁场对转子绕组的作用。

7.3.2 旋转磁场对转子绕组的作用

1. 转子电路中的频率

转子旋转后，因为旋转磁场和转子的相对转速为 $n_0 - n$，所以转子的频率为

$$f_2 = \frac{p(n_0 - n)}{60} = \frac{n_0 - n}{n_0}\frac{pn_0}{60} = sf_1 \tag{7-6}$$

可见，转子的频率 f_2 与转差率 s 有关，也与转子的转速 n 有关。

当转子不动时，$n=0$，$s=1$，则 $f_2 = f_1$。

当转子在额定负载时，$s=1\% \sim 6\%$，则 $f_2 = 0.5 \sim 3.0\mathrm{Hz}$（$f_1 = 50\mathrm{Hz}$）。

2. 转子绕组感应电动势 E_2 的大小

$$E_2 = 4.44 K_2 f_2 N_2 \Phi_{\mathrm{m}} = 4.44 K_2 s f_1 N_2 \Phi_{\mathrm{m}} \tag{7-7}$$

式中，E_2 为转子绕组感应电动势的有效值，单位为 V；N_2 为转子每相绕组的匝数。

当转子不动，即 $n=0$，$s=1$ 时，转子绕组的感应电动势为

$$E_{20} = 4.44 K_2 f_1 N_2 \Phi_{\mathrm{m}} \tag{7-8}$$

此时，转子绕组的感应电动势最大。

当转子转动时，由式（7-7）、式（7-8）知：

$$E_2 = sE_{20} \tag{7-9}$$

可见，转子绕组的感应电动势 E_2 与转差率 s 有关。

3. 转子绕组的感抗和阻抗

转子电路的感抗与转子频率 f_2 有关，感抗为

$$x_2 = 2\pi f_2 L_2 = 2\pi s f_1 L_2 \tag{7-10}$$

式中，x_2 为转子每相绕组的电抗，单位为 Ω；L_2 为转子每相绕组的电感，单位为 H。

当转子不动时，$s=1$，则 $x_{20} = 2\pi f_1 L_2$，此时感抗最大。在正常转动时，感抗为

$$x_2 = sx_{20} \tag{7-11}$$

所以转子的阻抗为

$$z_2 = \sqrt{R_2^2 + x_2^2} = \sqrt{R_2^2 + (sx_{20})^2} \tag{7-12}$$

由以上分析可见，转子的感抗和阻抗都与 s 有关。

4. 转子电路的电流和功率因数

转子每相绕组的电流 I_2 为

$$I_2 = \frac{E_2}{z_2} = \frac{sE_{20}}{\sqrt{R_2^2 + (sx_{20})^2}} \tag{7-13}$$

转子电路的功率因数 $\cos\varphi_2$ 为

$$\cos\varphi_2 = \frac{R_2}{z_2} = \frac{R_2}{\sqrt{R_2^2 + (sx_{20})^2}} \tag{7-14}$$

可见，转子的电流和功率因数也与 s 有关。

由上述分析可知，转子电路的各个物理量，如电动势、电流、频率、感抗及功率因数等都与转差率 s 有关，即与转子的转速 n 有关。

7.3.3 三相异步电动机的电磁转矩

电磁转矩 T 是三相异步电动机最重要的参数之一，电磁转矩是电动机拖动机械负载工作的转矩，是转子导体在旋转磁场中受安培力作用产生的。

从力学的角度讲，稳定运行时，电磁转矩 T 和负载转矩 T_L 必须平衡，即

$$T = T_L$$

而负载转矩 T_L 为机械负载转矩 T_2 和空载转矩 T_0 之和，即

$$T_L = T_2 + T_0$$

又空载转矩很小，所以

$$T_L \approx T_2$$

输出机械功率 P_2 与 T_2 之间的关系为

$$T_2 = \frac{P_2}{\Omega} = \frac{P_2}{\frac{2\pi n}{60}} = 9550\frac{P_2}{n} \tag{7-15}$$

式中，Ω 为电动机转轴的角速度，单位为 rad/s；P_2 为电动机的输出功率，单位为 kW；n 为电动机的转速，单位为 r/min。

从电学的角度讲，电磁转矩的大小与旋转磁场的磁通量 Φ_m 及转子电流 I_2 有关，三相异步电动机的转子不仅有电阻 R_2，而且还有感抗 x_2 存在，所以转子电流和感应电动势 E_2 之间存在着相位差 φ_2，于是转子电流可分解为有功分量 $I_2\cos\varphi_2$ 和无功分量 $I_2\sin\varphi_2$ 两部分。因为电磁转矩是衡量电动机做功能力的一个物理量，因此只有转子电流的有功分量 $I_2\cos\varphi_2$ 才能与旋转磁场作用产生电磁转矩。故三相异步电动机的电磁转矩也可以表示为

$$T = K_T\Phi_m I_2\cos\varphi_2 \tag{7-16}$$

式中，K_T 为决定于电动机结构的一个常数。

由以上分析可知，电磁转矩除与 Φ_m 成正比外，还与 $I_2\cos\varphi_2$ 有关。

由式（7-4）、式（7-13）及式（7-14）可知

$$\Phi_m = \frac{E_1}{4.44K_1f_1N_1} \approx \frac{U_1}{4.44K_1f_1N_1} \propto U_1$$

$$I_2 = \frac{sE_{20}}{\sqrt{R_2^2 + (sx_{20})^2}} = \frac{s(4.44K_2f_1N_2\Phi_m)}{\sqrt{R_2^2 + (sx_{20})^2}}$$

$$\cos\varphi_2 = \frac{R_2}{\sqrt{R_2^2 + (sx_{20})^2}}$$

将以上三式代入式（7-16），整理得

$$T = K\frac{sR_2U_1^2}{R_2^2 + (sx_{20})^2} \tag{7-17}$$

式中，K 是一个常数。

由以上各式可以看出，电磁转矩 T 与电源定子每相电压 U_1 的平方成正比，故电源电压的波动对电磁转矩影响较大。此外，电磁转矩还受转子感抗 x_{20} 和电阻 R_2 的影响。

7.3.4 三相异步电动机的机械特性

在式（7-17）中，当电源电压 U_1、感抗 x_{20} 和电阻 R_2 为定值时，电磁转矩 T 仅随转差率 s 而变化，即 $T=f(s)$，此曲线如图 7-13 所示。

为了更直接地说明三相异步电动机的运行特性，将曲线中 s 换成 n，然后把图 7-13 顺时针转 90°，再将轴下移即可得图 7-14，得到的 $n=f(T)$ 曲线称为三相异步电动机的机械特性曲线。

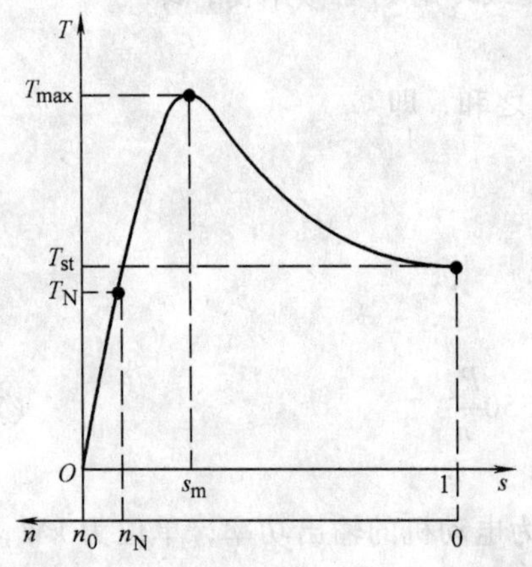

图 7-13 三相异步电动机的 $T=f(s)$ 曲线

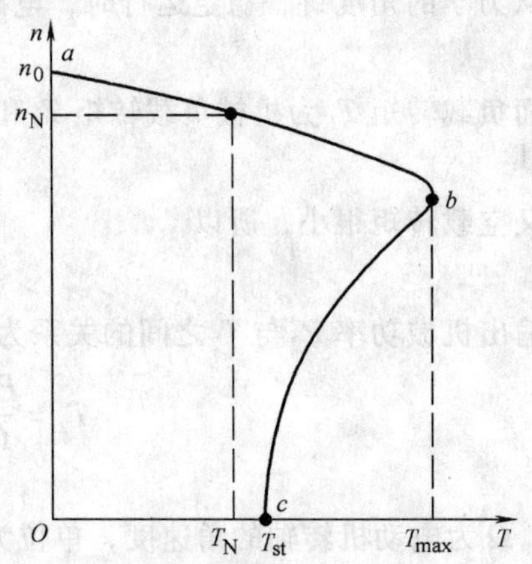

图 7-14 三相异步电动机的 $n=f(T)$ 曲线

在机械特性曲线中，有三个特殊的转矩、两个特殊的区域，下面分别讨论。

1. 三个特殊转矩

（1）额定转矩 T_N 额定转矩是电动机在额定负载时的负载转矩，此时对应的转差率为额定转差率 s_N，电动机的转速为额定转速 n_N。当三相异步电动机的负载转矩为额定转矩，即 $T_2=T_N$ 时，由式（7-15）得

$$T_N = 9550\frac{P_N}{n_N} \tag{7-18}$$

例如，前面铭牌所讲电动机（Y132M—4 型）的额定功率为 7.5kW，额定转速为 1440 r/min，则额定转矩为

$$T_N = 9550\frac{P_N}{n_N} = 9550 \times \frac{7.5}{1440}\text{N} \cdot \text{m} = 49.7\text{N} \cdot \text{m}$$

（2）最大转矩 T_{max} $T=f(s)$ 曲线上的转矩有一个最大值，称为最大转矩。由式（7-17）对 s 求导，且令 $\frac{dT}{ds}=0$，得

$$s_m = \frac{R_2}{x_{20}} \tag{7-19}$$

再将上式代入式（7-17），得

$$T_{max} = KU_1^2\frac{1}{2x_{20}} \tag{7-20}$$

由式（7-19）可以看出，产生最大转矩时的 s_m 与电源电压无关。由式（7-20）可以看出，T_{max} 的大小与电源的平方成正比，因此电源电压波动对电动机的最大转矩影响很大。

三相异步电动机的额定转矩 T_N 不能太接近最大转矩 T_{max}，否则由于电网电压 U_1 的降低而有可能使电动机的最大转矩 T_{max} 小于电动机轴上所带的负载转矩，从而使电动机停转。因此，一般 T_N 要比 T_{max} 小得多，它们的比值称为过载系数 λ，即

$$\lambda = \frac{T_{max}}{T_N} \tag{7-21}$$

一般电动机的 λ 值在 1.8～2.5 之间，特殊用途电动机的 λ 值可达 3.3～3.4。

（3）起动转矩 T_{st}　电动机刚起动（$n=0$，$s=1$）时的转矩称为起动转矩。将 $s=1$ 代入式（7-17），得

$$T_{st} = K\frac{R_2 U_1^2}{R_2^2 + x_{20}^2} \tag{7-22}$$

为使电动机转动起来，起动转矩 T_{st} 必须大于额定转矩 T_N。衡量起动转矩的大小，通常用它对额定转矩的比值 T_{st}/T_N 来表示，称为起动能力，用 λ_s 表示。三相异步电动机的起动能力一般为 1.1～1.8。

2. 两个特殊区域

（1）稳定区　在图 7-14 中的 ab 段，当电动机的负载转矩稍有变化时，电动机能够自动调节平衡，这一段称为稳定区。

因为在这一区域内，当负载转矩 T_L 增大时，在最初瞬间 $T<T_L$，所以它的转速会下降。由图 7-14 可知，电动机的转矩将增加，当电动机的转矩 $T=T_L$ 时，电动机在新的稳定状态下运行，这时转速较以前低。同时，电动机工作在这一时段，负载转矩变化时，电动机的转速变化很小，这也称电动机具有硬的机械特性。

（2）不稳定区　在图 7-14 中的 bc 段，当电动机的负载转矩稍有变化时，电动机自身不能调节平衡，这一段称为不稳定区。

因为在这一区域内，当负载转矩 T_L 增加时，在最初瞬间 $T<T_L$，所以它的转速会下降。随着转速的下降，由图 7-14 可知，电动机的转矩将减小，使 T 与 T_L 的差距越来越大，最后使电动机停车。

7.4　三相异步电动机的运行

三相异步电动机的运行是指电动机由起动到制动的整段过程。其中包括起动、调速和制动三个环节，下面分别来讨论。

7.4.1　三相异步电动机的起动

电动机的起动是指电动机从接入电网开始转动到正常运行为止的这一过程。

电动机在刚起动时，由于旋转磁场相对于转子有很大的相对转速，因此转子电路中的感应电动势和产生的感应电流很大，I_2 一般为额定工作时转子电流的 5～8 倍。和变压器的原理一样，转子电流增大，定子电流也必然增大，定子电流增大为其额定值的 4～7 倍。例如 Y132M—4 型电动机的额定电流为 15.4A，起动电流与额定电流的比值为 6，则起动电流为 15.4A×6=92.4A。

当电动机不是频繁起动时，起动电流对电动机本身影响不大，因为起动电流虽大，但时

间很短（小型电动机约为 1 ~ 3s），从绕组发热角度考虑，问题不大。但对于频繁起动的电动机，起动电流大，会使定子绕组发热，造成绝缘老化，缩短电动机的使用寿命。

对于大型的三相异步电动机，若起动电流大，则过大的电流会在线路上造成较大的电压降，从而使负载端电压下降，影响邻近负载的正常工作。

另外，三相异步电动机在起动时，虽然转子电流很大，但转子回路漏感抗 x_{20} 也很大，转子功率因数 $\cos\varphi_2$ 很低。由式（7-16）知，起动转矩也不大。

由上述分析可知，三相异步电动机起动时的主要问题是起动电流较大。为减小起动电流，同时要获得适当的起动转矩，必须采用适当的起动方法。对笼型异步电动机，常用的起动方法有两种，即直接起动和减压起动。而对绕线式异步电动机，常采用转子电路外串电阻的方法来改善起动性能，这里不做详解。

1. 直接起动

所谓直接起动，即是将电动机的定子绕组直接接到额定电压的电网上来起动电动机。这种起动方法的主要优点是简单、方便、经济和起动时间短。它的主要缺点是起动电流对电网影响较大，影响其他负载的正常工作。

某台电动机能否正常起动，应视电网的容量（变压器的容量）、起动次数、电网允许干扰的程度及电动机的形式等许多因素决定。通常认为满足以下条件之一者可直接起动：

1）容量在 7.5kW 以下的三相异步电动机可直接起动。

2）电动机在起动瞬间造成的电网电压降不大于电网电压正常值的10%，对于不经常起动的电动机可放宽到 15%。

3）也可以用下面的经验公式来粗略估计电动机是否可直接起动。

$$\frac{I_{st}}{I_N} \leqslant \frac{3}{4} + \text{变压器容量(千伏安)}/4 \times \text{电动机功率(千瓦)} \tag{7-23}$$

若电动机的起动电流倍数（I_{st}/I_N）满足上式即可直接起动。

2. 减压起动

减压起动就是将电源电压通过一定的电气专用设备，使电源电压降低后再通入电动机绕组中，以减小电动机起动电流的起动方法。三相笼型异步电动机的减压起动常用下面几种方法。

（1）星形/三角形起动　如果电动机在工作时其定子绕组是连接成三角形的，那么在起动时，可把它连接成星形，等到转速接近额定值时再换接成三角形，如图 7-15 所示。

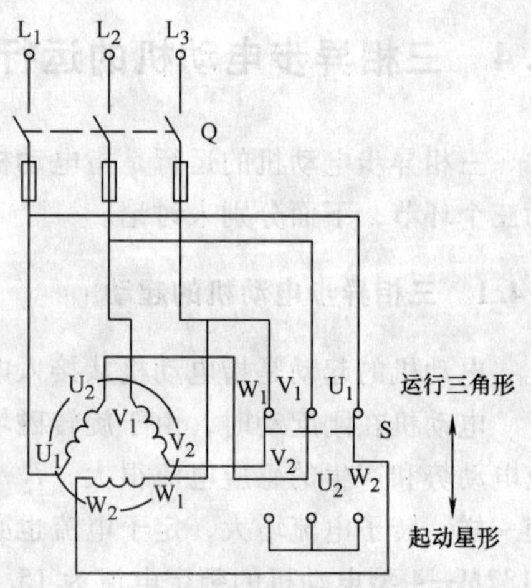

图 7-15　三相异步电动机的星形/三角形起动电路接线图

设电源的线电压为 U_1，电动机定子每相绕组的阻抗为 Z。当电动机的定子绕组接成星形起动时，每相绕组所加的电压为$\frac{U_1}{\sqrt{3}}$，如图 7-16a 所示。起动电流为

$$I_{1Y} = I_{pY} = \frac{U_1/\sqrt{3}}{|Z|} = \frac{U_1}{\sqrt{3}|Z|} \tag{7-24}$$

如果电动机的定子绕组接成三角形起动，那么

每相绕组的电压为 U_1，如图 7-16b 所示。此时起动电流为

$$I_{1\triangle}=\sqrt{3}I_{p\triangle}=\sqrt{3}\frac{U_1}{|Z|}=\frac{\sqrt{3}U_1}{|Z|} \tag{7-25}$$

两种连接方法的起动电流的比值为

$$\frac{I_{1Y}}{I_{1\triangle}}=\frac{1}{3} \tag{7-26}$$

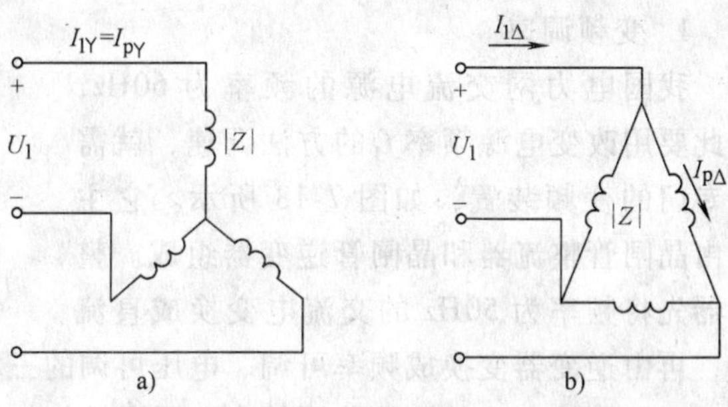

图 7-16　比较星形/三角形联结时的起动电流

即采用此降压法时，起动电流是工作电流的 1/3。

由式（7-22）知，起动转矩正比于电压的平方值，所以起动转矩为

$$T_{stY}=K\left(\frac{U_1}{\sqrt{3}}\right)^2=\frac{1}{3}KU_1^2=\frac{1}{3}T_{st\triangle} \tag{7-27}$$

即起动转矩也降为直接起动时的 1/3。

星形/三角形起动结构简单，体积小，成本低，动作可靠。目前 100kW 以下的三相异步电动机大都设计为星形/三角形联结，因此星形/三角形起动得到广泛应用。

（2）自耦变压器起动　自耦变压器起动是利用三相自耦变压器来降低加在三相异步电动机定子绕组上的端电压，其原理如图 7-17 所示。自耦变压器起动时，先将开关 Q_2 扳到“起动”位置，当电动机转速接近额定值时，再将开关 Q_2 扳到“工作”位置，切除自耦变压器。

自耦变压器备有抽头，以便得到不同的电压（例如为电源电压的 73%、64%、55%），根据对起动转矩的要求选用。

自耦变压器起动适用于大容量的或正常运行时连成星形，而不能采用星形/三角形起动器的鼠笼式三相异步电动机。

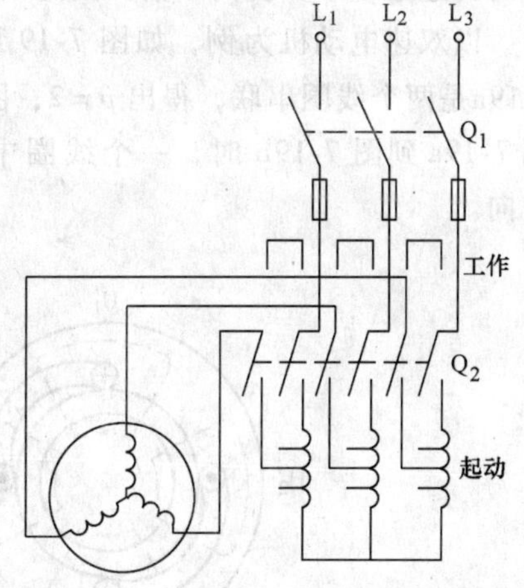

图 7-17　自耦变压器起动接线图

另外，还有延边三角形减压起动，在本书中不做祥讲。

7.4.2　三相异步电动机的调速

为满足生产需要，三相异步电动机需进行调速，调速就是用人为的方法改变三相异步电动机的转速。

由三相异步电动机的转差率公式可得到三相异步电动机的转速，为

$$n=(1-s)n_0=(1-s)\frac{60f_1}{p} \tag{7-28}$$

由上式可以看出，要想改变三相异步电动机的转速，有三种方法：①改变电源的频率 f_1。②改变定子绕组的磁极对数 p。③改变转差率 s。下面分别讨论。

1. 变频调速

我国电力网交流电源的频率为 50Hz，因此要用改变电源频率 f_1 的方法调速，就需要专门的变频装置，如图 7-18 所示。它主要由晶闸管整流器和晶闸管逆变器组成。整流器先将频率为 50Hz 的交流电变换成直流电，再由逆变器变换成频率可调、电压可调的三相交流电，供给三相异步电动机调速之用。

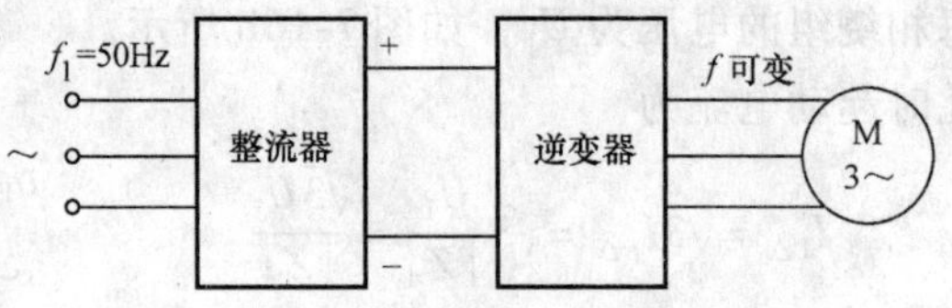

图 7-18 变频调速装置

这种调速方法的调速范围较大，平滑性好，可达到无级调速，并且机械特性较硬。但是需要专门的变频设备，价格较高。

2. 变极调速

在设计三相异步电动机时，必须做到转子绕组的磁极对数和定子绕组的磁极对数一致。而三相笼型异步电动机转子绕组的磁极对数能自动随定子绕组的磁极对数的改变而改变，具有很好的跟随性，所以笼型三相异步电动机可做成多速电动机。

由式 $n_0=\dfrac{60f_1}{p}$ 可知，如果磁极对数 p 减小一半，那么旋转磁场的转速 n_0 将提高一倍，转子的转速也差不多提高一倍。因此改变 p 可以得到不同的转速。

以双速电动机为例，如图 7-19 所示，把 U 相绕组分成两半：线圈 $U_1'U_2'$ 和 $U_1''U_2''$，图 7-19a 是两个线圈串联，得出 $p=2$；图 7-19b 是两个线圈并联，得出 $p=1$。在换极时，即由图 7-19a 到图 7-19b 时，一个线圈中的电流方向不变，而另一个线圈中的电流必须改变方向。

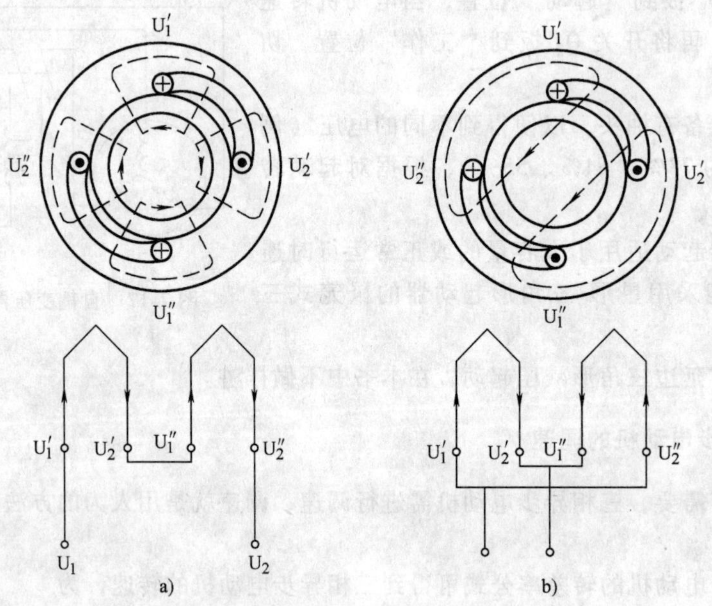

图 7-19 改变磁极对数 p 的调速方法

变极调速方法比较经济、简便，其缺点是有级调速。

3. 变转差率调速

变转差率调速适用于绕线式三相异步电动机。转子电路外串电阻后，转子电流 I_2 以及电磁转矩 T 都相应减小。此时 $T < T_L$（负载转矩），电动机减速。转差率由 s 增加到 s'，转子中的感应电动势由 sE_{20} 增加到 $s'E_{20}$，于是转子电流 I_2 与电磁转矩 T 又增加，直到 $T = T_L$，电动机在一个新的转差率 s' 下达到平衡。

转子电路串接电阻时，调速消耗电能较多，不经济，且机械特性软。

7.4.3 三相异步电动机的制动

三相异步电动机的定子绕组在脱离电源后，由于机械惯性作用，需要较长的时间才能停止下来。而实际生产中，生产机械往往要求电动机快速、准确地停车，因此需采用一定的制动方法。通常采用的制动方法有机械制动和电气制动两种。所谓电气制动，就是使三相异步电动机所产生的电磁转矩与转子的转动方向相反，使电动机尽快停车。三相异步电动机所产生的电磁转矩成为制动转矩。三相异步电动机的制动通常采用以下几种方法。

1. 能耗制动

当三相异步电动机脱离三相电源时，在两相定子绕组上接入一个直流电源，如图 7-20 所示。直流电源在定子绕组中产生一个固定磁场，转子由于惯性作用继续沿原来的方向转动，这时转子绕组中产生感应电动势，并产生感应电流。转子中的感应电流在静止磁场中受安培力作用，从而产生与转动方向相反的转矩，即制动转矩，使电动机减速而很快停车。因为这种制动方法是将动能转变为电能，并消耗在转子回路的电阻上，故称为能耗制动。能耗制动的优点是制动力较强，制动较平稳，对电网的影响较小，但需要直流电源。

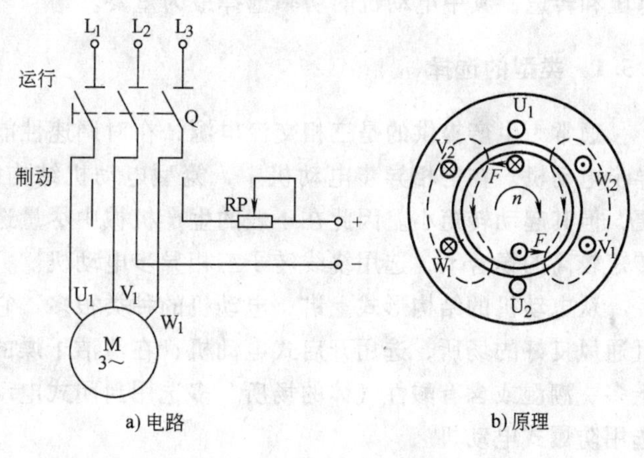

图 7-20 能耗制动

2. 反接制动

反接制动的电路及原理如图7-21所示。当电动机停车时，将接到电源的三根导线中的任意两根对调，旋转磁场立刻反向，转子中的感应电动势和感应电流也都反向，产生的电磁转矩与转子的原转动方向相反，因而是制动转矩，使电动机迅速停车。需要注意的是：当电动机的转速接近零时，应立即切断电源，以免电动机反

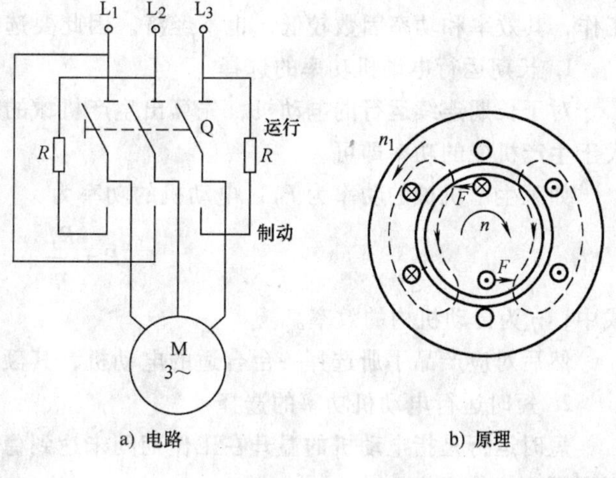

图 7-21 反接制动

转。在反接制动时，旋转磁场与转子的相对转速（n_0+n）很大，感应电动势和感应电流也很大，故要在转子电路中串入足够大的电阻。反接制动方法简单，制动迅速，但能量消耗大。

3. 回馈制动

当三相异步电动机的转速 n 超过旋转磁场 n_0时，转子相对于旋转磁场的相对速度方向相反，因此产生的感应电动势和感应电流也反向，使转子受到反向的安培力，产生制动转矩，使电动机停车。

7.5 三相异步电动机的选择

选择三相异步电动机应该从实用、经济与安全的原则出发，正确地选择其类型、功率、电压和转速，其中电动机的功率选择最为重要。

7.5.1 类型的选择

通常为生产提供的是三相交流电源，在对调速性能无特殊要求的情况下，一般选用三相异步电动机。在三相异步电动机中，笼型电动机结构简单，价格低廉，工作可靠，维修方便，但其起动转矩小。因此在一般的生产机械中尽量选择笼型三相异步电动机。在要求起动转矩较高的场合下，选用绕线转子三相异步电动机。

从电动机的结构形式上讲，电动机的种类很多，它们的工作环境也不相同。在干燥无尘且通风良好的场所，选用开启式电动机；在清洁干燥的环境中，也可用防护式电动机；在尘土多、潮湿或含有酸性气体的场所，多选用封闭式电动机；在有易燃、易爆气体的场所，宜选用防爆式电动机。

7.5.2 功率的选择

电动机功率的大小是由生产机械决定的。如果功率选得过小，就不能保证电动机可靠地运行，甚至严重过载而烧毁；如果功率选得过大，则设备费用增加，且电动机经常在欠载下工作，其效率和功率因数较低，也不经济。因此要选择合适的功率。

1. 长期运行电动机功率的选择

对于长期连续运行的电动机，先算出生产机械的功率，所选电动机的额定功率等于或稍大于生产机械的功率即可。

如某生产机械的功率为 P_1，电动机的功率为

$$P=\frac{P_1}{\eta} \tag{7-29}$$

式中，η 为传动机构的效率。

然后对应产品手册选择一台合适的电动机，其额定功率 $P_N \geqslant P$。

2. 短时运行电动机功率的选择

短时运行是指电动机的温升在工作期间未达到稳定值，当停止运转时，电动机再度冷却到周围环境的温度。

在选择电动机时，如果没有合适的专为短时运行设计的电动机，可选长期运行的电动

机。此时，电动机允许过载，过载系数为 λ，工作时间越短，则过载可以越大，但过载量不能无限增大。电动机功率选择为 $P \geqslant P_1/\lambda$（λ 为过载系数）。

7.5.3 电压和转速的选择

三相异步电动机电压的选择要与供电电压一致，一般中、小型交流电动机的额定电压为380V，只有大型电动机（功率大于100kW），可根据条件和技术选用3kV、6kV高压。由式(7-15)知，额定功率相同的电动机，转速越高，磁极对数越少，体积也越小，价格也越低，但是电动机是用来拖动生产机械的，而生产机械的转速一般是由生产工艺的要求所确定的。因此选择时应使电动机的转速尽可能地接近生产机械的转速。

通常生产机械的转速不低于500r/min，因此，在一般情况下都选用四极三相异步电动机，即选用同步转速 $n_0 = 1500$r/min 的电动机。

7.6 单相异步电动机

由单相交流电源供电的异步电动机，称为单相异步电动机。它常被用于小功率鼓风机、电动工具、搅拌器、砂轮、电风扇和家用电器等。单相异步电动机的转子多半是笼型的。定子铁心也是采用硅钢片冲压而成的，定子绕组分为两种：分布在定子铁心槽内的称为隐极式和集中放在铁心上的称为凸极式。与三相异步电动机的工作情况相比，单相异步电动机有许多不同之处。下面讨论其工作原理、起动方法及运行情况。

7.6.1 单相异步电动机的脉动磁场

单相异步电动机的定子绕组接上交流电源之后，将会产生一个随时间交变的脉动磁场。根据右手螺旋定则，可以画出该磁场的分布，如图7-22a所示。该磁场的轴线即为定子绕组的轴线，在空间保持固定位置。每一瞬时空气隙中各点的磁感应强度按正弦规律分布，同时随电流在时间上作正弦交变，如图7-22b所示。

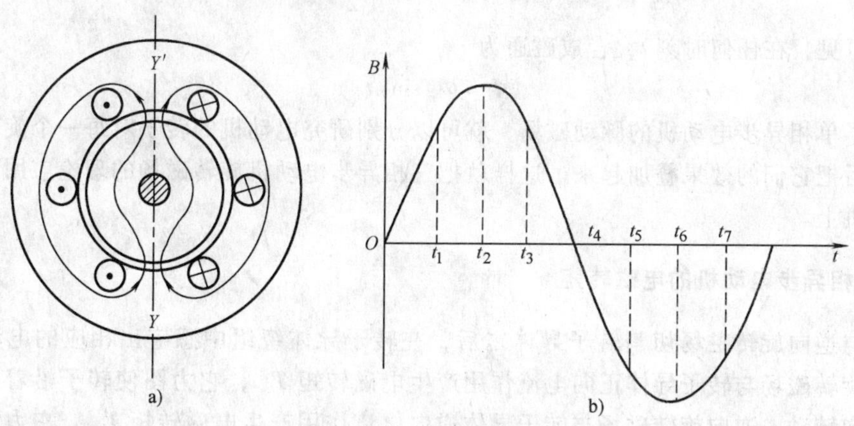

图7-22 单相异步电动机的脉动磁场

可见，单相异步电动机中的磁场与三相异步电动机是不同的。但是，一个脉动磁场可以分解成两个大小相等、旋转速度相同、而转向相反的旋转磁场。每个旋转磁场的磁通为原幅

值的一半，即

$$\Phi_{1m}=\Phi_{2m}=\frac{1}{2}\Phi_m \tag{7-30}$$

假设 Φ_{1m} 与电动机旋转方向一致，称为正向旋转磁场；Φ_{2m} 与电动机旋转方向相反，称为逆向旋转磁场，其原理如图 7-23 所示。图中表明了在不同瞬时两个转向相反的旋转磁场的幅值在空间的位置，以及由它们合成的脉动磁场随时间而交变的情况。

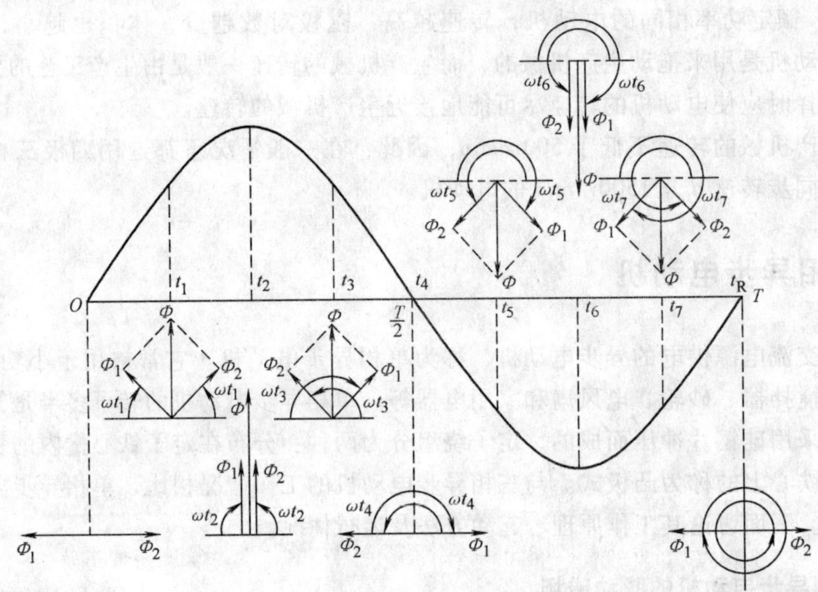

图 7-23　脉动磁场的分解

在 $t=0$ 时，两个旋转磁场的矢量 Φ_1 和 Φ_2 大小相等，方向相反，故其合成磁场 $\Phi=0$，到 $t=t_1$ 时，Φ_1 和 Φ_2 按相反的方向各在空间转过 ωt_1 角度，故其合成磁通为

$$\Phi=\Phi_{1m}\sin\omega t_1+\Phi_{2m}\sin\omega t_1=2\times\frac{\Phi_m}{2}\sin\omega t_1=\Phi_m\sin\omega t_1$$

由此可见，在任何时刻 t，合成磁通为

$$\Phi=\Phi_m\sin\omega t \tag{7-31}$$

分析了单相异步电动机的脉动磁场，就可以分别研究电动机的转子对每一个旋转磁场的反应，然后把它们的效果叠加起来。这样就把三相异步电动机旋转磁场的理论应用到了单相异步电动机上。

7.6.2　单相异步电动机的电磁转矩

正向与逆向旋转磁场切割转子导体之后，在转子导体绕组中感应出相应的电动势和电流。正向旋转磁场与转子导体正向电流作用产生电磁转矩 T_+，它力图使转子沿着正向旋转磁场的方向转动。逆向旋转磁场与转子导体逆向电流作用产生电磁转矩 T_-，它力图使转子沿着反向旋转磁场转动的方向旋转。当单相异步电动机的转子静止不动时，两旋转磁场的转差率都等于 1（s_+，s_-），即此时的正向和逆向旋转磁场对转子绕组感应出相同的电动势和电流，产生的电磁转矩 T_+ 和 T_- 大小相等、方向相反，合成的电磁转矩为零。也就是说，单相异步电动机的起动转矩为零，它不能自行起动，这是单相异步电动机的特殊点。

假设用某种方法使单相异步电动机的转子朝着正方向转动一下，那么正向和逆向旋转磁场切割转子导体的速度就不相同了，在转子中感应的电动势和电流也不相同，此时转子对两个旋转磁场的反应也不相同。设转子的转速为 n_2，对正向旋转磁场而言，转子的转差率 s_+ 为

$$s_+ = \frac{n_0 - n}{n_1} = s < 1 \tag{7-32}$$

对反向旋转磁场而言，由于它的转速为 $-n_1$，所以转子的转差率为

$$s_- = \frac{-n_0 - n}{-n_0} = 2 - \frac{n_0 - n}{n_0} = 2 - s_+ > 1 \tag{7-33}$$

即反向旋转磁场与转子间的相对转速较大，因此，反向旋转磁场在转子中产生的感应电动势较大。转子电流的频率为

$$f_2 = s_2 f_1 = (2 - s_+) f_1 \approx 2f_1 \tag{7-34}$$

近似为电源频率的 2 倍。由此可见，在此频率下，转子的电抗比较大，而决定电磁转矩大小的 $I_2\cos\varphi_2$ 则较小。因此，逆向旋转磁场产生的电磁转矩 T_- 较小。故正、逆两旋转磁场与转子电流作用产生的电磁转矩 $T_+ > T_-$，其方向相反，如图 7-24 所示（对应第一、四象限部分曲线）。将正向电磁转矩和逆向电磁转矩合成，得合成电磁转矩为

$$T = T_+ - T_- \tag{7-35}$$

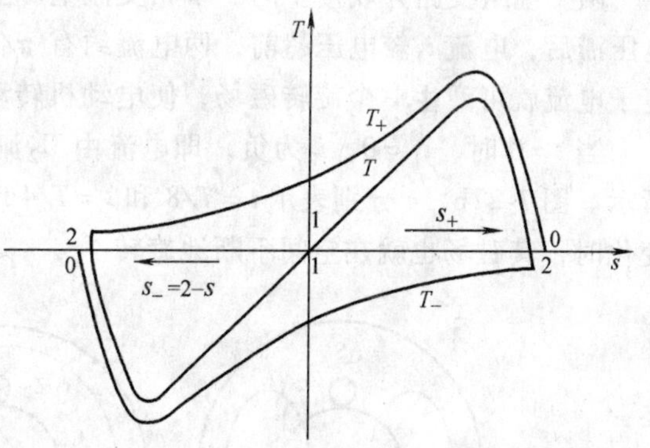

图 7-24　单相异步电动机的“T-s”曲线

在这个合成电磁转矩 T 的作用下，转子才可以继续转下去。如果该电动机带某恒定负载，则其转速将上升至负载转矩与电磁转矩相平衡，使该电动机进入稳定运行的状态。这里，T_+ 是驱动转矩，T_- 为阻转矩。

若使电动机反向起动，则 $S_- < 1$，$S_+ > 1$（对应图 7-24 中的第二、三象限部分曲线），这时 $T < T_+$，$T \neq 0$，转子按反方向加速直到负载转矩与电磁转矩相平衡，电动机进入稳定运行状态。

7.6.3　单相异步电动机的起动

从单相异步电动机电磁转矩的分析可知，它的起动转矩为零。要想在合上电源时，能够自行起动，必须设法产生一个旋转磁场，解决起动转矩为零的问题。单相异步电动机的起动方法与电动机的类型有关。

1. 电容分相电动机的起动

为了产生一个旋转磁场，在单相异步电动机的定子上绕制了两个在空间相差 90° 的绕组。一个是主绕组 U_1U_2（又称工作绕组），匝数多；另一个是辅助绕组 Z_1Z_2（又称起动绕组），匝数少，与一个大小适当的电容 C 串联。图 7-25 所示是电容分相电动机的原理图。

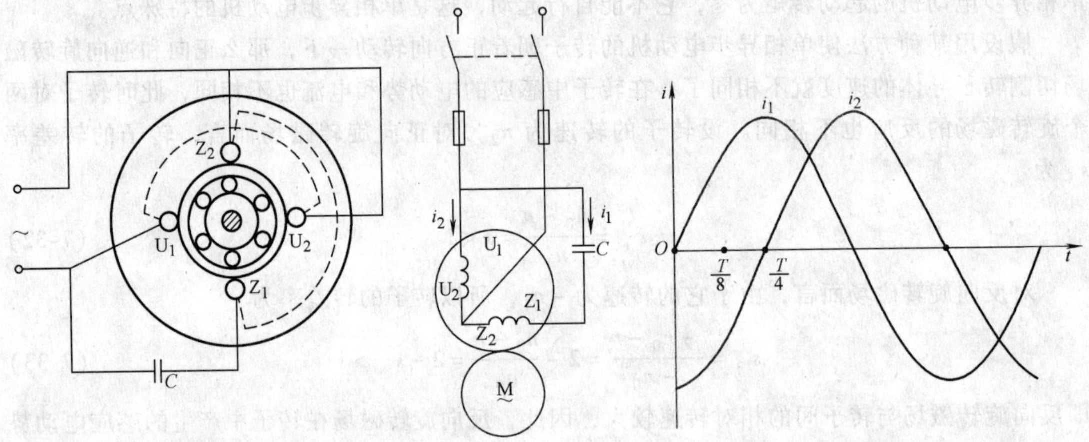

图 7-25　电容分相电动机的原理图　　　图 7-26　两绕组支路的电流

两个绕组支路并联接于同一单相交流电源上，各支路分别流过一交流电流，但电流 i_2 较电压滞后，电流 i_1 较电压超前，两电流约有 π/2 的相位差，如图 7-26 所示，此时电动机的定子电流就可产生一个旋转磁场，使电动机转动。

当 $t=0$ 时，$i_1=0$，i_2 为负，即电流由 U_2 流进，由 U_1 流出，此时的磁场方向如图 7-27a 所示。图 7-27b、c 分别表示 $t=T/8$ 和 $t=T/4$ 时的磁场情况。由图可见，当电流不断随时间变化时，其磁场也就在空间不断地旋转。

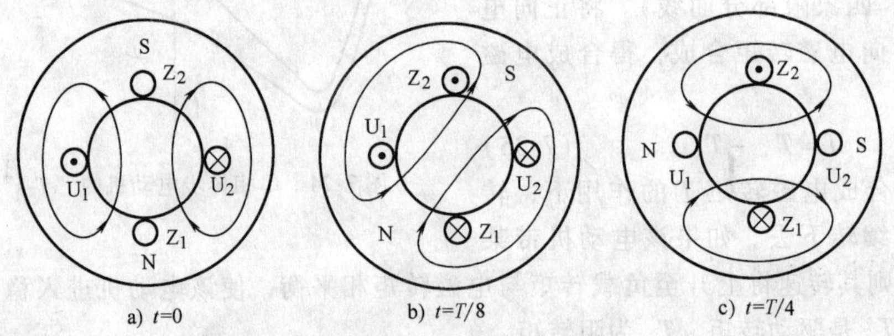

图 7-27　单相异步电动机的旋转磁场

笼型转子在旋转磁场的作用下，就跟着旋转磁场沿同一方向转动起来。

可以看到，单相异步电动机在起动之前，必须使辅助绕组支路接通，否则电动机不能起动。但在起动后，即使把辅助绕组支路断开，电动机仍可继续转动。也就是说，电动机在起动以后，辅助绕组支路可合也可断。

因此，电容分相电动机有两种类型。一种是在辅助绕组支路中，串接一个离心式开关 S（也称甩子开关），它与电动机装在同一轴上。起动时，转子转速较低，离心开关受弹簧压力的作用是闭合的，即辅助绕组支路是接通的。当电动机转速升高到接近额定转速时，离心式开关所受的离心力大于弹簧的压力，开关的触点分断，切断辅助绕组支路，电动机靠主绕组的作用正常运行。这种电动机称为电容起动式单相异步电动机。

另一种电容分相电动机，则没有装设离心式开关，辅助绕组支路在起动时和起动后都是接通的。这种电动机称为电容运转式单相异步电动机。

2. 罩极式单相异步电动机的起动

罩极式单相异步电动机的结构如图 7-28 所示。单相绕组套在磁极上，极面的一边开有小槽，小槽中安放短路铜环，把磁极的部分面积（约有 1/3）罩起来。利用磁极面上的罩极短路环，通过磁通变化时产生的感应电流来阻止被罩部分磁通的变化，使之滞后于其他部分工作磁通的变化，从而在极面上形成磁通的位移，即形成旋转磁场，使电动机起动。

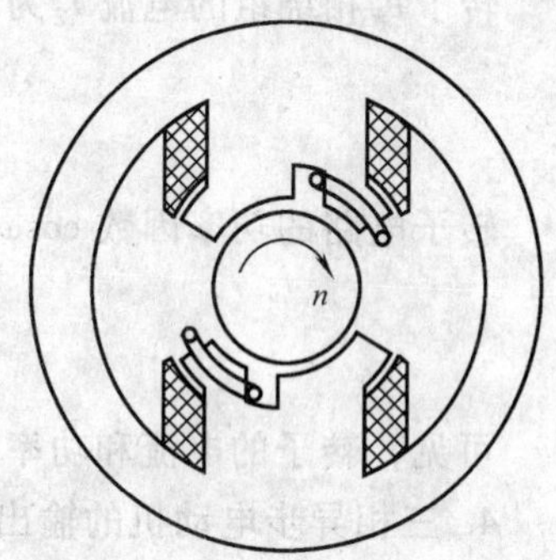

图 7-28　罩极式单相异步电动机结构示意图

7.6.4　三相异步电动机的单相运行

三相异步电动机在起动时，若由于某种原因，定子的一相绕组断路，则电动机将不能起动。如果电动机在运行过程中其一相断开，则电动机继续旋转，即成为三相异步电动机的单相运行。如果此时负载轻，电动机能继续工作，但能听到电动机噪声加大。如果电动机带有额定负载，这势必导致其他两相电路中的电流剧增，超过额定电流，时间长了，将导致电动机绕组过热，甚至烧毁。为了防止这一现象的产生，在使用三相异步电动机时，三相定子绕组要分别串接熔断器并加过载保护，要特别注意三相异步电动机在运转时有无一相熔丝烧断的现象。

小　结

1. 三相异步电动机的基本结构主要包括定子和转子两部分。

2. 三相异步电动机的工作原理是在对称三相定子绕组中通入三相正弦交流电后，在电动机的内部产生了旋转磁场，在转子导体中产生了感应电动势。由于转子构成闭合回路，故在此电动势作用下，转子导体内有电流流过，方向和电动势的方向相同。此带电转子导体在磁场中受安培力作用，从而产生同旋转磁场的转向一致的电磁转矩，因此，转子就顺着旋转磁场的方向转动起来。但是，三相异步电动机转子的转速永远要小于旋转磁场的转速 n_0。这就是三相异步电动机名称的由来。而旋转磁场的转速则称为同步转速。

3. 电动机的转子转动时，各物理量与转差率的关系：

转子电路中的频率为

$$f_2 = \frac{p(n_0 - n)}{60} = \frac{n_0 - n}{n_0}\frac{pn_0}{60} = sf_1$$

转子绕组感应电动势 E_2 的大小为

$$E_2 = 4.44K_2N_2f_2\Phi_m = 4.44K_2N_2sf_1\Phi_m$$

$$E_2 = sE_{20}$$

转子的感抗为

$$x_2 = 2\pi f_2L_2 = 2\pi sf_1L_2$$

$$x_2 = sx_{20}$$

转子的阻抗为

$$z_2 = \sqrt{R_2^2 + x_2^2} = \sqrt{R_2^2 + (sx_{20})^2}$$

由以上分析可见，转子的感抗与阻抗都与 s 有关。

转子每相绕组的电流 I_2 为

$$I_2 = \frac{E_2}{z_2} = \frac{sE_{20}}{\sqrt{R_2^2 + (sx_{20})^2}}$$

转子电路的功率因数 $\cos\varphi_2$ 为

$$\cos\varphi_2 = \frac{R_2}{z_2} = \frac{R_2}{\sqrt{R_2^2 + (sx_{20})^2}}$$

可见，转子的电流和功率因数也与 s 有关。

4. 三相异步电动机的输出机械功率 P_2 与 T_2 之间的关系为

$$T_2 = \frac{P_2}{\Omega} = \frac{P_2}{\dfrac{2\pi n}{60}} = 9550\frac{P_2}{n}$$

5. 三相异步电动机的机械特性曲线

$$T = K\frac{sR_2U_1^2}{R_2^2 + (sx_{20})^2}$$

在特性曲线中有三个特殊的转矩、两个特殊区域。

三个特殊转矩：

(1) 额定转矩 T_N　额定转矩是电动机在额定负载时的负载转矩。

$$T_N = 9550\frac{P_N}{n_N}$$

(2) 最大转矩 T_{max}　由 $T=f(s)$ 曲线可知，转矩有一个最大值，称为最大转矩。

$$T_{max} = Ku_1^2\frac{1}{2x_0}$$

$$\lambda = \frac{T_{max}}{T_N}$$

(3) 起动转矩 T_{st}　电动机刚起动 ($n=0$，$s=1$) 时的转矩称为起动转矩。

$$T_{st} = K\frac{R_2U_1^2}{R_2^2 + x_{20}^2}$$

两个特殊的区域：

(1) 稳定区　电动机的负载转矩稍有变化时，电动机能够自动调节平衡，这一段称为稳定区。

(2) 不稳定区　当电动机的负载转矩稍有变化时，电动机自身不能调节平衡，这一段称为不稳定区。

6. 三相异步电动机的起动是指电动机从接入电网开始转动到正常运行为止的这一个过程，包括直接起动和减压起动。

7. 调节三相异步电动机的转速有三种方法：①改变电源的频率 f_1。②改变定子绕组的磁极对数 p。③改变转差率 s。

8. 制动就是使三相异步电动机所产生的电磁转矩与转子的转动方向相反，使电动机快速停车，包括能耗制动、反接制动和回馈制动等三种方法。

9. 三相异步电动机的选择主要包括类型选择、功率选择、电压和转速的选择。

10. 单相异步电动机是指单相交流电源供电的异步电动机。通电以后产生脉动磁场，单相异步电动机的起动转矩为零，它不能自行起动，这是单相异步电动机的特殊点。为了使单相异步电动机能够自行起动，必须设法产生一个旋转磁场，解决起动转矩为零的问题。单相异步电动机的起动方法与电动机的类型有关，它主要包括电容分相电动机和罩极式单相异步电动机两种类型。

习题 7

7-1 三相笼型异步电动机主要由哪些部分组成？各部分的作用是什么？

7-2 什么是旋转磁场？旋转磁场的方向如何改变？

7-3 试说明三相异步电动机的工作原理。为什么称为三相异步电动机？

7-4 Y—160M—2 型三相异步电动机的额定转速 $n_N = 2930\text{r/min}$，$f_1 = 50\text{Hz}$，$2p = 2$，求转差率 s_N。

7-5 两台三相异步电动机，额定功率都是 $P_N = 40\text{kW}$，而额定转速 $n_{1N} = 2960\text{r/min}$，$n_{2N} = 1460\text{r/min}$，求对应的额定转矩分别为多少？试说明为什么这两台电动机的功率一样，但在轴上产生的转矩却不同。

7-6 某三相异步电动机的额定电压 $U_N = 380\text{V}$，额定电流 $I_N = 6.5\text{A}$，额定功率 $P_N = 3\text{kW}$，功率因数 $\cos\varphi_2 = 0.86$，额定转速 $n_N = 1430\text{r/min}$，频率 $f_1 = 50\text{Hz}$，求该电动机对应的效率、转矩和定子绕组的磁极对数。

7-7 某三相异步电动机 $P_N = 4\text{kW}$，$U_N = 380\text{V}$，$n_N = 2920\text{r/min}$，$\eta = 0.87$，$\cos\varphi_2 = 0.88$，$\lambda = 2.2$，求额定转矩、最大转矩和额定电流各为多少？

7-8 三相异步电动机的起动方法有哪些？各有什么优缺点？

7-9 什么是三相异步电动机的调速？对三相笼型异步电动机有哪几种调速方法？比较其优缺点。

7-10 三相异步电动机的电气制动有哪几种方法？

7-11 单相异步电动机为什么要有起动绕组？试述电容式单相异步电动机的起动原理。

第8章　直流电动机

本章导读：

直流电动机较交流电动机而言，结构较复杂，使用维护比较麻烦，价格也比较高。但是直流电动机的起动转矩大，调速范围宽，且具有平滑的调速性能，因此在电车、电气机车、轧钢机和起重机械中得到广泛应用。

本章学习要求：

1）了解直流电动机的结构。

2）掌握直流电动机的工作原理。

3）掌握直流电动机的机械特性。

4）掌握直流电动机起动、调速、反转和制动的方法。

8.1　直流电动机的结构、工作原理及其励磁方式

8.1.1　直流电动机的结构

图8-1所示是直流电动机的内部结构图。

图8-2所示是直流电动机的主要部件。

直流电动机由静止部分和转动部分两大部分构成。

1. 静止部分

静止部分又称定子，主要由主磁极、换向磁极、机座、端盖、轴承和电刷装置等部分构成。

（1）主磁极　由主磁极铁心和励磁绕组组成。励磁绕组通以励磁电流产生主磁场，它的铁心一般用薄硅钢片冲制而成，用螺钉固定在机座内壁上。

（2）换向磁极　由换向磁极铁心和绕组构成，位于两主磁极之间，是比较小的磁极。它的作用是产生换向磁场，以改善电动机的换向条件，减小电刷与换向器表面的接触火花。

（3）机座　是电动机的支撑部件，用以固定主磁极、换向磁极和端盖。它也是主磁路的一部分，用导磁性能较好的铸钢制成。

2. 转动部分

转动部分主要由电枢铁心、电枢绕组、换向器、转轴和风扇等部件构成。

电枢铁心的作用是固定电枢绕组，使用时也是主磁通、磁路的一部分。电枢铁心用相互绝缘的薄硅钢片冲制而成，如图8-3所示。整个铁心固定在转轴上，与转轴一起旋转。

（1）电枢绕组　由许多线圈组成，按一定的规律嵌放在电枢铁心的槽内并与换向器相

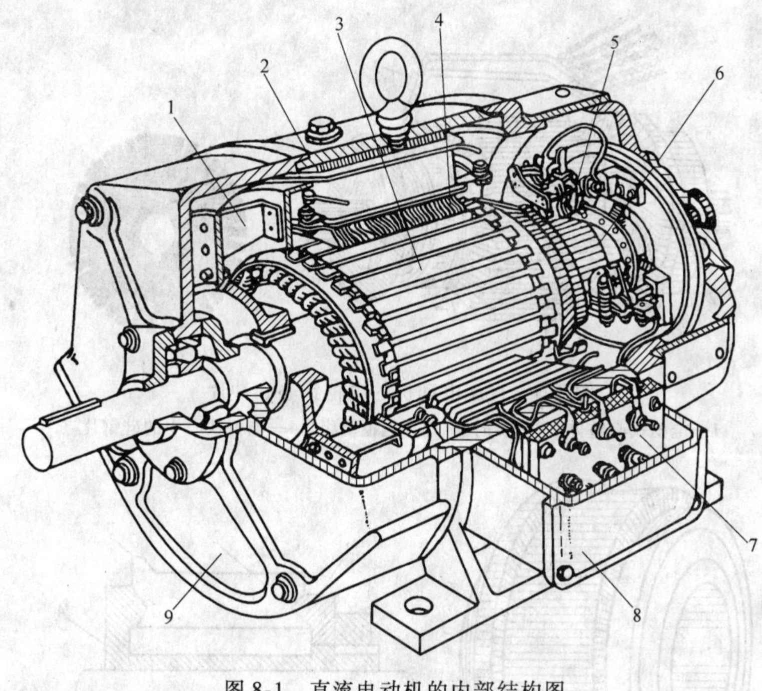

图 8-1 直流电动机的内部结构图

1—风扇 2—机座 3—电枢 4—磁极 5—刷架 6—换向器 7—接线板 8—出线盒 9—端盖

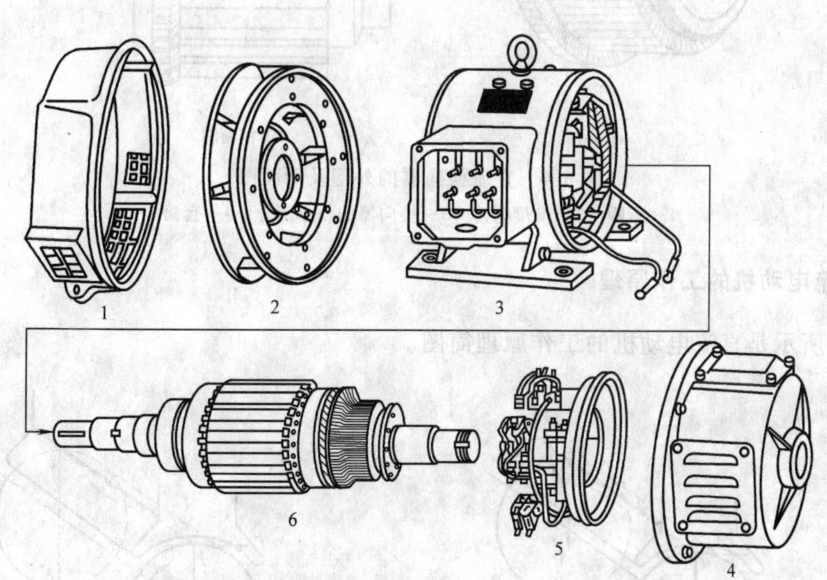

图 8-2 直流电动机的主要部件

1—前端盖 2—风扇 3—机座 4—后端盖 5—电刷装置 6—转子

连，通以电流，在主磁场作用下产生电磁转矩。它与电枢铁心一起称为电动机的电枢。

（2）换向器 是直流电动机中的一种特殊装置，外形及剖面图如图 8-4 所示。

换向器由楔形铜片组成，铜片之间用云母片绝缘。在电动机中，换向器的作用是将电刷两端的直流电变为电枢绕组内的交流电，使电动机产生方向不变的电磁转矩。

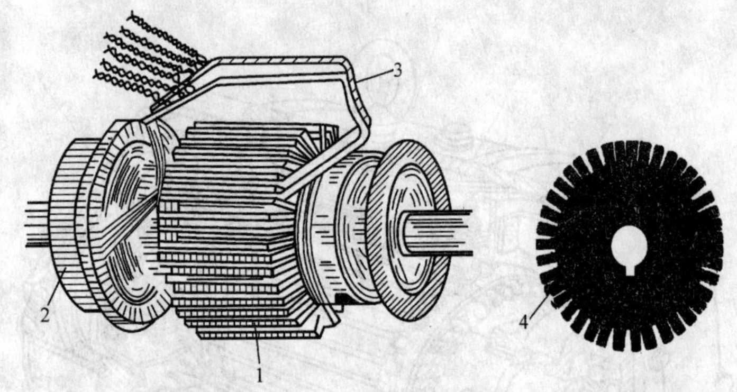

图 8-3 直流电动机的电枢铁心和冲片

1—电枢铁心整体 2—换向器 3—电枢绕组 4—电枢铁心中的硅钢片

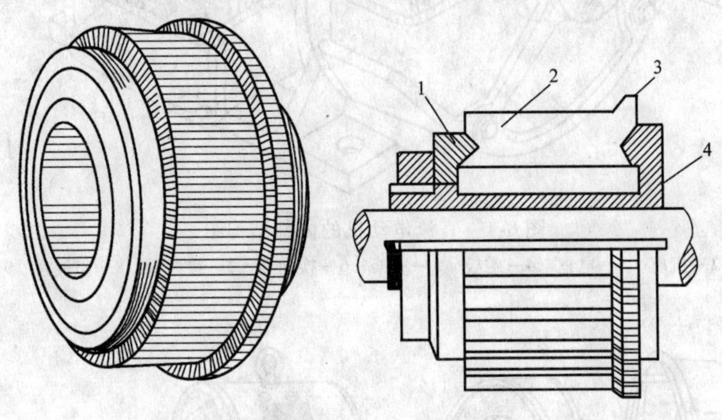

a) 外形　　b) 剖面图

图 8-4 直流换向器的外形及剖面图

1—压圈 2—楔形铜片 3—换向器的凸出部分 4—套筒

8.1.2 直流电动机的工作原理

图 8-5 所示是直流电动机的工作原理简图。

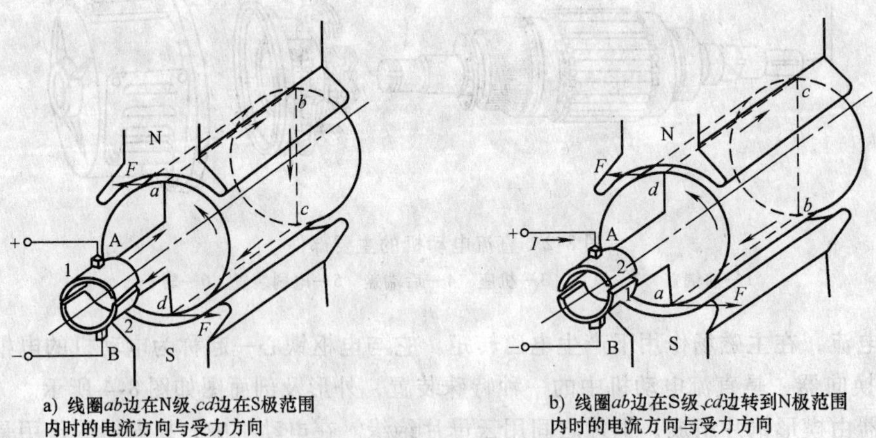

a) 线圈ab边在N级、cd边在S极范围内时的电流方向与受力方向　　b) 线圈ab边在S级、cd边转到N极范围内时的电流方向与受力方向

图 8-5 直流电动机的工作原理简图

把电刷 A、B 接到电源上，A 刷接正极、B 刷接负极，则线圈中的电流方向为 $a\to b\to c\to d$方向，由于通电导线在磁场中受安培力作用，根据左手定则，可判定出 ab 边受力向左，cd 边受力向右，形成转矩，结果使电枢逆时针转动。

当电枢转过 180°后，如图 8-5b 所示，电枢中的电流仍从 A 刷流入，线圈中的电流方向为 $d\to c\to b\to a$，由左手定则可判断出此时 dc 边受力也向左，ab 边受力也向右。电枢继续沿原来的转动方向旋转。

从上面的分析可知：当线圈每转动 180°时，两边线圈中电流的方向都改变一次，但是电枢的转动方向却始终不变，这就是换向器的作用。

8.1.3 直流电动机的励磁方式

直流电动机的励磁方式是指励磁绕组的供电方式。按励磁方式的不同，直流电动机可分为他励和自励两种。

1. 他励电动机

他励电动机的励磁电流由独立的电源供给，其大小与电枢两端的电压无关，如图 8-6a 所示。

2. 自励电动机

自励电动机的励磁绕组与电枢绕组连接，按连接方式的不同又分为：并励、串励和复励三种。并励电动机的励磁绕组与电枢绕组并联，如图 8-6b 所示；串励电动机的励磁绕组与电枢绕组串联后由同一个电源供电，如图 8-6c 所示；复励电动机有两套励磁绕组，一套与电枢绕组并联，另一套与电枢绕组串联，如图 8-6d 所示。

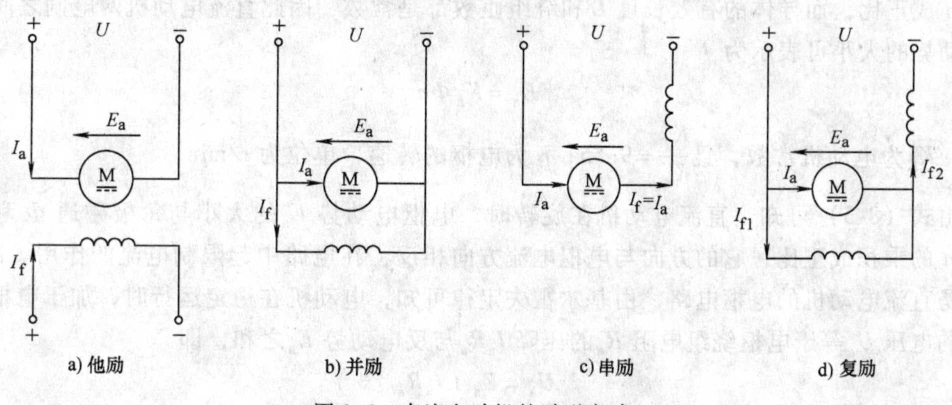

图 8-6 直流电动机的励磁方式

8.2 直流电动机的运行原理

直流电动机通以电流以后，转子绕组在磁场中受到安培力作用，因此产生电磁转矩，转子绕组转动后，在磁场中切割磁力线，因此也产生感应电动势，下面分别分析以上各个问题。

8.2.1 直流电动机的电磁转矩及转矩平衡方程

直流电动机的电磁转矩是由电枢绕组通入直流电流后，在磁场中受到安培力的作用而产生的。根据安培力公式，每根导体所受的安培力 $F=BIL$。对于给定的电动机，磁感应强度 B 与每个磁极的磁通 Φ 成正比，导体电流 I 与电枢绕组的电流 I_a成正比，而导体在磁场中的有效长度 L 及转子半径等都是固定的，取决于电动机的结构，因此直流电动机的电磁转矩 T 的大小可表示为

$$T=K_T\Phi I_a \tag{8-1}$$

式中，K_T为转矩常数；Φ 为每极磁通，单位为 Wb；I_a为电枢绕组的电流，单位为 A。

由式（8-1）可知，直流电动机的电磁转矩 T 的大小与 Φ 和 I_a成正比，电磁转矩的方向由 Φ 和 I_a的方向决定。直流电动机在稳定运行时，其电磁转矩 T 等于转轴上的输出转矩 T_2 和空载转矩 T_0之和，即

$$T=T_2+T_0 \tag{8-2}$$

忽略空载转矩 T_0，则

$$T=T_2$$

8.2.2 直流电动机的电枢电动势及电压平衡方程

当电枢绕组通电转动后，电枢绕组的导体不断切割磁力线，因此在导体中就要产生感应电动势，其大小为 $E=BLV$，其方向由右手定则确定，如图 8-7 所示。该电动势的方向与电枢电流的方向相反，因而称为反电动势。

对于给定的电动机，磁感应强度 B 与每极磁通 Φ 成正比，导体的运动速度 v 与电枢的转速 n 成正比，而导体的有效长度 L 和绕组匝数都是常数，因此直流电动机两电刷之间的感应电动势的大小可表示为

$$E_a=K_E\Phi n \tag{8-3}$$

式中，K_E为电动机常数，且$\frac{K_T}{K_E}=9.55$；n 为电枢的转速，单位为 r/min。

由式（8-3）可知，直流电动机在旋转时，电枢电动势 E_a的大小与每极磁通 Φ 和电枢转速 n 的乘积成正比，它的方向与电枢电流方向相反，在电路中起限制电流的作用。图 8-8 所示是直流电动机的电枢电路，由基尔霍夫定律可知，电动机在稳定运行时，加于电枢绕组两端的电压 U_a等于电枢绕组电阻 R_a的压降 I_aR_a与反电动势 E_a之和，即

$$U_a=E_a+I_aR_a \tag{8-4}$$

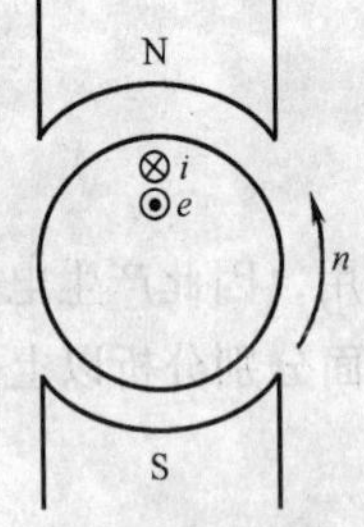

图 8-7　直流电动机的电枢电动势和电流

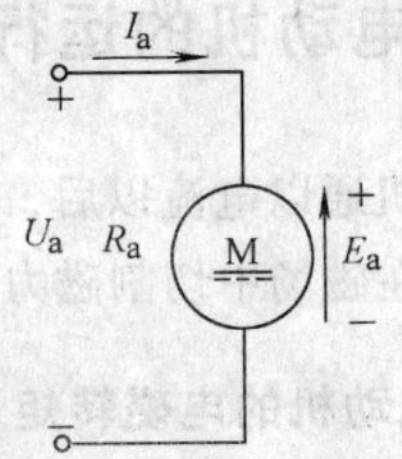

图 8-8　直流电动机的电枢电路

因此电枢电流为

$$I_a = \frac{U_a - E_a}{R_a} \tag{8-5}$$

由式（8-4）可知：电枢电流 I_a的大小不仅与 U_a、R_a有关，而且还受到反电动势 E_a的制约。当 U_a和 R_a一定时，I_a仅取决于 E_a。

8.2.3 直流电动机的功率和功率平衡方程

将式（8-4）两边同乘以 I_a，得

$$U_a I_a = E_a I_a + I_a^2 R_a$$

即

$$P_1 = P_M + p_{Cu} \tag{8-6}$$

式中，P_1为电源输入给电动机的功率，单位为 kW；P_M为电动机的电磁功率，单位为 kW；p_{Cu}为电枢绕组电阻的铜损耗，单位为 kW。

直流电动机的电磁功率 $P_M = E_a I_a$，将式（8-1）和式（8-3）代入得

$$P_M = E_a I_a = K_E \Phi n \frac{T}{K_T \Phi} = \frac{K_E}{K_T} T n = \frac{1}{9.55} T \frac{60\Omega}{2\pi} = T\Omega$$

即

$$P_M = T\Omega \tag{8-7}$$

式中，Ω 为电枢绕组转动的角速度，单位为 rad/s。

将式（8-2）两边同乘以电枢绕组转动的角速度 Ω，得

$$T\Omega = T_2\Omega + T_0\Omega$$

即

$$P_M = P_2 + p_0 \tag{8-8}$$

将式（8-8）代入式（8-6），得

$$P_1 = P_2 + p_0 + p_{Cu}$$

式中，p_0为空载损耗功率；p_{Cu}为电枢绕组电阻的铜损耗。

p_0 和 p_{Cu}合为直流电动机的损耗功率 ΔP，即

$$P_1 = P_2 + \Delta P \tag{8-9}$$

式中，P_1为电动机的输入功率，单位为 kW；P_2为电动机的输出功率，单位为 kW；ΔP 为电动机的损耗功率，单位为 kW。

式（8-9）即为直流电动机的功率平衡方程。

电动机的效率为

$$\eta = \frac{P_2}{P_1} \times 100\% \tag{8-10}$$

直流电动机的输出功率 P_2即为电动机铭牌上的额定功率 P_N，与额定转矩 T_N之间的关系为

$$T_N = 9550 \frac{P_N}{n_N} \tag{8-11}$$

例 8-1 某台直流电动机的铭牌数据为 $P_N = 100\text{kW}$，$U_N = 220\text{V}$，效率 $\eta = 0.89$，额定转

速 $n_N = 1500\text{r/min}$，求该电动机的输入功率 P_1、额定电流 I_N 及额定输出转矩 T_N。

解：输入功率

$$P_1 = \frac{P_N}{\eta} = \frac{100}{0.89}\text{kW} = 112.36\text{kW}$$

额定电流

$$I_N = \frac{P_1}{U_N} = \frac{112.36 \times 10^3}{220}\text{A} = 510.73\text{A}$$

额定输出转矩

$$T_N = 9550\frac{P_N}{n_N} = \frac{9550 \times 100}{1500}\text{N} \cdot \text{m} = 636.67\text{N} \cdot \text{m}$$

8.3 直流电动机的机械特性

直流电动机的机械特性是指电动机转速与电磁转矩之间的关系。在直流电动机中，他励和并励电动机应用比较普遍，本节以他励直流电动机为例分析其机械特性。他励直流电动机的电路原理图如图 8-9 所示。

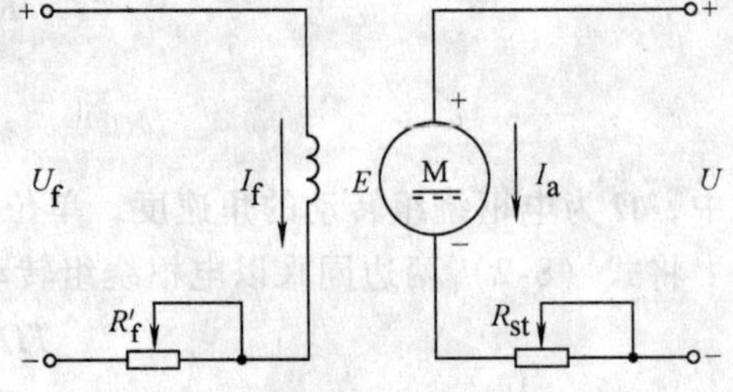

图 8-9　他励直流电动机的电路原理图

由式（8-3）和式（8-4）得

$$n = \frac{U_a}{K_E\Phi} - \frac{R_a}{K_E\Phi}I_a \quad (8\text{-}12)$$

由电磁转矩方程式（8-1）可得

$$I_a = \frac{T}{K_T\Phi} \quad (8\text{-}13)$$

将上式代入式（8-12），得

$$n = \frac{U_a}{K_E\Phi} - \frac{R_a}{K_E K_T \Phi^2}T \quad (8\text{-}14)$$

在式（8-14）中，若 U_a、R_a、Φ 均为常数，当 $T=0$ 时，得

$$n_0 = \frac{U_a}{K_E\Phi}$$

此为电动机轴端没有带机械负载时的转速，即为理想空载转速。

用 β 表示常数 $R_a/K_E K_T \Phi^2$，则式（8-14）可写成

$$n = n_0 - \beta T \quad (8\text{-}15)$$

$$= n_0 - \Delta n \quad (8\text{-}16)$$

显然式（8-15）是一条斜率为 β 的向下倾斜的直线，如图 8-10 所示。可见，他励直流电动机的转速 n 随转矩 T 的增大而降低。

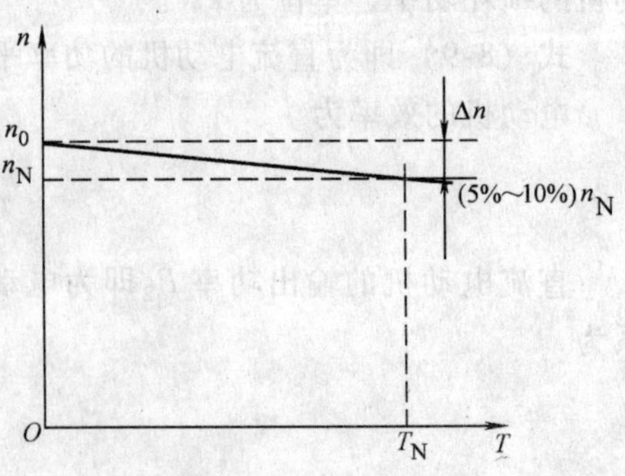

图 8-10　他励直流电动机的机械特性曲线

由于电动机回路不串电阻，且 R_a 很小，所以 β 值很小。当 T 有所变化时，Δn 也很小，这个特性称为直流电动机的硬特性。β 值是衡量直流电动机机械特性软硬程度的物理量。一般 $\Delta n = 0.05n_N$，这是硬特性的数量体现。

8.4 直流电动机的起动与调速

8.4.1 直流电动机的起动

直流电动机的起动是转子由静止加速到转速达到额定值的过程。在起动的瞬间，由于转子的转速 $n=0$，故反电动势 $E_a = K_E \Phi n = 0$，此时起动电流为

$$I_{st} = \frac{U_N}{R_a} \tag{8-17}$$

I_{st} 很大，可达到额定电流的 10 ~ 25 倍，这样大的供电电流，不仅对供电电源是一个很大的冲击，而且还会损坏电动机本身，所以直流电动机是不允许直接起动的。

由式（8-17）可知，降低起动电流的方法有两种：①增大电枢电路的电阻。②降低电枢端电压 U。

降低电枢端电压起动时，需要有一个可调压的直流电源专供电枢电路使用，随着转速的升高，使电源电压逐渐升到额定值。这种方法只适用于他励直流电动机。

对于其他励磁方式的电动机，一般采用电枢电路串电阻的方法起动，随着转速升高将起动电阻逐渐减小到零。必须注意，直流电动机起动时，励磁电路必须可靠连接，不允许开路。否则，励磁电路中的电流为零，即 $\Phi \approx 0$，则起动转矩 $T = K_T \Phi I_a \approx 0$，它将不能起动。这时 $E_a = 0$，电枢电流很大，电枢绕组很容易烧毁。

8.4.2 直流电动机的调速

直流电动机的调速，就是在同一负载下获得不同的速度。

从电动机的机械特性方程

$$n = \frac{U}{K_E \Phi} - \frac{R_a}{K_E K_T \Phi^2} T$$

可以看出，当 T 不变时，影响电动机转速的是电枢回路电阻 R_a、主磁通 Φ 和电源的电压 U 三个因素，因此改变其中任何一个均可以改变直流电动机的速度。

1. 电枢回路串电阻调速

成品电动机的电枢绕组电阻 R_a 是一定的，但是可以在电枢回路中串联一个可变电阻 R_s，如图 8-11 所示。此时电枢回路的总电阻为 $R_a + R_s$，机械特性方程为

$$n = \frac{U}{K_E \Phi} - \frac{R_a + R_s}{K_E K_T \Phi^2} T = n_0 - \beta' T \tag{8-18}$$

与式（8-14）比较，可看出 β' 增大了，机械特性曲线变陡了。图 8-12 所示为串电阻后的机械特性曲线。

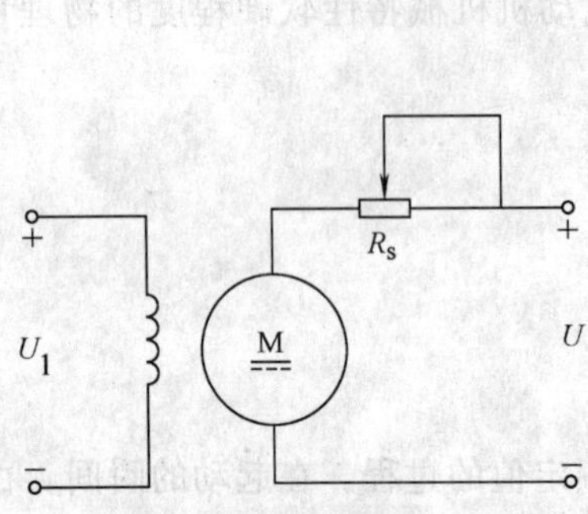

图 8-11　电枢电路串电阻调速

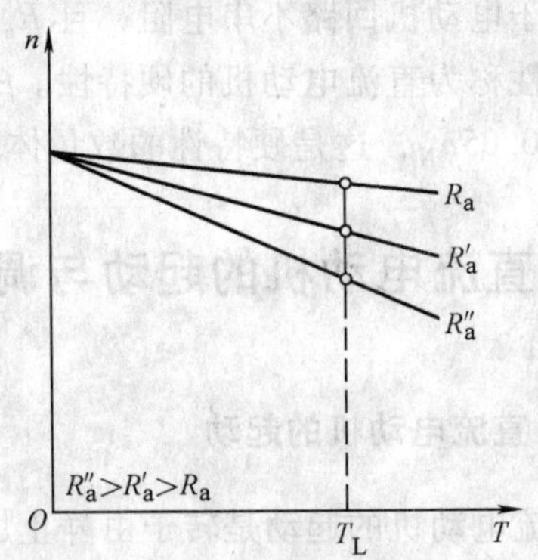

图 8-12　串电阻后的机械特性曲线

从机械特性曲线中可以看出，电枢电路串电阻调速的特点为：

1）电动机的理想空载转速不变，只使转速降低。

2）电动机的机械特性变软。

3）由于串调速电阻，能量损失大，不经济。

通常采用几个固定电阻串联的方法，以获得几种所需的转速，因此串电阻调速是有级调速。

2. 改变磁通量调速

在励磁电路中，串一个可调电阻 R，可以改变励磁电流，从而改变磁通量 Φ，达到调速的目的，如图 8-13 所示。从机械特性方程可以看出，在一定负载下，主磁通减少后，理想空载转速 $n_0 = U/(K_E\Phi)$ 要增大，而斜率 $\beta = R_a/(K_E K_T \Phi^2)$ 也增大。调速特性曲线如图 8-14 所示。

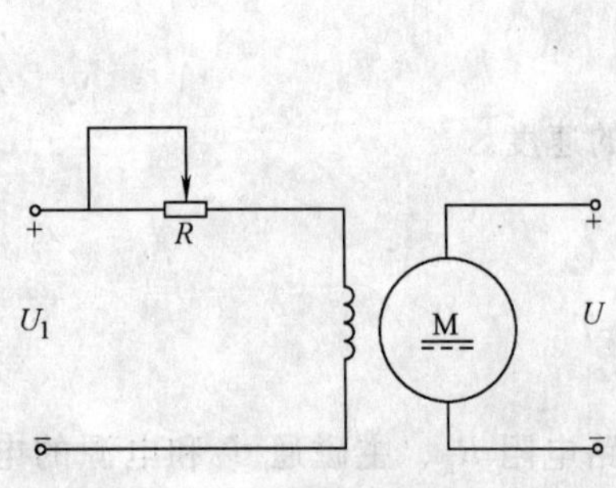

图 8-13　改变磁通量调速

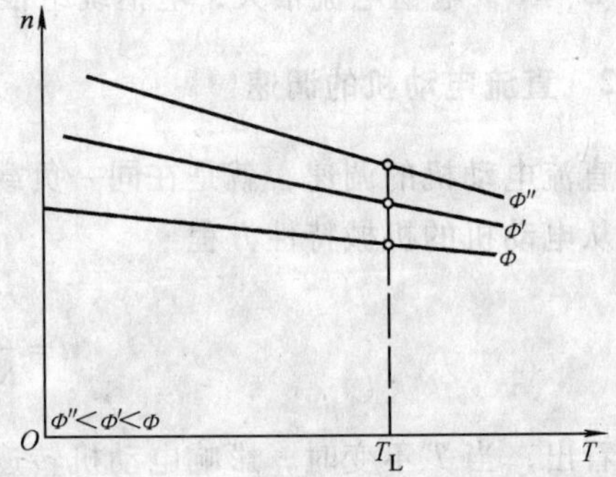

图 8-14　改变磁通量后的机械特性曲线

这种调速方法的特点为：

1）使用滑动电阻，使调速平滑，可达到无级调速。

2）由于励磁电流较小，在 R 上的损耗小，较经济。

3）调速的范围较宽。

4）调速后，机械特性比电枢电路串电阻硬，电动机运行稳定性较好。

3. 改变端电压调速

在直流电动机电路中连接一个可调电压源，使电动机端电压连续可调，如图 8-15 所示。

此种方法可使 $n_0=U/(K_E\Phi)$ 改变，而斜率 β 不变。改变端电压调速得到的是一组平行的直线，如图 8-16 所示。

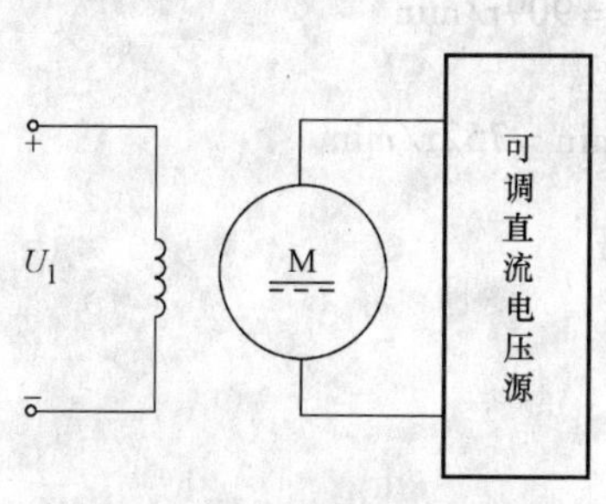

图 8-15　改变端电压调速

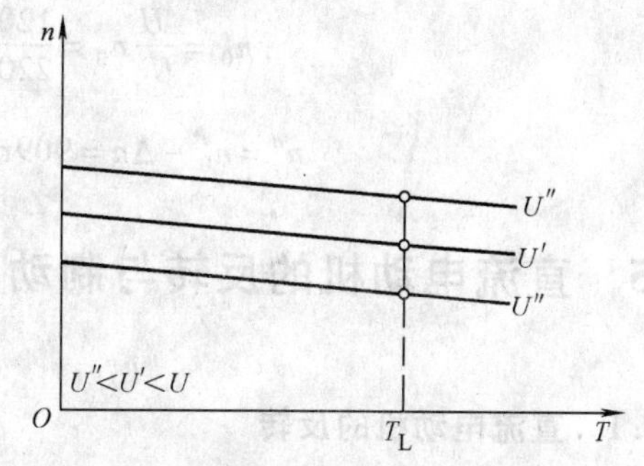

图 8-16　改变端电压后的机械特性曲线

这种调速方法的特点为：

1）由于电压连续可调，故可实现无级调速。

2）调速范围宽，且机械硬度不变，因而转速稳定。

3）因电压适于降低，因而在 n_N 以下调速。

4）设备投资大，运行维护较麻烦。

综合上述 3 种调速方法，对于降压调速和串电阻调速，电动机的励磁电流 I_f 均为恒值，并能维持电动机的电枢电流 I_a 为一定值，因此电动机的转矩在调速前后保持恒定，这种调速方法称为恒转矩调速。对于弱磁调速，虽然电动机的端电压 U 不变，但要保持电枢电流 I_a 不超过额定值，则电动机的转矩要下降，这种转速 n 上升，转矩 T 下降，电动机功率基本保持不变的调速方法称为恒功率调速。

例 8-2　已知某他励直流电动机的额定数据为：$P_N=25\text{kW}$，$U_N=220\text{V}$，$I_N=118\text{A}$，$n_N=1500\text{r/min}$，电枢回路电阻 $R_a=0.185\Omega$。求：（1）电枢电路串电阻 0.5Ω 时，电动机的转速；（2）电源电压为 120V 时，电动机的转速。

解：首先根据已知数据求出电动机的固有特性参数：

$$K_E\Phi_N=\frac{U_N-I_aR_a}{n_N}=\frac{220-118\times0.185}{1500}=0.132$$

$$n_0=\frac{U_N}{K_E\Phi_N}=\frac{220}{0.132}\text{r/min}=1667\text{r/min}$$

$$\Delta n=n_0-n_N=1667\text{r/min}-1500\text{r/min}=157\text{r/min}$$

（1）求电枢电路串入电阻 $R_s=0.5\Omega$ 时的转速 n'：

$$\frac{\Delta n_N}{\Delta n'}=\frac{R_a}{R_a+R_s}$$

$$\Delta n'=\frac{R_a+R_s}{R_a}\Delta n_N=\frac{0.185+0.5}{0.185}\times157\text{r/min}=581\text{r/min}$$

$$n'=n_0-\Delta n'=1667\text{r/min}-581\text{r/min}=1086\text{r/min}$$

（2）求电压为 120V 时的转速 n''：

当电压变化时，Δn 不变，$n_0\propto U$，则有

$$\frac{n_0}{n_0'} = \frac{U_N}{U}$$

$$n_0' = \frac{U}{U_N}n_0 = \frac{120}{220} \times 1667\text{r/min} = 909\text{r/min}$$

$$n'' = n_0' - \Delta n = 909\text{r/min} - 157\text{r/min} = 752\text{r/min}$$

8.5 直流电动机的反转与制动

8.5.1 直流电动机的反转

直流电动机的反转，就是改变电枢的转动方向。在实际中，由于生产过程的需要，常要求电动机能够反转，如龙门刨床工作台往复运动等。

由电动机的转动原理可知，他励直流电动机的主磁通方向和电枢电流方向中的任意一个改变，电枢受的安培力方向就改变，即电磁转矩的方向就改变。所以电动机的反转有两种方法：

1）保持励磁绕组电流方向不变，使电枢电流反向。

2）保持电枢电流方向不变，使励磁绕组电流反向。不过，由于励磁绕组存在很大的电感，在换接时会产生极高的感应电动势，造成不良后果，所以通常采用的方法是使电枢电流反向。

8.5.2 直流电动机的制动

与交流电动机一样，直流电动机的电气制动也有能耗制动、反接制动和回馈制动 3 种方法，下面分别进行分析。

1. 能耗制动

图 8-17 所示为他励直流电动机的能耗制动电路。制动时将开关 S 由左边扳向右边，使电动机与电源断开，与一制动电阻 R_P 相连接，但励磁绕组电源保留。这时，由于转动部分的惯性，电枢继续沿原方向转动，导体切割磁力线产生的感应电动势方向不变，但原来是阻碍电流 I_a 的反电动势，却变为在电枢绕组和制动电阻 R_P 中产生电流 I_a' 的电源电动势。I_a' 与 I_a 方向相反，电枢绕组中流过电流 I_a' 并在原磁场中产生与转动方向相反的电磁转矩，所以电动机很快停车。感应电动势 E_a 随着转速 n 的减小而减小，I_a' 和制动转矩也减小，当电动机停车时，E_a 和 I_a 都变为零，制动转矩也就消失了。

在此过程中，转动部分的动能转变为电能，在电阻 R_P 上消耗掉，故称这种制动方法为能耗制动。能耗制动电路简单，制动可靠平衡、经济，故常被采用。

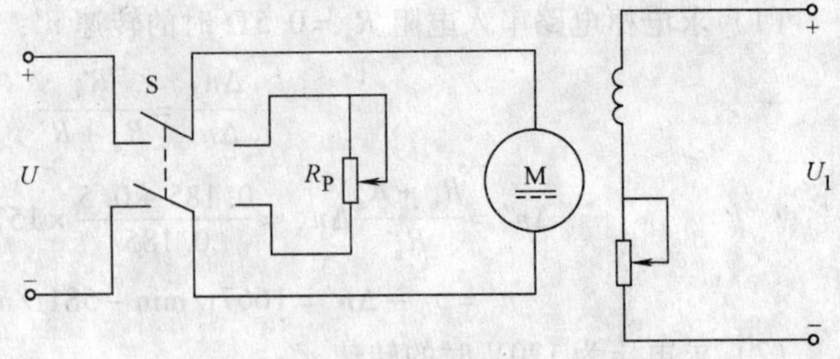

图 8-17 他励直流电动机的能耗制动电路

2. 反接制动

图 8-18 所示是反接制动的电路。反接制动是把脱离电源的电枢绕组串电阻后，反接到电源上进行制动的方法。

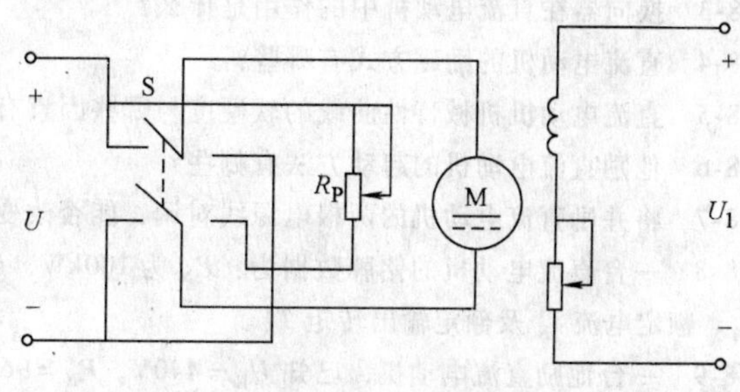

图 8-18 反接制动电路

电枢反接后，电枢电流反向，电磁转矩随之反向，电磁转矩成为制动转矩，使电动机迅速停车。当电动机转速接近零时应及时切断电源，否则电动机会反转。

由于反接制动时电枢端电压与反电动势 E_a 的方向相同，因此电枢电流 I_a 很大。为限制电流，必须串接较大的制动电阻 R_P，以保证电枢电流不超过额定电流的 1.5～2.5 倍。

3. 回馈制动

在电动机运行过程中，由于客观原因，使实际转速高于理想空载转速，如电车下坡、起重机下放重物等情况，位能转换来的动能使得电动机加速而处于发电状态，此时电磁转矩成为制动转矩，对电动机起制动作用。

这种制动方式只能使电动机限制在理想空载转速之上的某一转速稳定运行，不能使电动机转速下降至零。

小　结

1. 直流电动机由定子和转子两部分构成，转子绕组在磁场中受安培力的作用，形成电磁转矩，从而使电动机转动。

2. 直流电动机的运行原理主要讲述了三个平衡方程：

转矩平衡方程： $T = T_2 + T_0$

电压平衡方程： $U_a = E_a + I_a R_a$

功率平衡方程： $P_1 = P_M + p_{Cu}$

3. 直流电动机的机械特性，主要根据其机械特性方程：$n = \frac{U}{K_E \Phi} - \frac{R_a}{K_E K_T \Phi^2} T$。

4. 直流电动机的起动是转子由静止起加速到转速达到额定值的过程。

5. 直流电动机的调速有三种方法，即电枢电路串电阻调速、改变磁通量调速和改变端电压调速。

6. 直流电动机的反转，就是改变电枢的转动方向。有两种方法：

1）保持励磁绕组电流方向不变，使电枢电流反向。

2）保持电枢电流方向不变，使励磁绕组电流反向。

通常用的方法是使电枢电流反向。

7. 直流电动机的电气制动有能耗制动、反接制动和回馈制动三种方法。

习题 8

8-1　直流电动机的主要结构部件有哪些？各起什么作用？

8-2　直流电动机的转动原理是什么？

8-3　换向器在直流电动机中的作用是什么?

8-4　直流电动机的励磁方式有哪些?

8-5　直流电动机机械特性曲线的软硬度与哪些因素有关?

8-6　他励直流电动机的起动方法有哪些?

8-7　将并励直流电动机的两根电源线对调，能否改变电动机的转向？为什么?

8-8　一台直流电动机的铭牌数据为：P_N 为 100kW，U_N 为 220V，效率 η_N 为 0.89。求该电动机输入功率 P_1、额定电流 I_N 及额定输出转矩 T_N。

8-9　一台他励直流电动机，已知 $U_N = 440V$，$P_N = 96kW$，$I_1 = 250A$，$R_a = 0.078\Omega$。求直接起动时的起动电流 I_{st}。

8-10　某台他励直流电动机，已知额定功率 $P_N = 22kW$，额定电压 $U_N = 220V$，额定电流 $I_1 = 115A$，额定转速 $n_N = 1500r/min$，电枢回路总电阻 $R_a = 0.1\Omega$。若要把转速降到 500r/min，试计算：

(1) 采用电枢电路串电阻方法调速时，需串入多大电阻?

(2) 采用降低电源电压调速时，需把电源电压降到多少?

第9章　继电—接触控制

本章导读:

生产机械大都用电动机拖动，因此在生产过程中要对电动机的运行进行自动控制，包括电动机的起动、调速和制动等。

在我国，对电动机的控制，当前很多场合仍采用由继电器、接触器、按钮和开关等低压电器组成的控制系统，一般称为继电—接触控制系统。这种系统的优点是结构比较简单、价格低廉、抗干扰能力强、维修方便；其缺点是动作频率低、触点容易坏、体积大等。在功能上要求很多、控制系统很复杂时，常采用晶体管无触点逻辑器件和各种电子程序控制、数字控制系统，以进一步实现要求较高的自动控制。

低压电器是指工作电压在交流1000V或直流1200V以下的各种电器。凡是自动或手动接通和断开电路，实现对电路或非电对象的切换、控制、保护、检测、变换和调节用的电气元件或设备统称为电器。

本章学习要求:

1）熟悉常用低压电器的工作原理、型号及其符号。

2）掌握绘制电气控制原理图的基本原则。

3）掌握继电—接触控制的基本环节和基本电路。

9.1　几种常用的低压电器

9.1.1　刀开关

刀开关又称闸刀，它由绝缘底板、刀插座、手柄、闸刀和接线端子组成，如图9-1所示。刀开关用于不超过500V的低压电路中，通过手柄，手动拉下或合上刀开关，切断或接通交、直流电路。

刀开关主要根据工作电流和工作电压进行选择，常用的三极刀开关长期允许通过的电流有100A、200A、400A、600A和1000A等5种。刀开关的图形符号如图9-2所示。

9.1.2　组合开关

组合开关又称转换开关，如图9-3所示，它由几层动、静触点分别装在绝缘件内组装而成，动触点安装在附有操作手柄的转动方轴上，改变操作手柄的位置，就改变了触点的通或断。

组合开关有单极、双极、三极和四极等几种，主要根据触点数量、电压等级及断流容量等因素加以选择，常用的组合开关的额定持续电流有10A、25A、60A和100A等几种，其图形符号如图9-4所示。

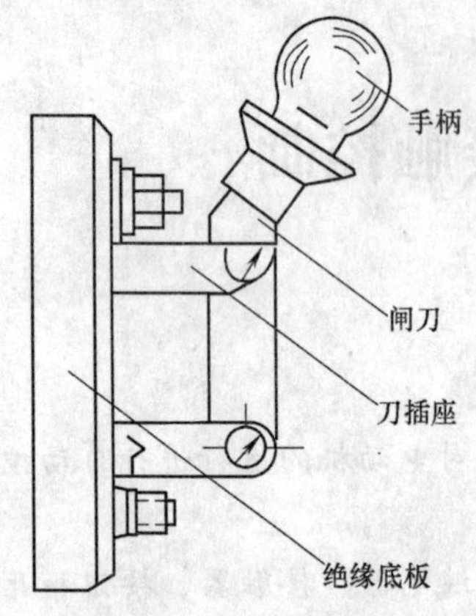

图 9-1　刀开关的结构图

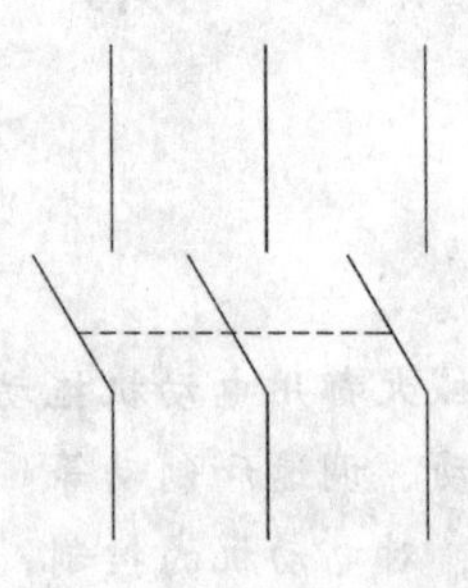

图 9-2　刀开关的图形符号

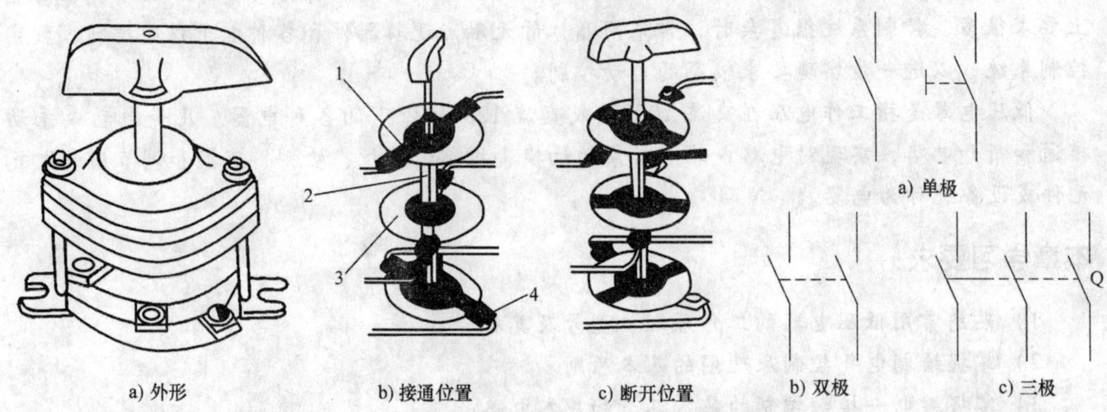

a) 外形　b) 接通位置　c) 断开位置

图 9-3　组合开关

1—动触点　2—方轴　3—绝缘垫板　4—静触点

b) 双极　c) 三极

图 9-4　组合开关的图形符号

9.1.3　熔断器

熔断器是一种应用十分广泛、简便、有效、价格低廉的短路保护器。熔断器中的熔体是用电阻率较高、熔点较低的材料制成的，电路在正常工作的情况下熔体不熔断，一旦发生短路或严重过载时，熔体就立即熔断，它是一种有效的短路保护器。图 9-5 所示是几种常用的熔断器，其图形符号如图 9-6 所示。

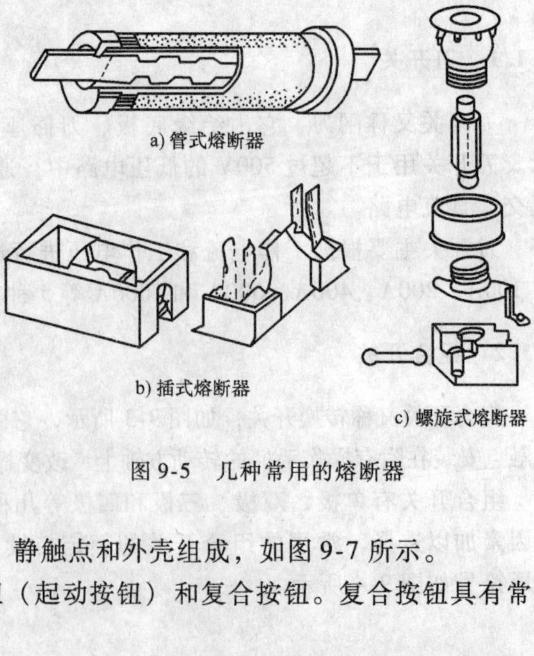

a) 管式熔断器　b) 插式熔断器　c) 螺旋式熔断器

图 9-5　几种常用的熔断器

9.1.4　按钮

按钮是最简单的主令电器。

按钮由按钮帽、复位弹簧、桥式动触点、静触点和外壳组成，如图 9-7 所示。

按钮有常闭按钮（停止按钮）、常开按钮（起动按钮）和复合按钮。复合按钮具有常闭和常开触点。按钮的图形符号如图 9-8 所示。

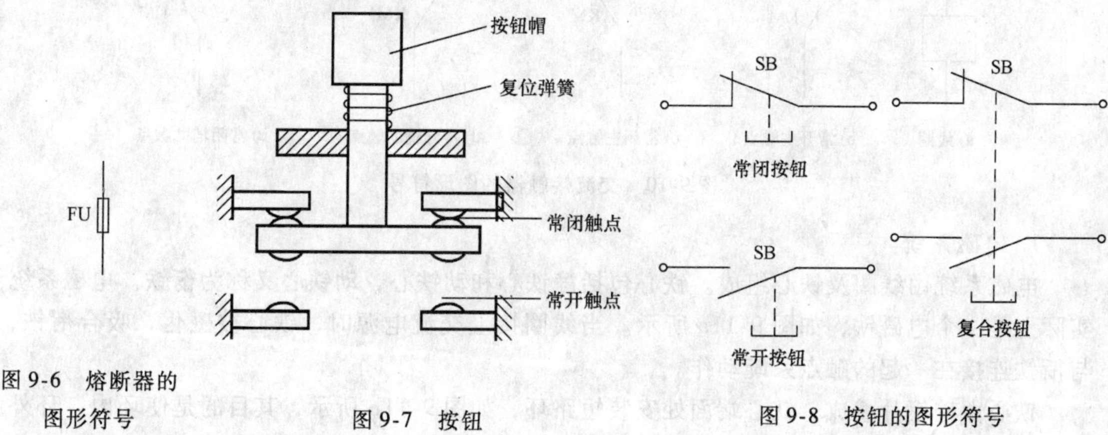

图 9-6 熔断器的图形符号

图 9-7 按钮

图 9-8 按钮的图形符号

9.1.5 接触器

接触器是利用电磁吸力的原理工作的，其触点的动作是由励磁线圈电流来控制的，它的触点可以接通或分断电动机或大容量控制电路，而控制励磁线圈的是小功率的信号。

接触器由电磁系统、触点、灭弧装置、辅助触点、支架和底座等组成。按励磁线圈电流的种类分，有直流和交流接触器两大类。图 9-9 所示为交流接触器，其图形符号如图 9-10 所示。

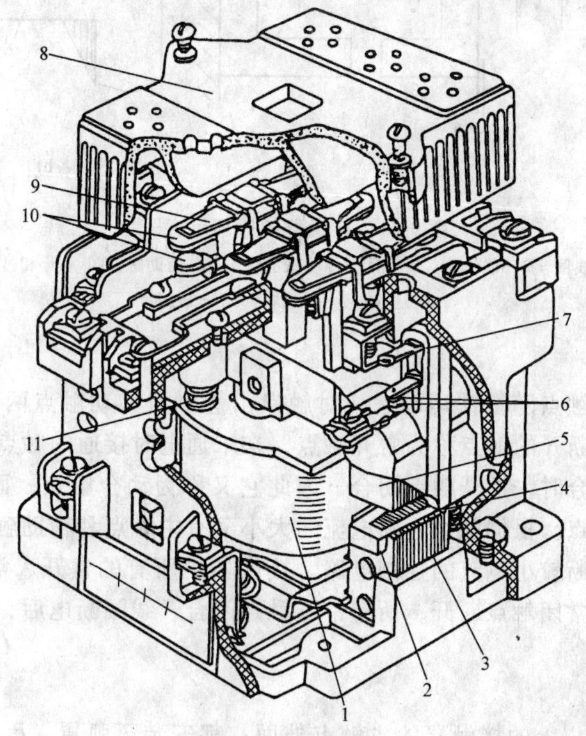

图 9-9 交流接触器

1—线圈 2—短路环 3—静铁心 4—缓冲弹簧 5—动铁心 6—辅助常开触点 7—辅助常闭触点 8—灭弧罩 9—触头压力弹簧片 10—主触点 11—反作用弹簧

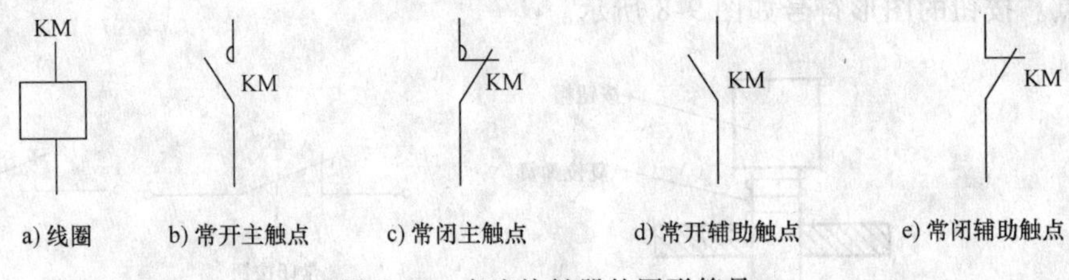

a) 线圈　b) 常开主触点　c) 常闭主触点　d) 常开辅助触点　e) 常闭辅助触点

图 9-10　交流接触器的图形符号

1. 电磁系统

电磁系统由线圈及铁心组成。铁心包括静铁心和动铁心，动铁心又称为衔铁。电磁系统实际上是一个电磁铁，如图 9-11a 所示。当线圈接上交流电源时，铁心被磁化，吸合衔铁，与衔铁连接在一起的触点系统动作。

铁心由硅钢片叠成，铁心端面处安装短路环，如图 9-11b 所示，其目的是使环内、环外两部分的磁通不同时为零，衔铁吸合时稳定而不振动。

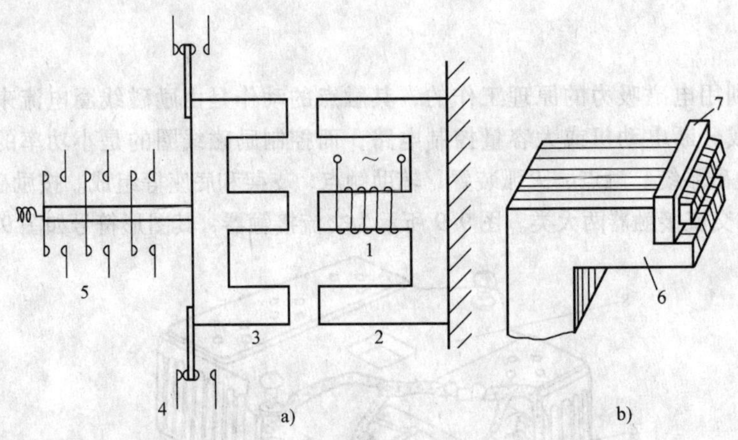

图 9-11　接触器的原理示意图

1—线圈　2—静铁心　3—衔铁（动铁心）　4—辅助触点（常开和常闭）
5—主触点　6—铁心　7—短路环

2. 触点系统

衔铁上装有的动触点随衔铁运动。一对触点由静触点和动触点两部分组成。当线圈断电，衔铁不吸合时，断开的触点称为常开触点，在未通电时接通的触点称为常闭触点。当线圈通入电流，衔铁吸合时，常开触点闭合，因此它又称为动合触点；而常闭触点此时断开，因此它又称为动开触点。根据触点通断电流的大小又有主触点和辅助触点之分，主触点通断主电路，辅助触点通断较小电流的控制电路。接触器中所有的常开、常闭触点都是联动的，当线圈通电时，所有常闭触点断开，所有常开触点闭合；线圈断电后，在反作用弹簧的作用下全部复位。

3. 灭弧罩

额定电流在 20A 以上的接触器的主触点外面，都安装灭弧罩。因为接触器在触点断开时，会在动触点和静触点之间产生电弧（气体电离后的导电现象），必须迅速切断或熄灭电弧，以避免损坏主触点，灭弧罩可以起到灭弧作用。

4. 其他部分

其他部分包括：反作用弹簧、缓冲弹簧（可缓冲衔铁吸合撞击力对底座的冲击）、触点压力簧片（增大触点闭合时的压力）、底座、支架和接线柱等。

9.1.6 继电器

继电器是一种根据电量（电压、电流等）或非电量（热、时间和转速等）的变化，接通或断开小电流控制电路的自动电器。按反应信号的不同可分为电压继电器、电流继电器、中间继电器、热继电器、速度继电器和时间继电器等多种。

1. 电压继电器

电压继电器是根据电压信号动作的，可分为过电压继电器和欠（零）电压继电器。过电压继电器在电压为 U_N 的 110% ~115% 时吸合，对电路进行过电压保护。欠（零）电压继电器在电压为 U_N 的 40% ~70% 时释放，对电路进行欠电压（零电压）保护。电压继电器线圈的导线细、匝数多，并联在电路中。过电压继电器和欠（零）电压继电器的图形符号分别如图 9-12 和图 9-13 所示。

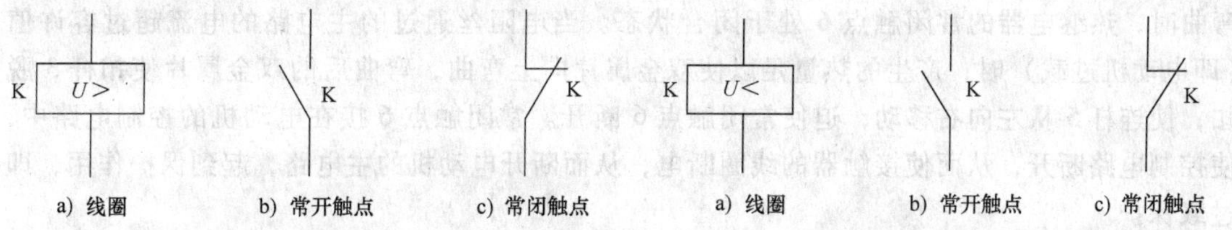

a) 线圈 b) 常开触点 c) 常闭触点

图 9-12 过电压继电器的图形符号

a) 线圈 b) 常开触点 c) 常闭触点

图 9-13 欠（零）电压继电器的图形符号

2. 电流继电器

电流继电器是根据电流信号动作的。电流继电器线圈的匝数少、导线线径粗，串接在主电路中，能通过较大电流。

电流继电器也有过电流继电器和欠电流继电器之分。当线圈电流高于整定值时吸合的继电器称为过电流继电器，低于整定值时释放的继电器称为欠电流继电器。它们分别对电路进行过电流保护和欠电流保护。过电流继电器和欠电流继电器的图形符号分别如图 9-14 和图 9-15 所示。

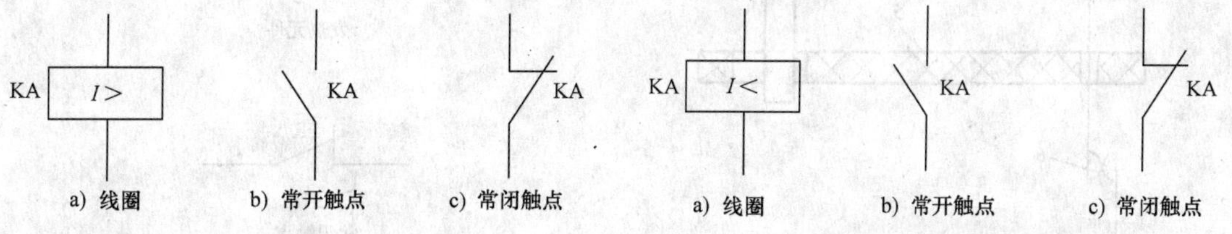

a) 线圈 b) 常开触点 c) 常闭触点

图 9-14 过电流继电器的图形符号

a) 线圈 b) 常开触点 c) 常闭触点

图 9-15 欠电流继电器的图形符号

3. 中间继电器

中间继电器本质上是一个电压继电器，具有触点多（一般有 8 对）、触点容量大（额定电流为 5 ~10A）、动作灵敏（动作时间小于 0.05s）等特点。

中间继电器有两个作用：①用作中间传递信号。当接触器线圈的额定电流超过电压或电流继电器触点所允许通过的电流时，可用中间继电器作为中间放大器来控制接触器。②因触点多，所以可以同时控制多条回路。中间继电器的图形符号如图 9-16 所示。

选择电压继电器、电流继电器或中间继电器时，线圈的电压、电流应满足电路的要求，触点的数量与容量也应满足控制电路的要求。

4. 热继电器

热继电器是根据电流的热效应而动作的保护电器。它在电路中作为电动机的过载保护，使电动机免受长期过载的危害。

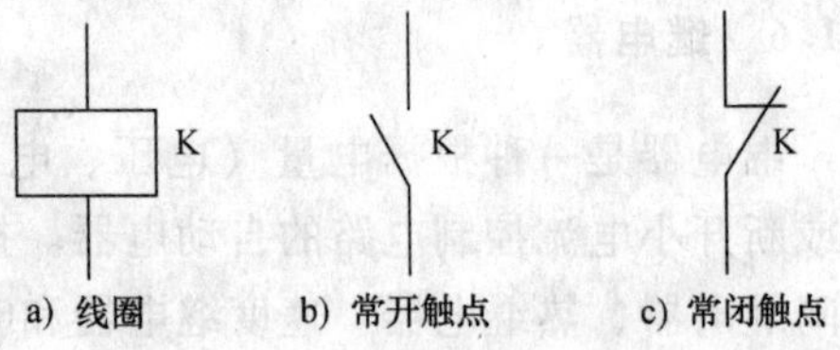

图 9-16　中间继电器的图形符号

热继电器主要由热元件、双金属片和触点系统等部分组成，其结构原理如图 9-17 所示，其图形符号如图 9-18 所示。图 9-17 中，2 是双金属片，它是由两种膨胀系数不同的金属片压制而成的，下层金属片的膨胀系数大，上层的小。1 是热元件，是绕在双金属片上的电阻丝，接在电动机的主电路中，当电流通过时发热，它就是双金属片的热源。当双金属片的温度升高时，由于两种金属材料的膨胀系数不同，在相同温度下，下层金属片比上层金属片膨胀得多，致使双金属片向上弯曲。双金属片尚未发生弯曲时，热继电器的常闭触点 6 处于闭合状态。当电阻丝通过的主电路的电流超过容许值（即电动机过载）时，产生的热量足以使双金属片向上弯曲，弯曲后的双金属片使扣杆 3 脱扣，使连杆 5 从左向右移动，迫使常闭触点 6 断开。常闭触点 6 接在电动机的控制电路中，使控制电路断开，从而使接触器的线圈断电，从而断开电动机的主电路，起到保护作用，即过载保护。

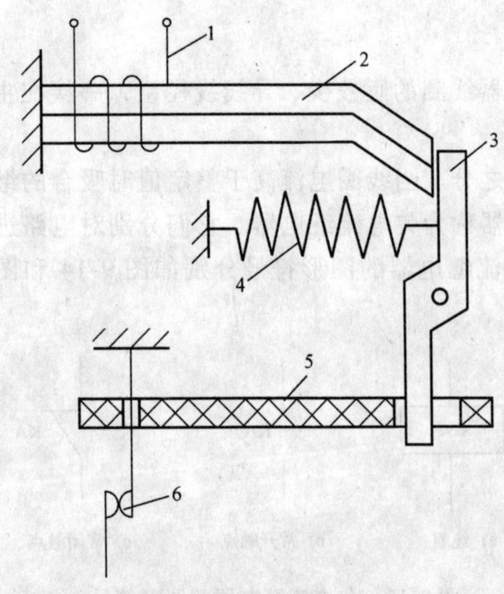

图 9-17　热继电器

1—电阻丝　2—双金属片　3—扣杆　4—释放弹簧　5—连杆　6—常闭触点

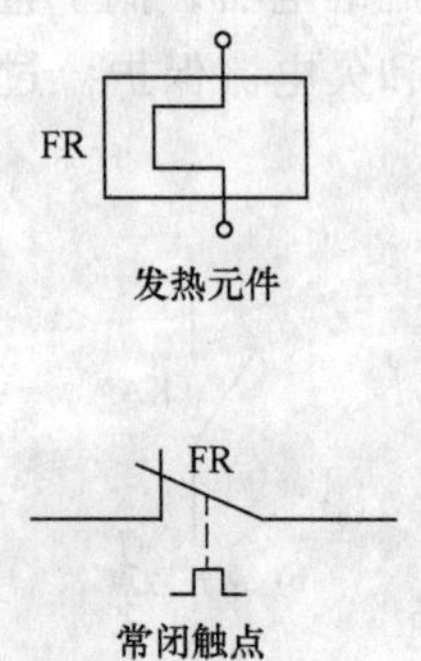

图 9-18　热继电器的图形符号

由于热惯性，热继电器不能作短路保护。因为发生事故时，要求电路立即断开，而热继电器是不能立即动作的。因此热继电器只能作过载保护而不能作短路保护。这就是在电动机起动或短时过载时，不希望热继电器动作，避免电动机不必要的停车。

热继电器动作后，双金属片经过一段时间的冷却，有的能使热继电器的常闭触点自动复位，有的则不能，须经手动复位，才能继续使用。

5. 速度继电器

速度继电器主要用作笼型异步电动机的反接制动控制。它主要由转子、定子和触点三部分组成，结构原理如图 9-19 所示，图 9-20 所示为其图形符号。转子是一个圆柱形永久磁铁，定子是一个鼠笼形空心圆环，由硅刚片叠成，并装有绕组。转子的轴与被控电动机的轴相连接，而定子空套在转子上。当电动机转动时，速度继电器的转子随之转动，其磁通切割定子绕组，在绕组中感应出电动势与电流，此电流又与转子的磁通相互作用产生作用于定子的转矩，使定子转动，当转到一定角度时，装在定子上的摆锤推动簧片，使常闭触点分断、常开触点闭合。当电动机转速低于某一值时（如低于 100r/min），定子转矩减小，触点在簧片的作用下复位。当电动机的转向改变时，另一组常开、常闭触点动作。

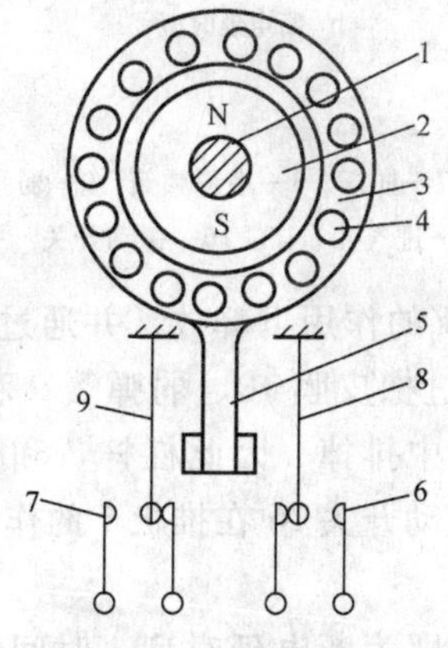

图 9-19　速度继电器

1—转轴　2—转子　3—定子　4—绕组　5—摆锤
6、7—静触点　8、9—簧片

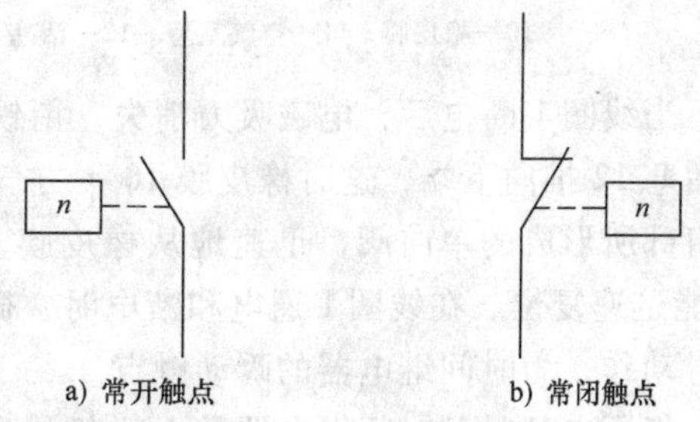

图 9-20　速度继电器的图形符号

6. 时间继电器

时间继电器是一种利用电磁原理或机械动作原理实现触点延时接通或断开的自动电器，其种类有很多，常用的有电磁式、空气式、电动式和晶体管式。

空气式时间继电器是利用空气阻尼原理获得延时的，它由电磁机构、触点系统和延时机构三部分组成。电磁机构为直动式双 E 型；触点系统是借用微动开关动作的；延时机构采用气囊式阻尼器，可以做成通电延时型，也可以做成断电延时型。现以通电延时型为例介绍空气式时间继电器的工作原理，如图 9-21 所示。

空气式时间继电器的工作原理为：当线圈 1 通电后，衔铁 3 被铁心 2 吸合，活塞杆 6 在塔形弹簧 8 的作用下，带动活塞 12 及橡皮膜 10 向上移动。但由于橡皮膜下方气室的空气稀薄，形成负压，因此活塞杆 6 只能缓慢地向上移动，其移动的速度视进气孔的大小而定，孔的大小可通过调节螺杆 13 进行调整。经过一定的延时时间后，活塞杆才能移到最上端，这时通过杠杆 7 将微动开关 15 压动，使其常闭触点分断，常开触点闭合，起到通电延时的作

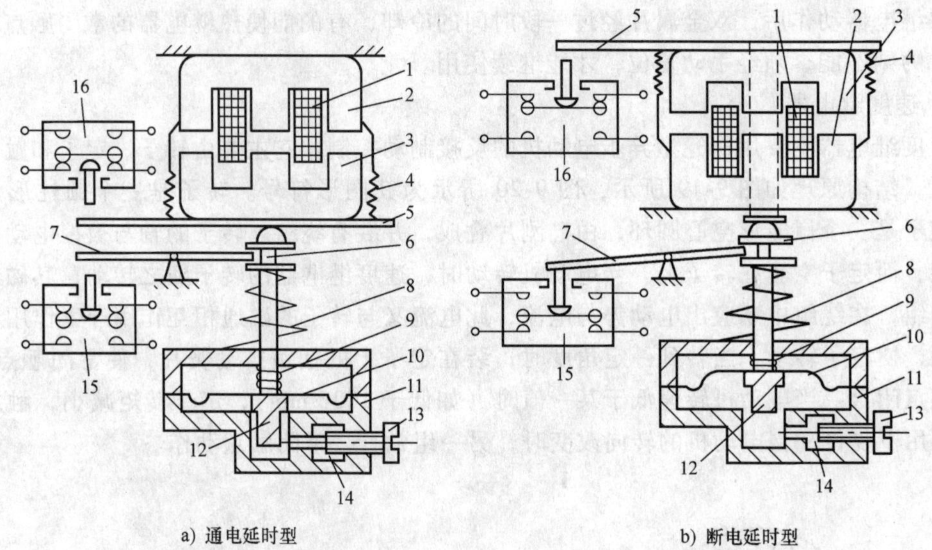

图 9-21 空气式时间继电器

1—线圈 2—铁心 3—衔铁 4—反力弹簧 5—推板 6—活塞杆 7—杠杆 8—塔形弹簧 9—弱弹簧 10—橡皮膜 11—空气室壁 12—活塞 13—调节螺杆 14—进气孔 15、16—微动开关

用。当线圈 1 断电后，电磁吸力消失，衔铁 3 在反力弹簧 4 的作用下释放，并通过活塞杆 6 将活塞 12 推向下端，这时橡皮膜 10 下方气室内的空气通过橡皮膜 10、弱弹簧 9 和活塞 12 的肩部所形成的单向阀，迅速地从橡皮膜上方的空气缝隙中排掉，因此杠杆 7 和微动开关 15 能迅速复位。在线圈 1 通电和断电时，微动开关 15 和微动开关 16 在推板 5 的作用下都能瞬时动作，为时间继电器的瞬动触点。

将通电延时型时间继电器的电磁机构翻转 180°安装，即为断电延时型。时间继电器的图形符号如图 9-22 所示。

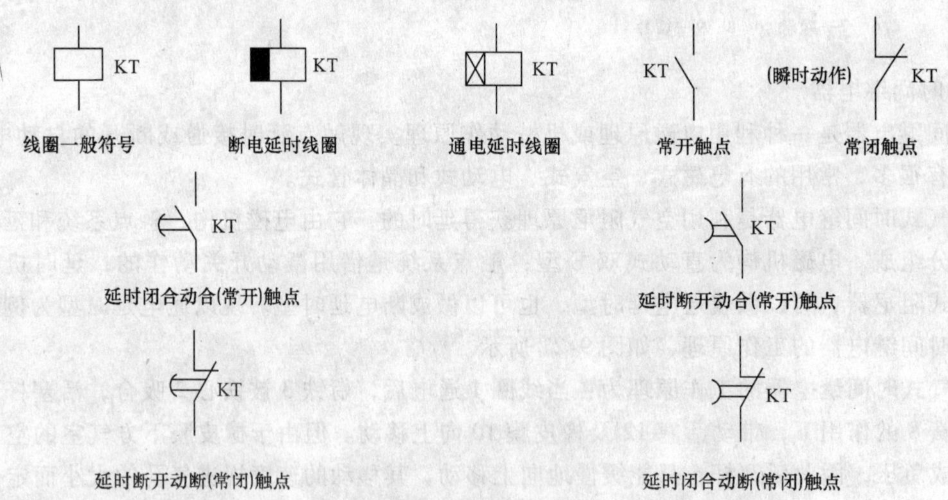

图 9-22 时间继电器的图形符号

9.2 电气控制原理图及继电—接触控制的基本环节

9.2.1 电气控制原理图

生产机械电气控制电路图通常包括原理图及安装图。原理图主要表示各电器元件间相互作用的图，是本节阐述的内容。安装图是绘制各电器元件的实际位置，供安装检修使用的图，本教材不作介绍。

电气控制原理图一般按以下原则进行：

1）分成电源电路、主电路、控制电路和辅助电路几部分。主电路是供给大电流的电路或接到电动机的电路，包括电动机或其他电气设备、起动器、开关、熔断器和热继电器的热元件等。电源电路以水平方向画出，主电路垂直于电源电路绘制。控制电路指控制接触器、继电器等励磁线圈的电路，该电路的电流小，用来控制主电路的通断。辅助电路主要指照明和信号电路。有时把控制电路与辅助电路合称为辅助电路。

2）原理图中的各种电器均采用国家标准规定的图形符号和文字符号。国家标准 GB/T 4728—1985 ~ 2000《电气图常用图形符号》是参照国际标准制定的，部分常用的图形符号见附录 C。若在本教材及他处遇到表中未列出的符号，则需查国际标准，不得自行采用其他符号。标准中对某些符号有两种规定的，在同一张图中，只能采用其中一种。国家标准 GB/T 7159—1987《电气技术中的文字符号制订通则》规定了文字符号的有关内容。其中，基本文字符号（单字母或双字母）表示各种电气设备、装置和元器件，常用的基本文字符号见附录 D。辅助文字符号用以表示电气设备、装置和元器件的功能、状态和特性，常用的辅助文字符号见附录 E。电源线路和三相电气设备端的标记代号见附录 F。在图中，同一电器的各元件如线圈、触点等用同一文字符号，同类元件有几个时在文字符号后加数字区别。

3）电器应是未通电或未受外力作用时的状态，例如常开触点应是断开的，按钮应是未按压的位置等。

4）无论是主电路还是辅助电路，各电器元件一般应按动作顺序从上到下、从左到右依次排列，可水平布置或垂直布置。

5）与电路无直接联系的零部件，一般不予画出。

6）图中有直接联系的交叉连接点要画一实心圆点。

9.2.2 继电—接触控制的基本环节

控制电路是由一些基本环节组成的，主要包括点动环节、自锁环节、联锁环节和保护环节等。下面以笼型三相异步电动机的控制电路为例说明这些基本环节。

1. 点动环节

图 9-23 所示为三相笼型异步电动机的点动控制电路。图中，三相电源按相序排列标记为 L_1、L_2、L_3，三相隔离手动开关为 QS，主电路中电动机的三个引出端用 U、V、W 表示，电动机通过接触器 KM 主触点接电源，FU_1 为熔断器，作短路保护。

控制电路通过熔断器 FU_2 接电源，接触器 KM 线圈与按钮 SB 串联。单向点动的操作顺序为：

1）合上电源开关 QS，引入电源。

2）起动：按下点动按钮 SB→接触器 KM 线圈通电→KM 主触点闭合→电动机 M 通电起动。

3）停止：松开 SB→KM 线圈断电→KM 主触点断开→电动机 M 断电停车。

2. 自锁环节

要实现电动机长期运行这个目的，只需要在点动之后把点动开关短路即可。图 9-24 所示为三相异步电动机的单向起动控制电路，其中 SB_2 为起动按钮，当按下 SB_2 时，接触器 KM 线圈通电，其常开主触点闭合，接通电源使电动机 M 起动，与此同时接触器的常开辅助触头闭合，把 SB_2 短路，松开 SB_2 后，KM 线圈仍然通电，起动后的电动机能继续运行。这种将接触器的常开辅助触点并联在起动按钮两端，锁闭其励磁线圈所在电路的环节，称为自锁（或自保）环节。

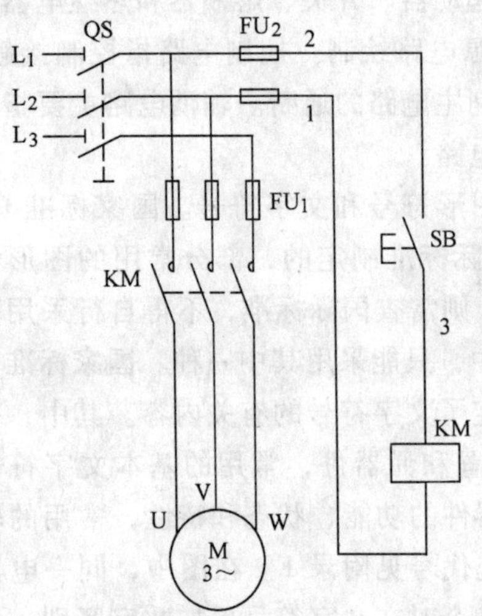

图 9-23　三相异步电动机的单向点动控制电路

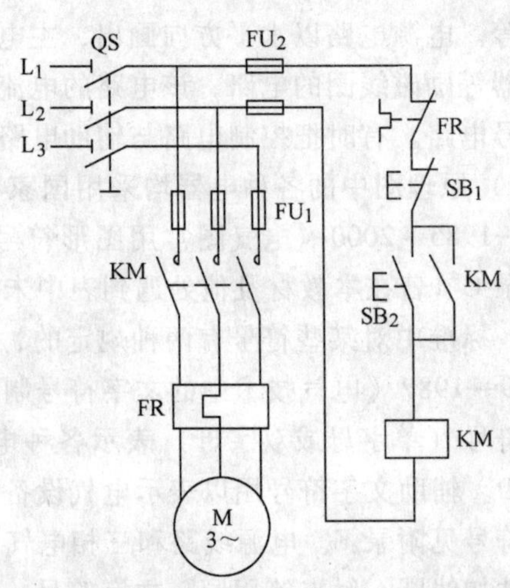

图 9-24　三相异步电动机的单向起动控制电路

按钮 SB_1 是停止按钮，它具有常闭触点，串联于控制电路中，起动和运行时其闭合。若需停车，则按下 SB_1，使接触器 KM 线圈断电，电动机停止运行。操作顺序为：

1）合上电源开关 QS，引入电源。

2）起动：按下起动按钮 SB_2 →接触器 KM 线圈通电 →
- →KM 主触点闭合→ 电动机接通电源起动并运行。
- →KM 辅助触点闭合自锁（称为自锁触点）。

3）停止：按下停止按钮 SB_1 →接触器 KM 线圈断电 →
- →KM 主触点断开→ 电动机断电停车。
- →KM 自锁触点断开。

3. 联锁环节

图 9-25 所示为三相异步电动机的正、反转起动控制电路，其中图 9-25a、b、c 是三种不同方式的控制电路，实现同一个联锁（又称互锁）环节。所谓联锁就是两只控制电器利用它们各自的触点锁住对方。电动机的正、反转是通过改变电动机电源的相序实现的，图 9-25a 中

接触器 KM_1 主触点闭合电动机正转，接触器 KM_2 主触点闭合电动机反转。两个接触器不能同时通电，否则会造成短路事故（图中为第一、三相短路），这就需要用联锁环节实现。

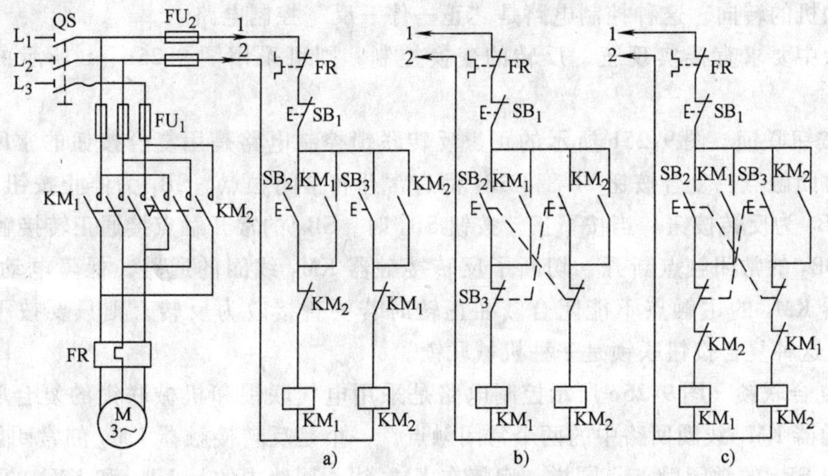

图 9-25　三相异步电动机的正、反转起动控制电路

（1）辅助触点作联锁　无论正转或反转，每一部分控制电路都有自锁环节，不再重复。联锁的实现是在正转控制电路中串联了反转接触器的常闭辅助触点，在反转控制电路中串联了正转接触器的常闭辅助触点，这两个常闭辅助触点分别牵制了对方的动作。由接触器辅助触点作联锁是一种电气联锁，在控制电路中起联锁作用的接触器触点称为联锁触点。

图 9-25a 中电动机正、反转起动的操作顺序为：

1）合上电源开关。

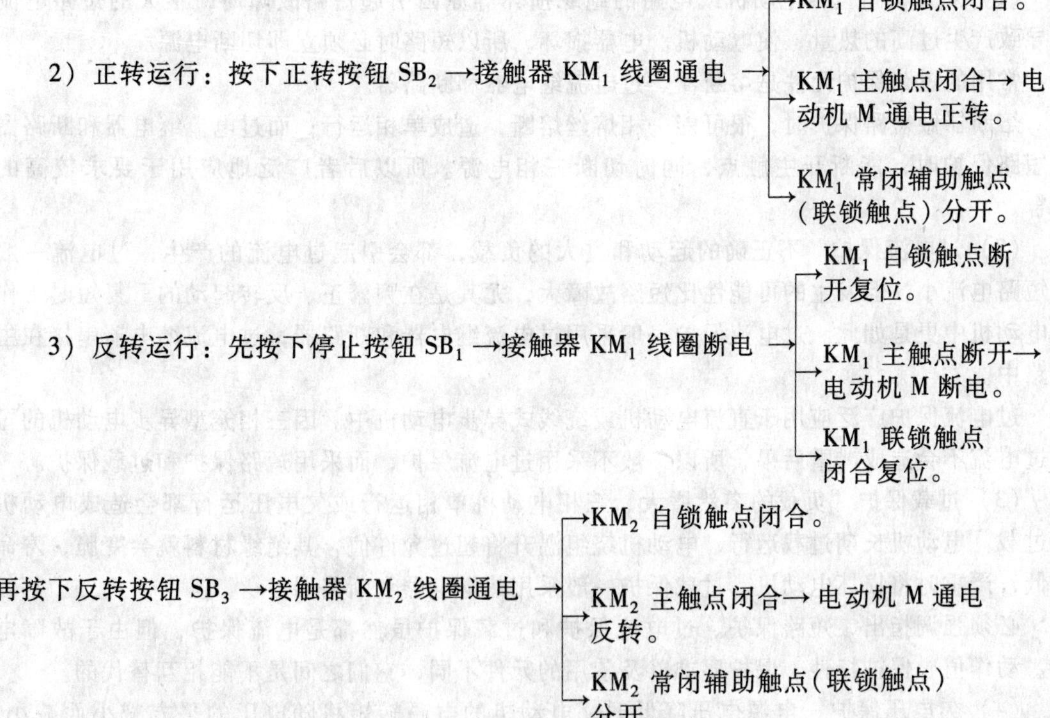

2）正转运行：按下正转按钮 SB_2 →接触器 KM_1 线圈通电 →
→ KM_1 自锁触点闭合。
→ KM_1 主触点闭合→电动机 M 通电正转。
→ KM_1 常闭辅助触点（联锁触点）分开。

3）反转运行：先按下停止按钮 SB_1 →接触器 KM_1 线圈断电 →
→ KM_1 自锁触点断开复位。
→ KM_1 主触点断开→电动机 M 断电。
→ KM_1 联锁触点闭合复位。

再按下反转按钮 SB_3 →接触器 KM_2 线圈通电 →
→ KM_2 自锁触点闭合。
→ KM_2 主触点闭合→ 电动机 M 通电反转。
→ KM_2 常闭辅助触点（联锁触点）分开。

从上面的操作顺序来看，在图 9-25a 所示的控制电路中，要改变电动机的转向，必须先按下停止按钮 SB_1，使联锁常闭触点复位后，再按下反转起动按钮 SB_3 或正转起动按钮 SB_2 来改变电动机的转向。这种控制电路是“正—停—反”控制电路。

若生产中要求直接实现正、反转的变换控制，则可采用图 9-25b、c 所示的两种控制电路。

（2）按钮联锁　图 9-25b 所示的正、反转联锁控制电路是用复合按钮的常闭触点替代接触器的常闭触点，复合按钮 SB_2 和 SB_3 都有常开和常闭触点。SB_1 为停止按钮，SB_2 为正转按钮，SB_3 为反转按钮。当按下正转按钮 SB_2 时，SB_2 的常开触点接通正转接触器 KM_1 线圈，同时 SB_2 的常闭触点断开，切断了反转接触器 KM_2 线圈的通路，保障电动机正转时，反转接触器 KM_2 的主触点不能闭合。在正转时若要直接改为反转，则只要按下反转按钮 SB_3 即可。这种复合按钮联锁是一种机械联锁。

（3）复合联锁　图 9-25c 所示控制电路是采用电气联锁和机械联锁的复合联锁。串接在正转接触器 KM_1 线圈回路中的两个常闭触点，一个是反转接触器 KM_2 的常闭触点，一个是反转按钮 SB_3 的常闭触点；同样，串接在 KM_2 线圈回路中的是 KM_1 和 KM_2 的两个触点。

这种电路也能实现在运行时，快速直接地进行转向变换，而且由于采用了复合联锁，使得电路能更可靠地工作。

4. 保护环节

电气控制系统一方面要控制电动机的起动、运行及制动等，另一方面要保护电动机长期安全、可靠地运行以及保障人身的安全。所以保护环节是任何自动控制系统中不可缺少的组成部分。常见的保护环节有短路保护、过电流保护、过载保护、欠电压保护、零电压保护和零励磁保护。

（1）短路保护　当电动机或电路的绝缘损坏等原因引起短路故障时，很大的短路电流将导致产生过高的热量，使电动机、电器损坏，所以短路时必须立即切断电源。

常用的短路保护元件是熔断器、过电流继电器和断路器。

熔断器做短路保护时，很可能一相熔丝熔断，造成单相运行；而过电流继电器和断路器作短路保护时，能断开主触点，同时切断三相电源。所以后者广泛地应用于要求较高的场合。

（2）过电流保护　不正确的起动和过大的负载，都会引起过电流的产生，过电流一般比短路电流小，但发生的可能性比短路故障大，尤其是在频繁正、反转起动的重复短时工作制电动机中更是如此。过电流保护一般采用过电流继电器和断路器，过电流继电器串接在主电路中。

过电流保护广泛应用于直流电动机或绕线式异步电动机中。因三相笼型异步电动机的短时过电流不会造成严重后果，所以一般不采用过电流保护，而采用短路保护和过载保护。

（3）过载保护　负载的突然增大、三相电动机单相运行或欠电压运行都会造成电动机的过载。电动机长期过载运行，电动机绕组温升将超过允许值，其绝缘材料就会变脆，寿命降低，严重时将损坏电动机。过载保护一般采用热继电器和断路器。

必须强调指出，短路保护、过电流保护和过载保护虽然都是电流保护，但由于故障电流、动作值、保护特性、保护要求以及使用的元件不同，它们之间是不能相互替代的。

（4）欠电压保护　电源电压降低时，电动机的电磁转矩将随电压的平方减小而减小。

若负载不变，就会造成电动机电流增大而过载运行；另一方面，当电源电压降到60% U_N时，控制电动机的接触器既不释放，又不可靠吸合，从而使交流接触器线圈的电流增大甚至过热损坏，所以，当电源电压降到允许值以下时，必须采用欠电压保护以及时切断电源。

欠电压保护一般采用欠电压继电器和断路器来实现，欠电压继电器并联在任意两相电源上。

（5）零电压保护　若运行中的电动机因突然断电而停转，那么在电源电压恢复时，电动机如果自行起动，就可能造成设备损坏和人身事故；而且，多台电动机及其他用电设备同时自行起动，也会引起巨大的过电流，瞬间会导致电源电压下降。为了防止电源失电后恢复供电时电动机自行起动的保护称为零电压保护。

在许多机床控制电路中，一般都采用按钮发号施令，而不是用控制器操作，利用按钮的自动恢复作用和接触器的自锁作用，电路本身已兼备了零电压保护，所以不必加零电压保护。

（6）零励磁保护　直流励磁电动机在负载运行时，若励磁电流减弱很多或消失，则电枢电流将迅速增加，使电枢绕组的绝缘因过热而损坏；而在轻载运行时，若励磁电流减弱很多或消失，电动机将超速运行甚至飞车，将严重损坏设备。所以必须采用零励磁保护。

零励磁保护是通过在电动机励磁回路中串入欠电流继电器来实现的。如果励磁电流降低太多或消失，那么欠电流继电器就会释放，其常开触点断开接触器KM线圈，使电动机断电停车。

9.3 开关自动控制电路

9.3.1 行程控制

行程开关也称为位置开关，主要用于将机械位移变为电信号，以实现对机械运动的电气控制。当机械运动部件撞击触杆时，触杆下移使常闭触点断开，常开触点闭合；当运动部件离开后，在复位弹簧的作用下，触杆回复到原来的位置，各触点恢复常态。行程开关的结构图及图形符号如图9-26所示。

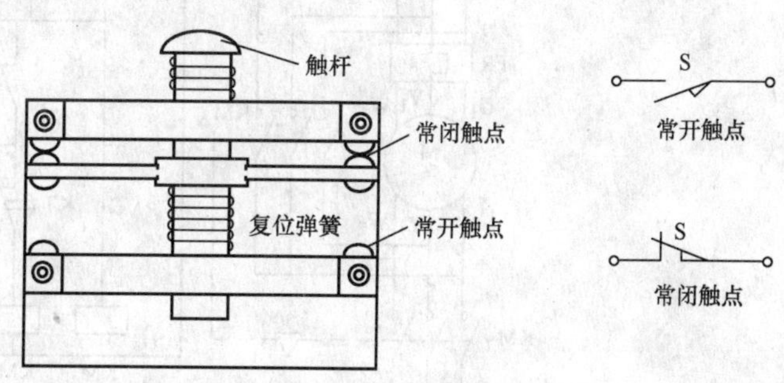

图9-26　行程开关的结构图及图形符号

一些生产机械运动部件运动状态的转换靠其运动到一定位置时，由行程开关发出信号进行控制，称为行程控制或位置控制。图9-27所示为机床自动往返并具有限位保护的控制电路，电路中的S_1、S_2是用于自动往返的行程开关，S_3、S_4作为限位保护。工作台上有两块挡块，向左移动时，左挡块撞到行程开关S_1，电动机正转控制电路断开，由于行程开关S_1的常开触点并联在反转控制电路的自锁环节上，因此同时接通了反转控制电路，电动机反转，工作台返回右移。一旦S_1失灵，则工作台继续左移，左挡

块撞到行程开关 S_3，切断正转控制电路，进行保护。同理，S_2、S_4 在工作台向右移动时起到类似向左移动时的位置控制和限位保护作用。

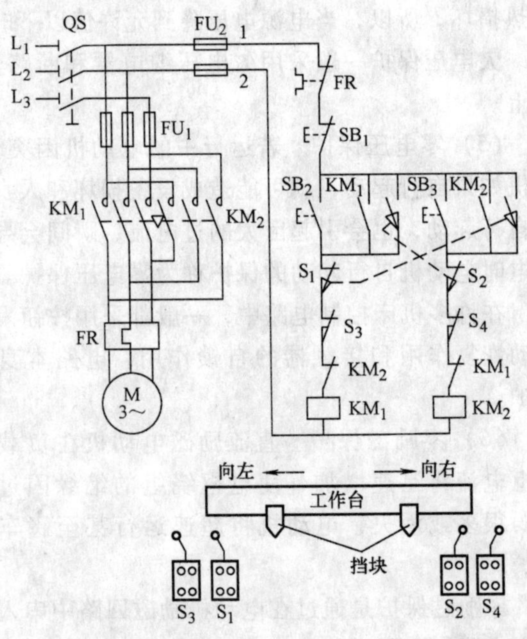

图 9-27　三相异步电动机自动往返控制电路

9.3.2　时间控制

自动控制系统中经常需要由时间继电器输出延时信号，按时间顺序进行控制，如电动机串电阻起动、三相异步电动机减压起动等。

图 9-28 所示控制电路为三相异步电动机星形—三角形减压起动控制电路。其中用了通电延时的时间继电器 KT，KM、KM_Y、KM_Δ 是三个交流接触器，电动机定子绕组的六个出线端为 U_1U_2、V_1V_2、W_1W_2，接触器 KM_Y 主触点闭合时，定子绕组组成星形联结，以此延时一段时间，接触器 KM_Δ 主触点闭合，KM_Y 断开，定子绕组结束星形联结，换为三角形联结。

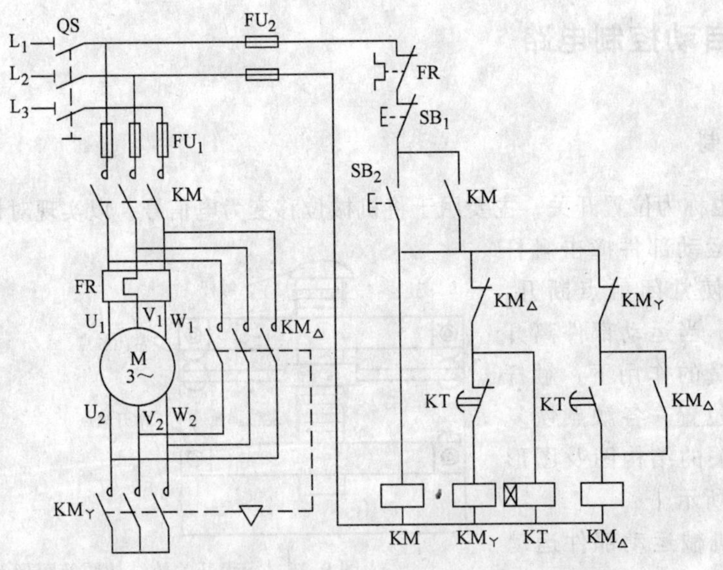

图 9-28　三相异步电动机自动星形—三角形减压起动控制电路

小　结

1. 几种常用的低压电器包括：

1）刀开关作为手动操作的开关，结构简单、应用广泛。

2）熔断器的实质是为保护电路中的电气设备及导线免遭短路电流的损坏，在电路中人为制造的一个相对薄弱的环节。

3）接触器是利用电磁机构工作的典型代表，是能够实现频繁和远距离电动操作的低压开关，常用于低压电动机的各种控制电路中。

4）继电器包括电压继电器、电流继电器、中间继电器、速度继电器和时间继电器等，是一种根据某种物理量的变化接通或断开小电流控制电路的自动电器。

2. 继电—接触控制的基本环节有点动环节、自锁环节、保护环节和联锁环节等，是本章学习的重点。

3. 继电—接触控制中常见的自动控制方式：

1）按行程的自动控制可实现机床工作台的自动往返、桥式起重机的运动行程等位置控制。

2）按时间的自动控制可实现异步电动机的星形—三角形减压起动控制等。

习题 9

9-1 写出下列电器的作用、图形符号和文字符号：

熔断器 组合开关 按钮 交流接触器 热继电器 时间继电器 速度继电器

9-2 简述交流接触器的工作原理。

9-3 简述热继电器的工作原理。

9-4 什么是欠电压保护？如何实现？

9-5 对照实物，认识交流接触器、电压（电流）继电器和热继电器。

9-6 在电动机的控制电路中，熔断器和热继电器能否相互代替？为什么？

9-7 分析图 9-29 中各控制电路按正常操作时会出现什么现象？若不能正常工作请加以改进。

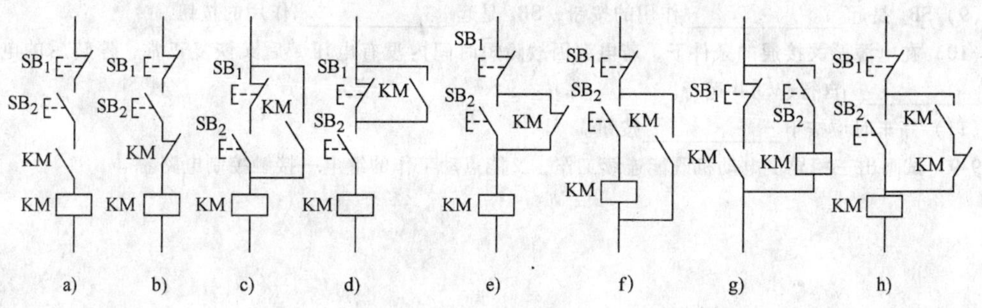

图 9-29 习题 9-7 图

9-8 图 9-30 所示为三相异步电动机带点动的自动往返控制电路，电动机正转时工作台向前移动，反转向后移动，请仔细读图，然后在下列各空格内填入正确结论。

（1）主电路中接触器 KM_1 主触点闭合时，电动机正转；________________时，反转。

（2）熔断器 FU_1 是用来作__________保护的，热继电器 FR 是用来做________保护的。

（3）要使电动机转动，工作台移动，合上电源开关 QS 后，应该先按下按钮________。

（4）工作台向前移动到规定位置时，行程开关 S_1 常闭触点（5-6）断开后，动作过程是____________________________，从而实现了工作台自动向后移动。

（5）行程开关 S_2 常闭触点（9-10）在________________分开。

（6）接触器 KM_1 常开触点（4-14）的作用是实现______________，常闭触点（11-12）的作用是实

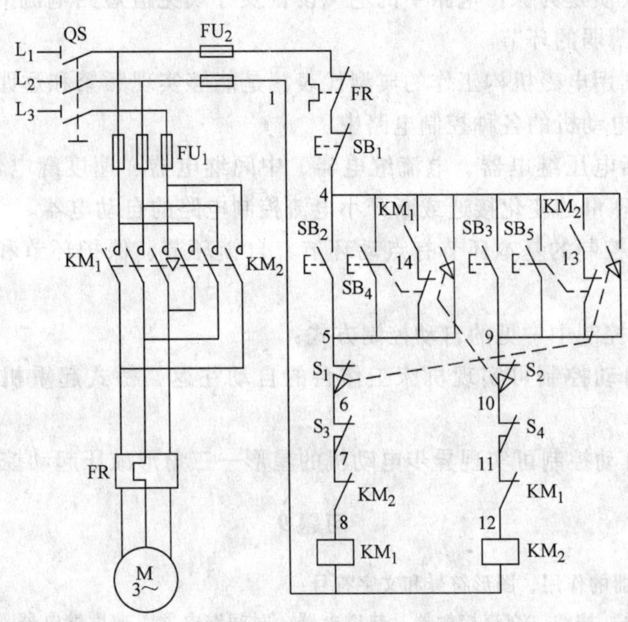

图 9-30　习题 9-8 图

现＿＿＿＿＿＿＿＿＿＿＿＿＿＿＿。

(7) 行程开关 S_1 常闭触点（5-6）的作用是实现＿＿＿＿＿＿＿＿＿，常开触点（4-9）的作用是实现＿＿＿＿＿＿＿＿＿＿＿＿＿＿＿＿＿。

(8) 行程开关 S_3 在＿＿＿＿＿＿条件下起＿＿＿作用，行程开关 S_4 在＿＿＿＿＿条件下起＿＿＿＿＿作用。

(9) SB_4 是起＿＿＿＿＿＿作用的按钮，SB_5 是起＿＿＿＿＿＿作用的按钮。

(10) 在电源开关接通的条件下，若电源因故障短时间内没有电压，后又恢复正常，停转后的电动机＿＿＿＿＿＿自行起动并运行。

(11) 停车时应按下＿＿＿＿＿＿按钮。

9-9　试画出三相异步电动机既能连续工作，又能点动工作的继电—接触控制电路。

第10章 安全用电

本章导读:

随着科学技术的发展，无论是在工农业生产，还是人民生活中，电能的应用越来越广泛。从事电类工作的人员，必须懂得安全用电常识，树立安全责任重于泰山的观念，避免发生触电事故，以保护人身和设备的安全。

通过本章的学习，读者可以了解有关人体触电的知识，懂得引起触电的原因及常用的预防措施，会进行触电后的及时抢救，并了解日常用电和生活中的一些防雷常识。

本章学习要求:

1）掌握触电的种类及方式。

2）掌握触电的原因及预防措施。

3）掌握触电现场的急救措施。

4）了解有关雷电的知识。

10.1 人体触电的有关知识

人体是导体，当发生触电，导致电流通过人体时，会使人体受到不同程度的伤害。由于触电的种类、方式及条件不同，受伤害的后果也不一样。

10.1.1 人体触电的种类和方式

1. 人体触电的种类

人体触电有电击和电伤两类。

1）电击是指电流通过人体时所造成的内伤。它可使肌肉抽搐、内部组织损伤，造成发热、发麻和神经麻痹等。严重时将引起昏迷、窒息，甚至心脏停止跳动、血液循环中止而死亡。通常说的触电，多是指电击。触电死亡中绝大部分是由电击所造成的。

2）电伤是在电流的热效应、化学效应、机械效应以及电流本身的作用下造成的人体外伤。常见的有灼伤、烙伤和皮肤金属化等现象。灼伤由电流的热效应引起，主要是指电弧灼伤，造成皮肤红肿、烧焦或皮下组织损伤；烙伤也是由电流的热效应引起，是指皮肤被电器的发热部分烫伤或由于人体与带电体紧密接触而留下肿块、硬块，使皮肤变色等；皮肤金属化则是指由电流的热效应和化学效应导致熔化的金属微粒渗入皮肤表层，使受伤部位的皮肤带金属颜色且留下硬块。

2. 人体触电的方式

（1）单相触电　这是常见的触电方式。人体的一部分接触带电体的同时，另一部分又与大地或零线（中性线）相接，电流从带电体流经人体到大地（或零线）形成回路，这种触电称为单相触电，如图 10-1 所示。在接触电气线路（或设备）时，若不采取防护措施，一旦电气线路或设备的绝缘损坏而漏电，则将引起间接的单相触电。若站在地上误触带电体的裸露金属部分，则将造成直接的单相触电。

（2）两相触电　人体的不同部位同时接触两相电源带电体而引起的触电称为两相触电，如图 10-1 所示。对于这种情况，无论电网中性点是否接地，人体所承受的线电压都比单相触电时高，危险性更大。

（3）跨步电压触电　雷电流入地时或载流电线（特别是高压线）断落到地上时，会在导线接地点及周围形成强电场，其电位分布以接地点为圆心向周围扩散并逐步降低，从而在不同位置形成电位差（电压），若人跨进这个区域，则两脚之间将存在电压，该电压称为跨步电压。在这种电压作用下，电流从接触高电位的脚流进，从接触低电位的脚流出，这就是跨步电压触电。如图 10-2 所示，图中坐标原点表示带电体的接地点，横坐标表示位置，纵坐标负方向表示电位分布。U_{11}为人两脚间的跨步电压。

（4）悬浮电路上的触电　工频交流电通过变压器相互隔离的一、二次绕组后，若从二次侧输出的电压零线不接地，则当变压器绕组不漏电时，即相对于大地处于悬浮状态。若人站在地上接触其中一根带电导线，不会构成电流回路，没有触电感觉。如果人体一部分接触二次绕组的一根导线，另一部分接触该绕组的另一根导线，就会造成触电。例如电子管收音机、电子管扩音机和部分彩色电视机，它们的金属底板是悬浮电路的公共接地点，在接触或检修这类机器的电路时，如果一只手接触电路的高电位点，另一只手接触低电位点，即用人体将电路连通造成的触电，这就是悬浮电路触电。在检修这类机器时，一般要求单手操作，特别是电位比较高时更应如此。

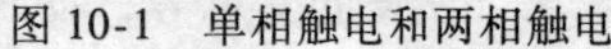

图 10-1　单相触电和两相触电

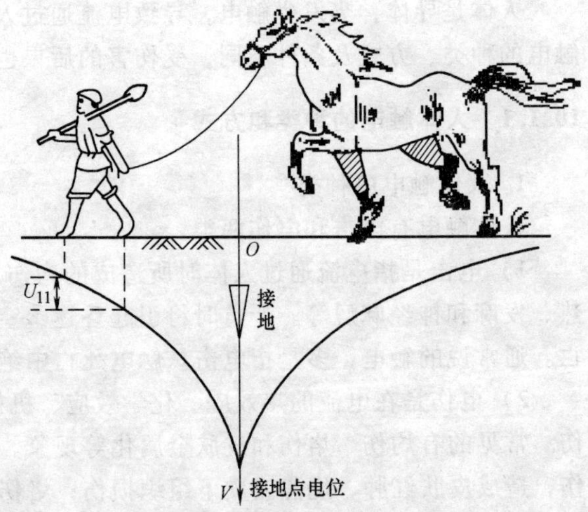

图 10-2　跨步电压触电

10.1.2　电流伤害人体的因素

人体对电流的反应非常敏感，触电时电流对人体的伤害程度与以下几个因素有关。

1. 电流的大小

触电时，流过人体的电流大小是造成损伤的直接因素。人们通过大量实验证明，通过人体的电流越大，对人体的损伤越严重。

2. 电压的高低

人体接触的电压越高，流过人体的电流越大，对人体的伤害越严重。但在对触电事例的分析统计中，70%以上的死亡者是在对地电压为250V的低压下触电的。如以触电者人体电阻为1kΩ计，在220V电压作用下，通过人体的电流是220mA，能迅速使人致死。对地电压为250V以上的高压，本来危险性更大，但由于人们接触少，且对它警惕性较高，所以触电死亡事例约在30%以下。

3. 频率的高低

实践证明，40～60Hz的交流电对人的危害最大，随着频率的增高，触电危险程度将下降。表10-1表明了这种关系。

表10-1 不同频率的电流对人体的伤害

电流频率/Hz	对人体的伤害
50～100	有45%的死亡率
125	有25%的死亡率
200以上	基本上消除了触电危险

4. 时间的长短

技术上常用触电电流与触电持续时间的乘积（称为电击能量）来衡量电流对人体的伤害程度。触电电流越大，触电时间越长，则电击能量越大，对人体的伤害越严重。若电击能量超过150mA·s时，则触电者就有生命危险。

5. 电流通过的路径

电流通过头部可使人昏迷，通过脊髓可能导致肢体瘫痪，通过心脏可造成心跳停止、血液循环中断，通过呼吸系统会造成窒息。可见，电流通过心脏时，最容易导致死亡。表10-2表明了电流在人体中流经不同路径时，通过心脏的电流占通过人体总电流的百分比。

表10-2 电流的不同路径对人体的伤害

电流通过人体的路径	通过心脏电流占通过人体总电流的百分数(%)
从一只手到另一只手	3.3
从右手到右脚	3.7
从右手到左脚	6.7
从一只脚到另一只脚	0.4

从表10-2中可以看出，电流从右手到左脚危险性最大，如图10-3所示。

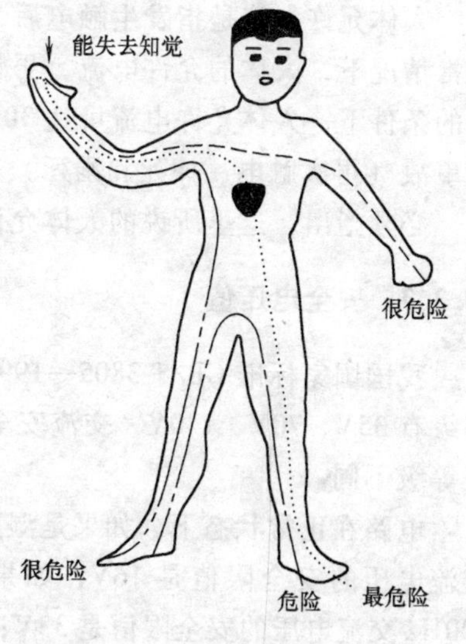

图10-3 电流通过人体的路径

6. 人体的状况

人的性别、健康状况和精神状态等与触电伤害程度有着密切的关系。女性比男性触电伤害程度约严重30%。小孩与成人相比，触电伤害程度也要严重得多。体弱多病者比健康人容易受电流伤害。另外，人的精神状况、对接触电器有无思想准备、对电流反应的灵敏程度、醉酒和过度疲劳等都可能增加触电事故的发生几率，并加重触电伤害程度。

7. 人体电阻的大小

人体电阻越大，受电流伤害越轻。通常人体电阻可按 1 ~ 2kΩ 考虑，这个数值主要由皮肤表面的电阻值决定。如果皮肤表面角质层损伤、皮肤潮湿、流汗和带有导电粉尘等，将会大幅度降低人体电阻，加重触电伤害的程度。

10.2 人体触电的安全电压

触电时，人体所承受的电压越低，通过人体的电流就越小，触电伤害程度就越轻。当电压低到某一数值以后，对人体就不会造成伤害。在不带任何防护设备的条件下，当人体接触带电体时对各部分组织（如皮肤、神经、心脏和呼吸器官等）均不会造成伤害的电压值，称为安全电压。它通常等于通过人体的允许电流与人体电阻的乘积。在不同的场合，安全电压的规定是不相同的。

10.2.1 人体电阻

人体电阻包括体内电阻和皮肤电阻。体内电阻基本上不受外界影响，是一定值，约为 0.5kΩ；皮肤电阻占人体电阻的绝大部分，但皮肤电阻随着外界条件的不同可在很大范围内变化。皮肤表面 0.05 ~ 0.2mm 的角质层电阻高达 10 ~ 100kΩ，但这层角质层容易遭到破坏，在计算安全电压时不宜考虑在内，除去角质层，人体电阻一般不低于 1kΩ，通常应考虑在 1 ~ 2kΩ 范围内。影响人体电阻的因素很多，除皮肤厚薄外，皮肤潮湿、多汗、有损伤、带有导电粉尘、与带电体接触面大和接触压力大等都将减小人体电阻，加大触电电流，增加触电危险。

人体电阻还与接触电压有关，接触电压升高，人体电阻将按非线性规律下降。

10.2.2 人体允许电流

人体允许电流是指发生触电后，触电者能自行摆脱电源，解除触电危害的最大电流。在通常情况下，人体的允许电流，男性为 9mA，女性为 6mA。在设备和线路装有触电保护设施的条件下，人体允许电流可达 30mA。但在容器中、在高空、水面上等可能因电击造成二次事故（再次触电、摔死和溺死）的场所，人体允许电流应按不引起强烈痉挛的 5mA 考虑。

必须指出，这里所说的人体允许电流不是人体长时间能承受的电流。

10.2.3 安全电压值

我国国家标准 GB/T 3805—1993《特低电压（ELV）限值》中规定，直流特低电压值的等级有 35V、70V、140V，交流安全电压的限值为 16V、33V、55V。不同场所选用的安全电压等级不同。

电路在正常状态下，如果是湿度大的环境，则直流电压的安全限值是 35V，15 ~ 100Hz 交流电压的安全限值是 16V；如果是干燥的环境，则直流电压的安全限值是 70V，15 ~ 100Hz 交流电压的安全限值是 33V；电路在单故障（能影响两个可同时触及的可导电部分间电压的单一故障）状态下，如果是湿度大的环境，则直流电压的安全限值是 70V，15 ~

100Hz 交流电压的安全限值是 33V；如果是干燥的环境，则直流电压的安全限值是 140V，15～100Hz 交流电压的安全限值是 55V。

安全电压的规定是从总体上考虑的，对于某些特殊情况或某些人也不一定绝对安全。是否安全与人的现时状况（主要是人体电阻）、触电时间长短、工作环境、人与带电体的接触面积和接触压力等都有关系。所以即使在规定的安全电压下工作，也不可粗心大意。

10.3 触电原因及预防措施

触电包括直接触电和间接触电两种。直接触电是指人体直接接触或过分接近带电体而触电；间接触电指人体触及正常时不带电而发生故障时才带电的金属导体而触电。本节首先分析触电的常见原因，从而提出预防直接触电和间接触电的几种措施。

10.3.1 触电的常见原因

触电的场合不同，引起触电的原因也不同，下面根据在工农业生产、日常生活中所发生的不同触电事例，将常见的触电原因归纳如下。

1. 线路架设不合规定

室内、外线路对地距离，导线之间的距离小于允许值；通信线、广播线与电力线的间隔距离过近或同杆架设；线路绝缘破损；有的地区为节省电线而采用一线一地制送电等。

2. 电气操作制度不严格、不健全

带电操作时不采取可靠的安全保护措施；不熟悉电路和电器而盲目修理；救护已触电的人时自身不采取安全保护措施；停电检修时不挂警告牌；检修电路和电器时使用不合格的绝缘保护工具；人体与带电体过分接近又无绝缘措施或屏护措施；在架空线上操作时不在相线上加临时接地线（零线）；无可靠的防高空跌落措施等。

3. 用电设备不合要求

电器设备内部绝缘损坏，金属外壳又未加保护接地措施或保护接地线太短、接地电阻太大；开关、刀开关、灯具和携带式电器的绝缘外壳破损，失去防护作用；开关、熔断器误装在中性线上，一旦断开，就使整个线路带电。

4. 用电不谨慎

违反布线规程，在室内乱拉电线；随意加大熔断器熔丝规格；在电线上或电线附近晾晒衣物；在电杆上拴牲口；在电线（特别是高压线）附近打鸟、放风筝；未断电源移动家用电器；打扫卫生时，用水冲洗或用湿布擦拭带电电器或线路等。

10.3.2 预防触电的措施

1. 预防直接触电的措施

（1）绝缘措施　用绝缘材料将带电体封闭起来的措施称为绝缘措施。良好的绝缘是保证电气设备和线路正常运行的必要条件，是防止触电事故发生的重要措施。

绝缘材料的选用必须与该电气设备的工作电压、工作环境和运行条件相适应，否则容易造成击穿。常用的电工绝缘材料，如瓷、玻璃、云母、橡胶、木材、塑料、布、纸和矿物油等，其电阻率多在 $10^7\Omega\cdot m$ 以上。但应注意，有些绝缘材料如果受潮，就会降低甚至丧失绝缘性能。

绝缘材料的绝缘性能往往用绝缘电阻表示。不同的设备和线路对绝缘电阻的要求不同。新装或大修后的低压设备和线路的绝缘电阻不应低于0.5MΩ；运行中的线路和设备的绝缘电阻为1kΩ；潮湿工作环境下，则要求0.5kΩ；携带式电气设备的绝缘电阻不应低于2kΩ；配电盘二次线路的绝缘电阻不应低于1kΩ，在潮湿环境下不低于0.5kΩ；高压线路和设备的绝缘电阻不低于1000MΩ。

（2）屏护措施　采用屏护装置将带电体与外界隔绝开来，以杜绝不安全因素的措施称为屏护措施。常用的屏护装置有遮栏、护罩、护盖和栅栏等。如常用电器的绝缘外壳、金属网罩、金属外壳、变压器的遮栏、栅栏等都属于屏护装置。凡是用金属材料制作的屏护装置，应妥善接地或接零。

屏护装置不直接与带电体接触，对所用材料的电气性能没有严格要求，但必须有足够的机械强度和良好的耐热、耐火性能。

（3）间距措施　为防止人体触及或过分接近带电体，为避免车辆或其他设备碰撞或过分接近带电体，为防止过电压放电及短路事故，在带电体与地面之间、带电体与带电体之间、带电体与其他设备之间，均应保持一定的安全间距，称为间距措施。安全间距的大小取决于电压的高低、设备的类型及安装的方式等因素。导线与建筑物的最小距离如表10-3所示。

表10-3　导线与建筑物的最小距离

线路电压/kV	1.0以下	10.0	35.0
垂直距离/m	2.5	3.0	4.0
水平距离/m	1.0	1.5	3.0

2. 预防间接触电的措施

（1）加强绝缘措施　对电气线路或设备采取双重绝缘、加强绝缘措施或对组合电气设备采用共同绝缘措施。采用加强绝缘措施的线路或设备绝缘牢固、难于损坏，即使工作绝缘损坏后，还有一层加强绝缘，不易使带电的金属导体裸露而造成间接触电事故。

（2）电气隔离措施　采用隔离变压器或具有同等隔离作用的发电机，使电气线路或设备的带电部分处于悬浮状态的措施称为电气隔离措施。即使该线路或设备的工作绝缘损坏，人站在地面上与之接触也不易触电。

应注意的是，被隔离回路的电压不得超过500V，其带电部分不得与其他电气回路或大地相连，方能保证其隔离要求。

（3）自动断电措施　在带电线路或设备上发生触电事故或其他事故（短路、过载、欠电压等）时，在规定时间内能自动切断电源而起保护作用的措施称为自动断电措施。如漏电保护、过电流保护、过电压或欠电压保护、短路保护及接零保护等均属自动断电措施。

10.4　触电急救

在电气操作和日常用电中，如果采取了有效的预防措施，就会大幅度减少触电事故，但要绝对避免是不可能的。所以，在电气操作和日常用电中必须作好触电急救的思想和技术准备。

10.4.1 触电的现场抢救措施

1. 使触电者尽快脱离电源

发现有人触电，最关键、最首要的措施是使触电者尽快脱离电源。由于触电现场的情况不同，使触电者脱离电源的方法也不一样。在触电现场经常采用以下几种急救方法。

1）迅速关断电源，把人从触电处移开。如果触电现场远离开关或不具备关断电源的条件，只要触电者穿的是比较宽松的干燥衣服，救护者可站在干燥木板上，如图 10-4 所示，用一只手抓住衣服将其拉离电源，但切不可触及触电者的皮肤。如这种条件尚不具备，还可用干燥木棒、竹竿等将电线从触电者身上挑开，如图 10-5 所示。

2）如果触电发生在相线与大地之间，一时又不能把触电者拉离电源，可用干燥绳索将触电者的身体拉离地面，或在地面与人体之间塞入一块干燥木板，这样可以暂时切断带电导体通过人体流入大地的电流。然后再设法关断电源，使触电者脱离带电体。在用绳索将触电者拉离地面时，注意不要发生跌伤事故。

3）救护者手边如有现成的刀、斧、锄等带绝缘柄的工具或硬棒时，可以从电源的来电方向将电线砍断或撬断，如图 10-6 所示。但要注意切断电线时人体切不可接触电线裸露部分和触电者。

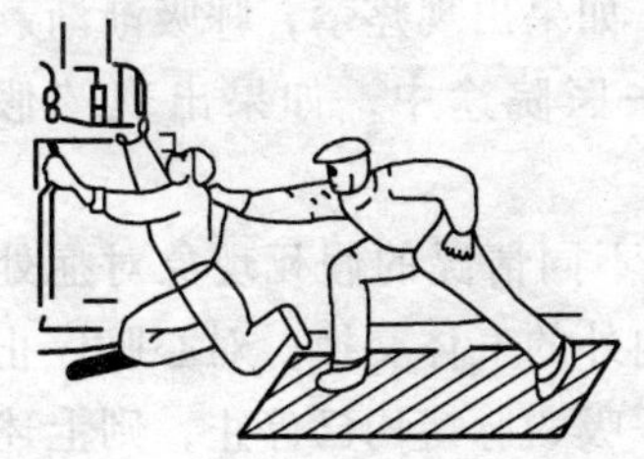

图 10-4 将触电者拉离电源

图 10-5 将触电者身上的电线挑开

图 10-6 用带绝缘柄的工具切断电线

4）如果救护者手边有绝缘导线，可先将一端良好接地，另一端接在触电者所接触的带电体上，使该相电源对地短路，迫使电路跳闸或熔断熔丝，达到切断电源的目的。在搭接带电体时，要注意救护者自身的安全。

5）在电杆上触电，地面上一时无法施救时，仍可先将绝缘软导线一端良好接地，另一端抛掷到触电者接触的架空线上，使该相对地短路，跳闸断电。在操作时要注意两点：①不能将接地软导线抛在触电者身上，这会使通过人体的电流更大。②注意不要让触电者从高空跌落。

注意：以上救护触电者脱离电源的方法，不适用于高压触电情况。

2. 脱离电源后的判断

触电者脱离电源后，应根据其受电流伤害的不同程度，采用不同的施救方法。

(1) 判断呼吸是否停止　将触电者移至干燥、宽敞、通风的地方，将衣、裤松开，使其仰卧，观察胸部或腹部有无因呼吸而产生的起伏动作。若不明显，则可将手或小纸条靠近触电者的鼻孔，观察有无气流流动；将手放在触电者的胸部，感觉有无呼吸动作。若没有，则说明呼吸已经停止。

（2）判断脉搏是否搏动　用手检查颈部的颈动脉或腹股沟处的股动脉，看有无搏动。如有，则说明心脏还在工作。因为颈动脉和股动脉都是人体大动脉，位置表浅，搏动幅度较大，容易感知，所以经常用来作为判断心脏是否跳动的依据。另外，也可将耳朵贴在触电者心区附近，倾听有无心脏跳动的声音，如有，则说明心脏还在工作。

（3）判断瞳孔是否放大　瞳孔是受大脑控制的一个自动调节大小的光圈。如果大脑机能正常，则瞳孔可随外界光线的强弱自动调节大小。处于死亡边缘或已经死亡的人，由于大脑细胞严重缺氧，大脑中枢失去对瞳孔的调节功能，瞳孔就会自行放大，对外界光线强弱不再作出反应，如图 10-7 所示。

瞳孔正常　瞳孔放大

图 10-7　瞳孔的比较

根据上述简单判断的结果，对受伤害程度不同、症状表现不同的触电者，可用下面的方法进行不同的救治。

3. 对不同情况的救治

1）触电者神智清醒，只是感觉头昏、乏力、心悸、出冷汗、恶心或呕吐时，应让其静卧休息，以减轻心脏负担。

2）触电者神智断续清醒，出现一度昏迷时，一方面请医生救治，另一方面让其静卧休息，随时观察其伤情变化，作好万一恶化的施救准备。

3）触电者已失去知觉，但呼吸、心跳尚存时，应在迅速请医生的同时，将其安放在通风、凉爽的地方平卧，给他闻一些氨水，摩擦全身，使之发热。如果出现痉挛，呼吸渐渐衰弱，则应立即施行人工呼吸，并准备担架，送医院救治。在去医院途中，如果出现“假死”，应边送边抢救。

4）触电者呼吸、脉搏均已停止，出现假死现象时，应针对不同情况的假死现象对症处理。如果呼吸停止，用口对口人工呼吸法，迫使触电者维持体内外的气体交换。对心脏停止跳动者，可用胸外心脏压挤法，维持人体内的血液循环。如果呼吸、脉搏均已停止，则上述两种方法应同时使用，并尽快向医院告急。下面介绍口对口人工呼吸法和胸外心脏压挤法。

10.4.2　口对口人工呼吸法

对呼吸渐弱或已经停止的触电者，人工呼吸法是行之有效的。在几种人工呼吸法中，效果最好的是口对口人工呼吸法，其操作步骤如下：

1）将触电者仰卧，松开衣、裤，以免影响呼吸时胸部及腹部的自由扩张。再将颈部伸直，头部尽量后仰，掰开口腔，清除口中脏物，取下假牙，如果舌头后缩，则应拉出舌头，使进出人体的气流畅通无阻，如图 10-8a、b 所示。如果触电者牙关紧闭，可用木片、金属片从嘴角处伸入牙缝，慢慢撬开。

2）救护者位于触电者头部一侧，将靠近头部的一只手捏住触电者的鼻子（防止吹气时气流从鼻孔漏出），并将这只手的外缘压住额部，另一只手托其颈部，将颈上抬，这样可使头部自然后仰，解除舌头后缩造成的呼吸阻塞。

3）救护者深呼吸后，将嘴紧贴触电者的嘴（中间也可垫一层纱布或薄布）大口吹气，如图 10-8c 所示，同时观察触电者胸部的隆起程度，一般应以胸部略有起伏为宜。胸腹起伏过大，则说明吹气太多，容易吹破肺泡。胸腹无起伏或起伏太小，则说明吹气不足，应适当加大吹气量。

4）吹气至触电者可换气时，应迅速离开触电者的嘴，同时放开捏紧的鼻孔，让其自动向外呼气，如图 10-8d 所示。这时应注意观察触电者胸部的复原情况，倾听口鼻处有无呼气声，从而检查呼吸道是否阻塞。按照上述步骤反复进行，对成年人每分钟吹气 14～16 次，大约每 5s 一个循环，吹气时间稍短，约 2s；呼气时间要长，约 3s 左右。对儿童吹气，每分钟 18～24 次，这时不必捏紧鼻孔，让一部分空气漏掉。对儿童吹气时，一定要掌握好吹气量的大小，不可让其胸腹过分膨胀，防止吹破肺泡。

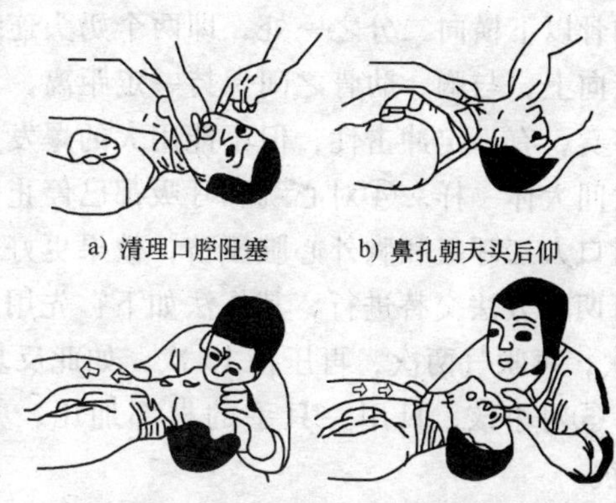

a）清理口腔阻塞　b）鼻孔朝天头后仰

c）贴嘴吹气胸扩张　d）放开嘴鼻好换气

图 10-8　口对口人工呼吸法

在做口对口人工呼吸时，需要注意以下两点：①掌握好吹气压力，一般是刚开始时压力偏大，频率也稍快一些，待 10～20 次后逐渐减小吹气压力，维持胸腹部的轻度舒张即可。②若触电者牙关紧闭，一时无法撬开，则可用口对鼻吹气，方法与口对口吹气相似，只是此时应使触电者嘴唇紧闭，防止漏气。口对鼻吹气时，救护者的嘴唇应完全盖紧触电者的鼻孔，吹气压力也应稍大，吹气时间稍长，这样有利于外部气体充分进入肺内，以便加速人体内外的气体交换。

10.4.3　胸外心脏压挤法

在触电者心脏停止跳动时，可以有节奏地在胸部外加力，对心脏进行挤压。利用人工方法代替心脏的收缩与扩张，以达到维持血液循环的目的，具体操作过程如图 10-9 所示。

下面照图介绍其操作步骤与要领：

1）将触电者仰卧在硬板上或平整的硬地面上，解松衣裤，救护者跪跨在触电者腰部两侧。

2）救护者将一只手的掌根按于触电者胸骨以下横向二分之一处，中指指尖对准颈根凹膛下边缘，另一只手压在那只手的背上呈两手交叠状，肘关节伸直，靠体重和臂与肩部的用力，向触电者脊柱方向慢慢压迫胸骨下段，使胸廓下陷 3～4cm，由此使心脏受压，心室的血液被压出，流至触电者全身各部。

a）中指对凹膛，当胸一手掌

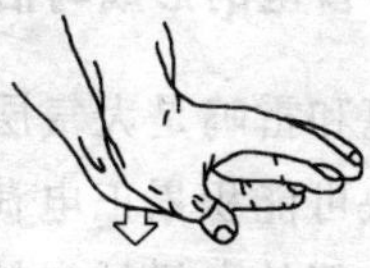

b）掌根用力向下压

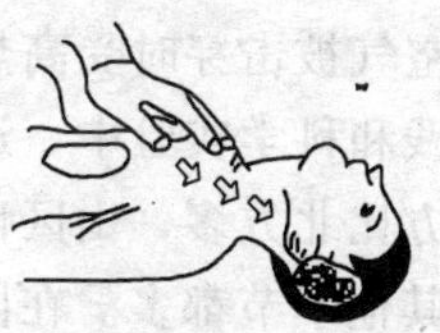

c）慢慢向下

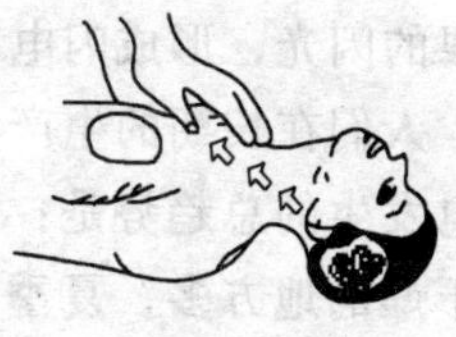

d）突然放松

图 10-9　胸外心脏压挤法

3）双掌突然放松，依靠胸廓自身的弹性，使胸腔复位，让心脏舒张，血液流回心室。放松时，交叠的两掌不要离开胸部，只是不加力而已。

重复 2）、3）步骤，每分钟 60 次左右。

在做胸外心脏压挤时，应注意以下几点：①压挤位置和手掌姿势必须正确，下压的区域在胸骨以下横向二分之一处，即两个奶头连线中间稍偏下方，接触胸部只限于手掌根部，手指应向上，与胸、肋骨之间保持一定距离，不可全掌着力。②用力时要对脊柱方向下压，要有节奏，有一定冲击性，但不能用大的爆发力，否则将造成胸部骨骼损伤。③挤压时间和放松时间大体一样。④对心跳和呼吸都已停止的触电者，如果救护者有两人，则可以同时进行口对口人工呼吸和胸外心脏压挤，效果更好，但两人必须配合默契。如果救护者只有一人，也可两种方法交替进行，其作法如下：先用口对口向触电者吹气两次，立即在胸外压挤心脏15次，再吹气两次，再压挤15次，如此反复进行，直到将人救活或医生确诊已无法抢救为止。⑤对小孩，只用一只手的根部加压，并酌情掌握压力的大小，以每分钟100次左右为宜。

无论是施行口对口人工呼吸法或胸外心脏压挤法，都要不断观察触电者的面部动作，如果发现其眼皮、嘴唇会动，喉部有吞咽动作时，则说明他自己有一定呼吸能力，应暂时停止几秒钟，观察其自动呼吸的情况。如果呼吸不能正常进行或者很微弱，则应继续进行人工呼吸和胸外心脏压挤，直到能正常呼吸为止。在触电者呼吸未恢复正常以前，无论什么情况，包括送医院途中、雷雨天气（雷雨时可移至室内）或时间已进行得很长而效果不甚明显等，都不能中止这种抢救。事实上，用人工呼吸法抢救的触电者中，有长达7～10h才救活的。

10.5 防雷常识

雷击是一种自然灾害，它往往威胁着人们的生产和生活安全。人们通过对雷电长期的探索研究，找出了它的活动规律，也研究出了一系列防雷措施。本节将讲述这些知识。

10.5.1 雷电的形成与活动规律

闪电和雷鸣是大气层中强烈的放电现象。在云块的形成过程中，由于摩擦和其他原因，有些云块可能积累正电荷，另一些云块又可能积累负电荷，随着云块间正负电荷的分别积累，云块间的电场越来越强，电压也越来越高。当这个电压高达一定值或带异种电荷的云块接近到一定距离时，将会使其间的空气击穿，发生强烈放电。云块间的空气被击穿电离发出耀眼的闪光，形成闪电。空气被击穿时受高热而急剧膨胀，发出爆炸的轰鸣，形成雷声。

人们在长期的生产实践和科学实验中，逐步认识和总结出了雷电活动的规律。在我国，雷电发生的总趋势是：南方比北方多，山区比平原多，陆地比海洋多，热而潮湿的地方比冷而干燥的地方多，夏季比其他季节都多。在同一地区，凡是电场分布不均匀的、导电性能较好的、容易感应出电荷的以及云层容易接近的部位或区域，更容易引雷而导致雷击。

具体地说，下列物体或地点容易受到雷击：

1）空旷地区的孤立物体，高于20m的建筑物，如宝塔、水塔、烟囱、天线、旗杆、尖形屋顶和输电线路杆塔等。

2）冒出热气（含有大量导电质点、游离态分子）的烟囱、排出导电尘埃的厂房、排废气的管道和地下水出口。

3）金属结构的屋面、砖木结构的建筑物或构筑物。

4）特别潮湿的建筑物、露天放置的金属物。

5）金属的矿床、河岸、山坡与稻田接壤的地区、土壤电阻率小的地区、土壤电阻率变化大的地区。

6）山谷风口处，在山顶行走的人畜。

上述这些容易受雷击的地方，在雷雨时应特别注意。

10.5.2 雷电的种类与危害

1. 雷电的种类

（1）直击雷 雷云离大地较近，附近又没有带异种电荷的其他雷云与之中和，这时带有大量电荷的雷云与地面凸出部分将产生静电感应，在地面凸出部分感应出大量异性电荷而形成强电场，当其间的电压高达一定值时，将发生雷云与地面凸出部分之间的放电，这就是直击雷。

（2）感应雷 感应雷分为静电感应雷和电磁感应雷两种。静电感应雷是由于雷云接近地面，先在地面凸出物顶部感应出大量异性电荷，当雷云与其他雷云或物体放电后，地面凸出物顶部的感应电荷失去束缚，以雷电波的形式从凸出部分沿地面极快地向外传播，在一定时间和部位发生强烈放电，形成静电感应雷。电磁感应雷是在发生雷电时，巨大的雷电流在周围空间产生迅速变化的强大磁场，这种变化的强磁场在附近的金属导体上感应出很高的冲击电压，使其在金属回路的断口处发生放电而引起强烈的火光和爆炸。

（3）球形雷 球形雷是一种很轻的火球，能发出极亮的白光或红光，通常以 2m/s 左右的速度从门、窗和烟囱等通道侵入室内，当它触及人畜或其他物体时发生爆炸或燃烧而造成伤害。

（4）雷电侵入波 它是雷击时在架空线或空中金属管道上产生的高压冲击波，沿着线路或管道侵入室内，危及人、畜和设备的安全。

2. 雷电的危害

地面附近的雷云，电场强度高达 5～300kV/m，电位高达数十到数十万千伏，放电电流为数十到数百千安，而放电时间只有 0.00015～0.001s。可见雷电的电场特别强，电压特别高，电流特别大，在极短的时间内释放出巨大能量，其破坏力无疑是相当严重的。雷电的危害大致有以下 4 个方面：

（1）电磁性质的破坏 发生雷击时，可产生高达数百万伏的高压冲击波，还可在导线或金属物体上感应出几万乃至几十万伏的特高压，这种特高压足以破坏电气设备和导线的绝缘而使其烧毁，或在金属物体的间隙及连接松动处产成火花放电，引起爆炸，或者形成雷电侵入波侵入室内危及人畜或设备的安全。

（2）热性质的破坏 强大的雷电流在极短的作用时间内，转换成强大的热能，足以使金属熔化、飞溅，树木烧焦。如果击中易燃品或房屋，还将引起火灾。

（3）机械性质的破坏 当雷电击中树木、电杆等物体时，被击物缝隙中的气体，受高热急剧膨胀，其中的水分又因受热而急剧蒸发，产生大量气体，造成被击物体的破坏和爆炸。

此外，由于电流变化极大，同性电荷之间强大的静电斥力、同方向电流之间的电磁吸力也有很强的破坏作用，雷击时产生的冲击气浪也将对附近的物体造成破坏。

（4）跨步电压破坏 雷电电流通过接地装置或地面雷击点向周围土壤中扩散时，在土壤电阻的作用下，在周围形成电压降，此时若有人畜在该区域站立或行走，将受到雷电跨步电压伤害。

3. 防雷常识

1）为了避免避雷针上雷电的高电压通过接地体传到输电线路而引入室内，避雷针接地体与输电线路接地体在地下至少应相距10m。

2）为防止感应雷和雷电侵入波沿架空线进入室内，应将进户线最后一根支承物上的绝缘子铁脚可靠接地，在进户线最后一根电杆上的中性线应加重复接地。

3）雷雨时在野外不要穿湿衣服；雨伞不要举得过高，特别是有金属柄的雨伞；若有几个人在路上时，要相距几米远分散避雷，不得手拉手聚在一起。

4）躲避雷雨应选择有屏蔽作用的建筑或物体，如金属箱体、汽车、电车和混凝土房屋等。不能站在孤立的大树、电杆、烟囱和高墙下，不要乘坐敞篷车或骑自行车，因这些物体容易受直击雷轰击。

5）雷雨时不要停留在易受雷击的地方，如山顶、湖泊、河边、沼泽地和游泳池等；在野外遇到雷雨时，应蹲在低洼处或躲在避雷针保护范围内。

6）雷雨时，在室内应关好门窗，以防球形雷侵入；不要站在窗前或阳台上，也不要停留在有烟囱的灶前。应离开电力线、电话线、水管、煤气管、暖气管及天线馈线1.5m以外；不要洗澡、洗头；应离开厨房、浴室等潮湿的场所。

7）雷雨时，不要使用家用电器，应将电器的电源插头拔下，以免雷电沿电源线侵入电器内部损伤绝缘，击毁电器，甚至使人触电。

8）对未装避雷装置的天线，应抛出户外或干脆与地线短接。

9）如果有人遭到雷击，切不可惊慌失措，应迅速而冷静地处理。受雷击者即使不省人事，心跳、呼吸都已停止，也不一定是死亡，应不失时机地进行人工呼吸和胸外心脏压挤，并尽快送医院救治。

小　结

本章主要讲述了安全用电的常识性知识。

1. 人体触电有电击和电伤两类。触电的方式有单相触电、两相触电、跨步电压触电及悬浮电路上的触电。

2. 人体的电阻为1～2kΩ。安全电压根据场所的不同分为12V、24V和36V三个等级。

3. 触电的常见原因是线路架设不合规格，电气操作制度不严格、不健全，用电设备不合要求，用电不谨慎等。预防触电的措施分为预防直接触电措施和预防间接触电措施两大类。

4. 触电急救包括触电的现场抢救措施、口对口人工呼吸法和胸外心脏压挤法。

5. 雷电的一些常识性知识。

习题10

10-1　人体触电有哪几种类型？有哪几种方式？

10-2　在电气操作和日常用电中，哪些因素会导致触电？

10-3　电流伤害人体与哪些因素有关？各是什么关系？

10-4　试分析触电事故的一般规律。

10-5　什么是安全电压？为什么安全电压常用12V、24V和36V三个等级？

10-6　在电气操作和日常用电中，常采用哪些预防触电的措施？

10-7　发现有人触电，你可用哪些方法使触电者尽快脱离电源？

10-8　怎样判断触电者呼吸和心跳是否停止？

10-9　将触电者脱离电源后，怎样根据不同情况对其进行救治？

10-10　口对口人工呼吸法在什么情况下使用？试述其动作要领。

10-11　胸外心脏压挤法在什么情况下使用？试述其动作要领。

10-12　哪些情况下可将口对口人工呼吸法和胸外心脏压挤法同时使用？有哪些好处？两人怎样同时进行？一人怎样进行？

10-13　试述雷电活动的规律？哪些地方容易遭受雷击？

10-14　雷电有哪几种？它们对人类生产和生活有哪些危害？

10-15　雷雨时，为了防止雷击，在户外和户内各应注意哪些问题？

实　验

实验1　简单的电气测量

1. 实验目的

1）熟悉电气测量仪表的分类及表示符号，并学习使用电压表、电流表、万用表及所用电工技术实验箱等几种常用的电气仪表与仪器。

2）熟悉电气测量仪表误差的计算方法。

2. 预习要求

1）了解进行电工实验的安全规程及应注意的问题。

2）了解本次实验中所用电气仪表的工作原理、特性及使用方法。

3. 实验仪器及设备

本实验所需仪器及设备如表1-1所示

表1-1　实验仪器及要求

名　称	型号及使用参数	数　量
可调直流稳压电源	DICE—DG	1个
直流稳压电源	+6V、+12V切换	1个
万用表	MF—47	1块
直流数字电压表	DICE—DG	1块
直流数字毫安表	DICE—DG	1块

4. 实验内容与步骤

实验前要先熟悉电工技术实验箱的面板及各功能块的作用。实验箱面板上的连接线插孔是自锁紧式插孔，连接线的插头可叠插使用，插入时向下并顺时针旋转即可锁紧，松开时向上逆时针旋转即可拔出，但要**注意**：不能直拉导线。

1）测量电阻值。在电工技术实验箱上，用万用表的不同欧姆档测出叠加原理实验板上的各电阻值，指明选择量程档位，记入表1-2中，并计算相对误差。**注意**：万用表使用前应先调零。

表1-2　电阻测量记录

电阻值	R_1(510Ω)	R_2(1kΩ)
实测电阻值		
选择量程		
相对误差		

2）按实验图 1-1 所示电压、电流测量电路图接线，经指导教师检查后接通实验箱电源。E_2为可调直流稳压电源，将其调至 +10V（用万用表测定）。

3）闭合 S_2，用并接直流（数字）电压表的方法分别测量出 A、B、C 三点间的各电压值；用串接直流（数字）电流表的方法测出回路电流值，记入表 1-3 中。注意表的极性并合理选择量程。

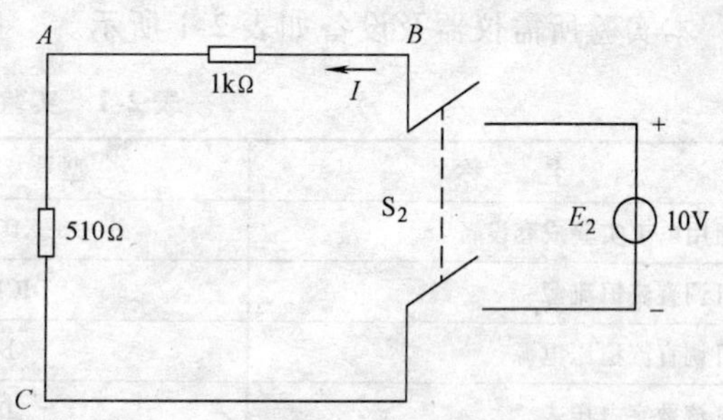

实验图 1-1　电压、电流测量电路图

表 1-3　电压、电流测量记录

	U_{AB}/V	U_{AC}/V	I/mA
计算值			
测量值			
误差值			

5. 注意事项

1）在接通实验箱的电源之前，应使直流稳压电源以及恒流源的输出旋钮置于零位，实验时再缓缓地增、减输出。

2）使用各电气仪表测量直流量时，要正确选择表的极性，读数要正确。读数时，应正视表面，同时认清所选测量档的标度尺。记录时，要标出正负号。

3）稳压源的输出不允许短路，恒流源的输出不允许开路。

4）不能用万用表的电流档和电阻档测量电压值，不能带电测电阻。

5）改接线时，要断开电源，以避免带电操作。

6. 思考题

1）使用万用表测量电阻、直流电压和直流电流时，应注意什么问题？

2）使用稳压电源时，应注意什么？电压输出端能否短接？

3）电压表、电流表的内阻分别是越大越好还是越小越好？为什么？

实验 2　戴维南定理的验证

1. 实验目的

1）通过实验验证、加深对戴维南定理的理解。

2）学习电路等效参数的测量方法。

3）进一步学习正确使用常用电工仪表。

2. 预习要求

1）理解戴维南定理的具体内容。

2）根据实验图 2-1 所示的参数，用戴维南定理计算出 A、B 点左侧的有源二端网络的开路电压 U_{OC}、等效电阻 R_0 和短路电流 I_S，填入表 2-3 中。

3. 实验仪器及设备

本实验所需仪器及设备如表 2-1 所示。

表 2-1 实验仪器及要求

名　称	型号及使用参数	数　量
通用电工实验成套设备	XDT—18	1 块
可调直流恒流源	DICE—DG	1 块
可调直流稳压电源	DICE	1 台
直流数字电压表	DICE	1 块
直流数字毫安表	DICE	1 块
万用表	MF—47	1 块

4. 实验内容与步骤

(1) 测量有源二端网络的外特性

1) 在戴维南定理实验板上，按实验图 2-1 所示实验电路接入稳压电源 E_S、恒流源 I_S 及可变负载电阻 R_L。将 E_S 调至 12V，I_S 调至 10mA。注意稳压源的输出不允许短路，恒流源的输出不允许开路。

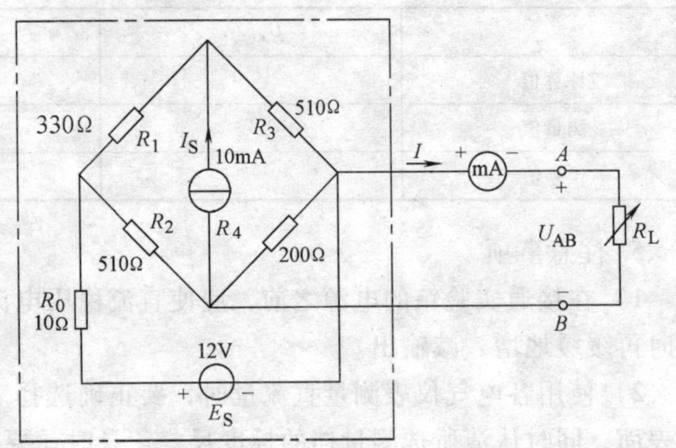

实验图 2-1 测量有源二端网络外特性的电路

2) 按表 2-2 的要求调节电位器 R_L，用万用表的电阻档、直流数字电压表以及直流数字毫安表，分别读取 5 组电阻值及相应的电压值、电流值，填入表 2-2 中。

表 2-2 电阻、电压、电流测量记录

R_L 测取值	R_L/Ω	200	600	1000	1400	1800
测量数据	I/mA					
	U_{AB}/V					

根据伏安测量法，利用外特性关系曲线，计算出有源二端网络（AB 端左侧）的开路电压 U_{OC}、等效电阻 R_0 及短路电流 I_S（$I_S = U_{OC}/R_0$）的值，将结果填入表 2-3 中。另外，按一定比例尺作出外特性曲线。

表 2-3 有源二端网络外特性测量记录

由外特性求出			由电路计算		
R_0/Ω	U_{OC}/V	I_S/mA	R_0/Ω	U_{OC}/V	I_S/mA

(2) 测定戴维南等效电源的外特性

1) 利用表 2-3 中的等效参数，构造戴维南等效电路，如实验图 2-2 所示，其中 U_{OC} 由稳压电源提供，R_0 由一只 470Ω 的电位器调出。

2）调节电位器 R_L，测出与表 2-2 中相同的 5 组阻值对应的电压 U_{AB} 及电流 I 的数值并填入表 2-4中。

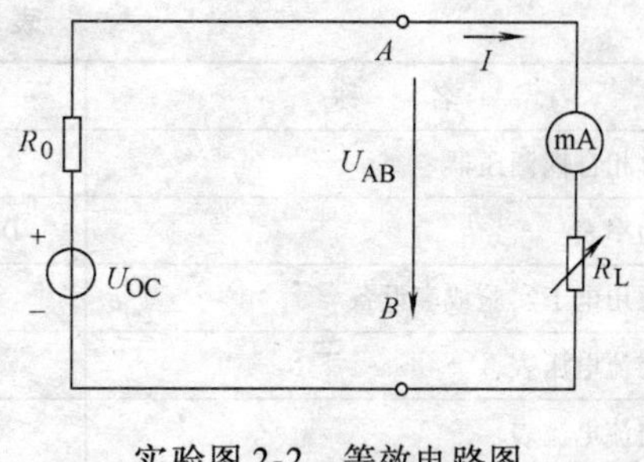

实验图 2-2　等效电路图

表 2-4　等效电源外特性测量记录

R_L 测取值/Ω		200	600	1000	1400	1800
等效戴维南电路	I/mA					
	U_{AB}/V					

由实验数据按一定比例尺作出戴维南等效电源的外特性曲线，并与（1）中所作曲线比较。

5. 注意事项

1）要正确使用万用表。为了安全，每次测完后，均应将其关掉或将其旋钮置于高压档，以免不慎误用电阻档或电流档去测电压，发生损坏仪表的事故。

2）接入仪表时，应注意极性。

6. 思考题

1）用戴维南定理求解什么问题最为方便？

2）实验时如果电源（信号源）内阻不能忽略，则应如何进行？

3）测量有源二端网络的开路电压及等效内阻的方法有哪几种？各有何优点？

实验 3　正弦交流电路的研究

1. 实验目的

1）学会功率表的接法和使用。

2）学习利用交流电压表、交流电流表和功率表测量 R、L、C 元件的参数及电路阻抗的方法。

3）学习和研究正弦交流电路中 R、L 、C 元件上电压和电流的相量关系，了解它们在正弦交流电路中消耗功率的情况。

4）研究各 R 、L、C 元件串并联的正弦交流电路。

2. 预习要求

1）回顾正弦交流电路中各种元件上电压与电流的关系；R、L、C 串联电路中，总电压与各元件上电压的关系以及各阻抗的计算方法；R、L、C 并联电路中，总电流与各支路电流的关系以及各阻抗的计算方法。

2）了解 R、L、C 元件的功率特征。

3. 实验仪器及设备

本实验所需仪器及设备如表 3-1 所示。

4. 实验内容及步骤

（1）测量 R、L、C 元件的参数

1）熟悉实验设备后，按实验图 3-1 所示实验电路在未通电的情况下连接线路。接线时，

表 3-1 实验仪器及要求

名　称	型号及使用参数	数　量
单相自耦调压器	JT13　2kV · A　220/(0 ~ 250)V	1 台
功率表	D34—W　0 ~ 300V　0 ~ 1A　cosϕ = 0.2	1 块
通用电工实验成套设备	XDT—18	1 个
交流电压表	DICE—DG	1 块
交流电流表	DICE—DG	1 块

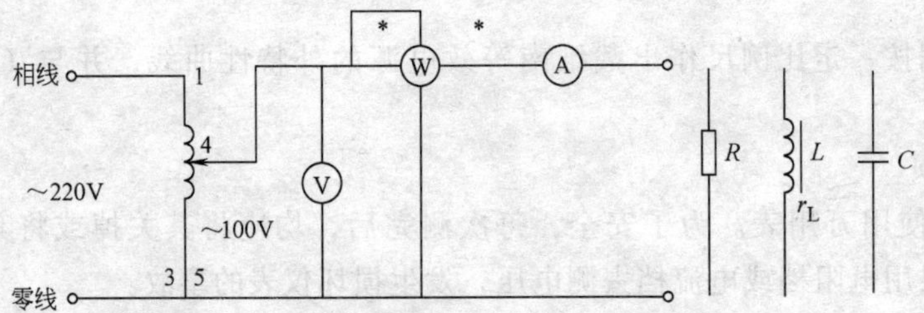

实验图 3-1　测量 R、L、C 元件参数的实验电路

自耦调压器 1、3 两端接 220V、50Hz 交流电，4、5 两端接负载电路。先接电路连线，最后接电源的两根线，接好电路后，将自耦调压器调至最小输出位置，必须经教师检查后才能接通电源。

2）将单相自耦调压器的输出电压从零开始逐渐增至 100V。在断开电源的情况下，分别将白炽灯（电阻 R）、电感线圈 L（r_L）、电容 $C = 4\mu F$ 接入电路，接通电源后分别读出电压、电流与功率的测量值，将结果记入表 3-2 中，并计算 R、C、L 及 r_L 的值。

表 3-2　R、L、C 元件参数测量记录

测量项目 / 被测量	U/V	I/A	P/W	计算值	
R				R/Ω	
C				$C/\mu F$	
$L(r_L)$				L/mH	
				r_L/Ω	

（2）测量 L、C 串联电路

1）按实验图 3-2 所示 L（r_L）、C（4μF）串联电路接线，经教师检查无误后接通电源。

2）将单相自耦调压器调至 120V，分别读出电压、电流与功率的测量值，将结果记入表 3-3 中，并将阻抗 $|Z_L|$、功率因数 $\cos\phi$ 及等效电抗 X 的计算值记

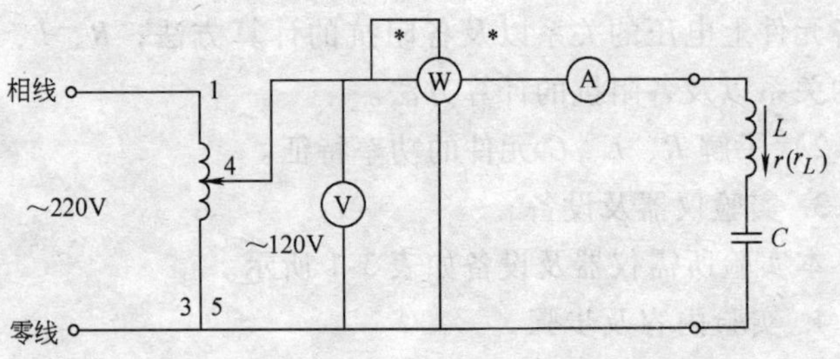

实验图 3-2　测量 L、C 串联的实验电路

入表 3-3 中。

表 3-3　*L*、*C* 串联电路测量记录

被测电阻	测量值			计算值		
	U/V	P/W	I/A	$\|Z_L\|$	$\cos\phi$	X/Ω
$L(r_L)$、C 串联						

5. 注意事项

1）本实验采用220V的工频交流电源供电，实验过程中要特别注意人身安全，不可直接触摸带电线路的裸露部分。换接元件时，先断电源再换元件。

2）在使用单相自耦调压器时，应注意一、二次侧的连线，用前将调压器手柄调至零位，接通电源后缓缓上调输出电压，同时观察电路中的仪表有无异常反应，如有问题，则先断开电源再作处理。

3）功率表要正确接入电路中，读数时应注意量程和标度尺的折算关系。

6. 思考题

1）在正弦交流电路中，*R*、*L*、*C* 各元件两端的电压和通过它们的电流之间的相位关系是什么？

2）*R*、*L*、*C* 串联电路中，总电压和各元件上电压之间是什么关系？*R*、*L*、*C* 并联电路，总电流和各支路电流之间是什么关系？

实验 4　三相交流电路中电压与电流的测量

1. 实验目的

1）掌握三相电路负载的连接方法。

2）掌握对称三相电路中线电压与相电压、线电流与相电流之间的数量关系。

3）加深对三相四线制供电线路中性线作用的理解。

2. 预习要求

1）明确三相电路中线电压与相电压、线电流与相电流之间的关系。

2）掌握三相电路负载作星形联结时中性线的作用。

3）自行画出三相电路负载作星形联结和三角形联结时的实验电路图。

3. 实验仪器和设备

本实验所需仪器及设备如表 4-1 所示。

表 4-1　实验仪器及要求

名　称	型号及使用参数	数　量	名　称	型号及使用参数	数　量
三相灯组	220V、15W 白炽灯	9 盏	电流插座	DICE—DG	3 个
交流电压表	0 ~ 450V	1 个	万用表	MF—47	1 块
交流电流表	0 ~ 0.5A	1 块			

4. 实验内容和步骤

（1）测量三相四线制电源的相、线电压值　用交流电压表测出实验箱上三个相线接线

插口与中性线接线插口之间的相电压数值，及三个相线接线插口之间的线电压数值，并将测量数据记入表4-2中。

表4-2　相、线电压测量记录

测量项目	$U_{L_1L_2}$/V	$U_{L_2L_3}$/V	$U_{L_3L_1}$/V	U_{L_1N}/V	U_{L_2N}/V	U_{L_3N}/V
测量数据						

（2）星形联结负载的测量

1）按实验图4-1接线，将三相灯组接成星形联结的负载，经指导教师检查无误后接通电源。

2）测量负载对称时，有中性线和无中性线时的各电量。

在每相电路中，接入三盏灯，测量有中性线时负载端的线、相电压及电流值，记入表4-3中，然后去掉中性线，重新测量各电量，将测量结果再记入表4-3中，注意观察各相灯的亮度有无明显变化，并解释观察到的现象。

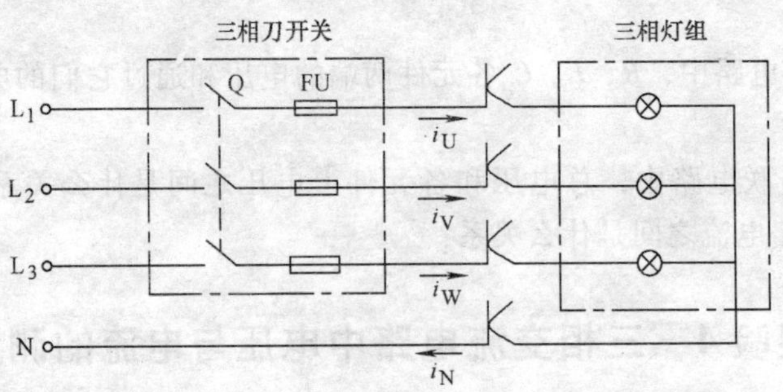

实验图4-1　三相负载星形联结实验电路图

表4-3　星形联结负载测量记录

数据＼项目		U_{UV}/V	U_{VW}/V	U_{WU}/V	U_{UN}/V	U_{VN}/V	U_{WN}/V	U_{NN}/V	I_A/mA	I_B/mA	I_C/mA	I_N/mA	灯的亮度
负载对称	有中性线												
	无中性线												

（3）三角形联结负载的测量

1）按实验图4-2接线，将三相灯组接成三角形联结的负载，经指导教师检查无误后接通电源。

2）测量负载对称时的各电量。

三盏白炽灯均接入电源，测量负载端各相电流和各线电流，并将测量数据记入自拟表格中。

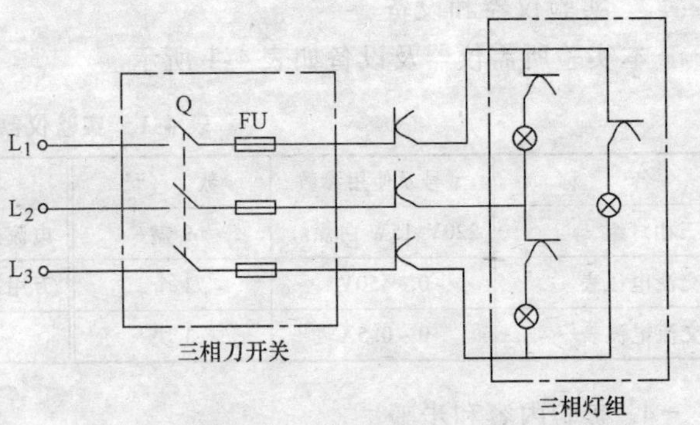

实验图4-2　三相负载三角形联结实验电路图

5. 注意事项

1）严禁带电接线、拆线，每次换

接电路时应先断开电源后再进行。

2）带负载时，线电压和相电压的测量应在负载（灯）端进行。

3）为防止误将电流表当成电压表使用，实验前必须将电流插头牢固地接在电流表上，实验结束后，再拆掉。

6. 思考题

1）为什么中性线上不允许安装熔断器、开关等装置？

2）三相对称负载，在星形联结和三角形联结两种情况下，若有一相电源线断开了，会有什么情况发生？为什么？

3）本次实验中为什么要将380V的工频交流电的线电压降为220V的线电压使用？

实验5　三相异步电动机的直接起动与点动控制

1. 实验目的

1）认识笼型三相异步电动机、交流接触器、热继电器和按钮等几种常用的控制电器。

2）加深对三相异步电动机进行直接起动的理解。

3）学习用万用表检查控制电路的方法，培养分析及排除电路故障的能力。

2. 预习要求

1）了解三相异步电动机铭牌数据的含义。

2）复习交流接触器、热继电器和按钮等控制电器的工作原理及用途。

3）复习三相异步电动机的直接起动及工作原理，并理解自锁的作用。

3. 实验仪器和设备

本实验所需仪器及设备如表5-1所示。

表5-1　实验仪器及要求

名　称	型号及使用参数	数　量
三相异步电动机	JW07B—2	1台
交流接触器	CJ10—10　380V	2个
热继电器	JR10—10	1个
按钮	380V/1A	3组
万用表	MF—47	1块

4. 实验内容和步骤

实验前要识别并熟悉实验板上的交流接触器的线圈端子及触点、热继电器的热元件端子及触点、电动机的铭牌数据。

（1）三相异步电动机点动控制　在断开连接电源的三相刀开关的情况下，根据实验图5-1所示电路连接线路。先接主电路，后接控制电路（实验中可不接热继电器）。接完线路后，经指导教师检查无误再接通电源。按下按钮SB，观察电动机的点动工作情况。

（2）三相异步电动机直接起动控制　断开电源，将点动控制电路改接为实验图5-2所

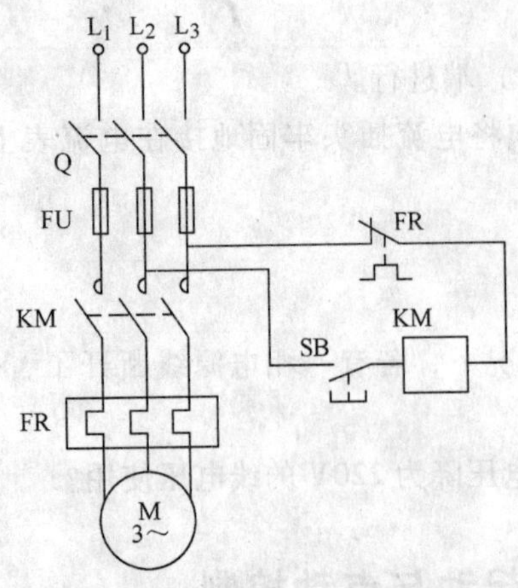

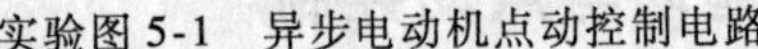

实验图 5-1　异步电动机点动控制电路

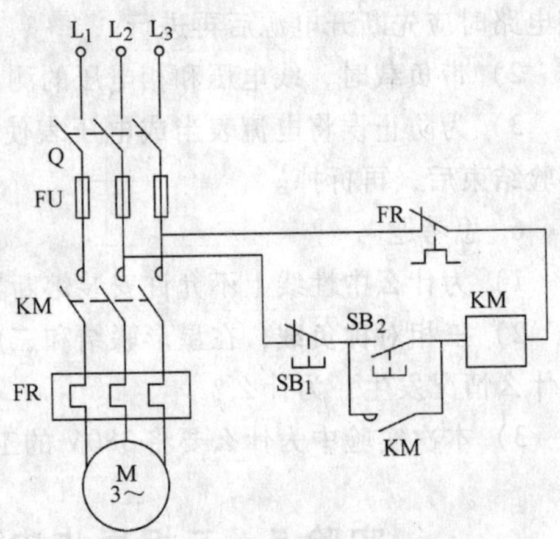

实验图 5-2　异步电动机直接起动控制电路

示的直接起动控制电路（主电路不变）。接完线路后，经指导教师检查无误，再接通电源。按下起动按钮 SB_2 观察电动机的连续运转情况。若要使电动机停止运转，可按下停止按钮 SB_1。

比较三相异步电动机点动控制电路与直接起动控制电路的区别。

5. 注意事项

1）电动机的转速很高，切勿触碰其转动部分，以免发生人身或设备事故。

2）实验过程中，合上电闸，按下按钮，若线路有故障，则应立刻拉掉电闸，再用万用表检查线路。

6. 思考题

1）在实际的电动机控制电路中，都必须接热继电器，为什么？在本实验中可以不接，试总结在什么情况下可不接？

2）实验中，发现按下按钮后，接触器已可靠动作，但电动机不转，请判断故障在何处？

实验 6　三相异步电动机的正、反转控制

1. 实验目的

1）认识三相笼型异步电动机、交流接触器、热继电器和按钮等几种常用的控制电器。

2）加深对三相异步电动机正、反转控制过程的理解。

3）学习用万用表检查控制电路的方法，培养分析及排除电路故障的能力。

2. 预习要求

1）了解三相异步电动机铭牌数据的含义。

2）复习交流接触器、热继电器和按钮等控制电器的工作原理及用途。

3）复习三相异步电动机的正、反转控制电路及工作原理，并理解互锁的作用。

3. 实验仪器和设备

本实验所需仪器及设备如表 6-1 所示。

表 6-1 实验仪器及要求

名　称	型号及使用参数	数　量
三相异步电动机	JW07B—2	1 台
交流接触器	CJ10—10　380V	2 个
热继电器	JR10—10	1 个
按钮	380V/1A	3 组
万用表	MF—47	1 块

4. 实验内容和步骤

实验前要识别并熟悉实验板上的交流接触器的线圈端子及触点、热继电器的热元件端子及触点、电动机的铭牌数据。

断开电源，按先接主电路后接控制电路的顺序，以及按照“先接串联电路、后接并联电路”的方法，根据实验图 6-1 所示电路连接线路（实验中可不接热继电器），要求任一接线端子上连接的导线不得超过两根，以保证接线的牢靠、安全。接完线路后，经指导教师检查无误后再接通电源，按下正转起动按钮 SB_R，观察电动机的转向；按下停止按钮 SB_1 停车后，再按下反转起动按钮 SB_F，观察电动机的转向是否改变。整个实验过程中，若遇有线路故障，则自己应能够排除。实验结束后，要先断开电源，再拆除线路。

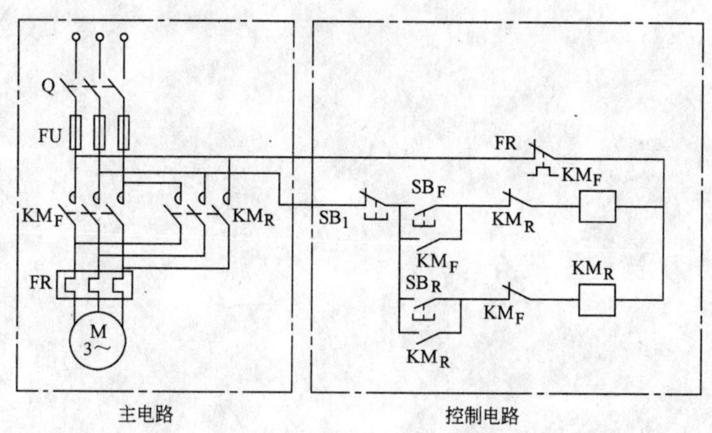

实验图 6-1　异步电动机的正、反转控制电路

5. 注意事项

1）电动机的转速很高，切勿触碰其转动部分，以免发生人身或设备事故。

2）实验过程中，合上电闸，按下按钮，若线路有故障，则应立刻拉掉电闸，再用万用表检查线路。

6. 思考题

1）对电动机的正、反转控制，为什么必须保证两个接触器不能同时工作？我们采取了什么措施来解决这一问题？

2）在实际的电动机控制电路中，都必须接热继电器，为什么？在本实验中可以不接，试总结在什么情况下可不接？

3）在实验图 6-1 所示的控制电路中，若 KM_R 与 KM_F 的常闭点互换位置，按下 SB_F 按钮时，电路会发生什么现象？为什么？

4）实验中，发现按下按钮后，接触器已可靠动作，但电动机不转，请判断故障在何处？

附　录

附录 A　主要物理量的符号及单位

名　称	名称符号	单位名称	单位符号
电荷量	Q, q^*	库仑	C
电流	I, i^*	安培	A
电压	U, u^*	伏特	V
电动势	E, e^*	伏特	V
有功功率	P, p^*	瓦特	W
无功功率	Q	乏	var
视在功率	S	伏安	V·A
能量	W	焦耳	J
频率	f	赫兹	Hz
角频率	ω	弧度每秒	rad/s
时间	t	秒	s
周期	T	秒	s
相位角	φ	弧度(度)	rad
电阻	R	欧姆	Ω
自感	L	亨利	H
电容	C	法拉	F
电抗	X	欧姆	Ω
复数电阻	Z	欧姆	Ω
阻抗	$\|Z\|$	欧姆	Ω
磁通	Φ	韦伯	Wb
磁感应强度	B	特斯拉	T
磁场强度	H	安培每米	A/m
转矩	T	牛顿每米	N/m
力矩	M	牛顿每米	N/m
转速	n	转每分	r/min

注：* 处的小写字母表示瞬时值，大写字母表示恒定值、有效值、最大值、平均值和相量等。

附录B 用于构成十进制倍数和分数单位的词头

因　数	词头名称	词头代号
10^{18}	艾[可萨]	E
10^{15}	拍[它]	P
10^{12}	太[拉]	T
10^{9}	吉[咖]	G
10^{6}	兆	M
10^{3}	千	k
10^{2}	百	h
10^{1}	十	da
10^{-1}	分	d
10^{-2}	厘	c
10^{-3}	毫	m
10^{-6}	微	μ
10^{-9}	纳[诺]	n
10^{-12}	皮[可]	p
10^{-15}	飞[母托]	f
10^{-18}	阿[托]	a

附录C 电气图常用图形符号表

名　称	符　号	名　称	符　号
直流	或	推动操作	
交流		杠杆操作	
交直流		可拆卸的手柄操作	
接地		电动机操作	M
接机壳或底板	或	转速控制	n
机械连接	或	紧急开关	
延时动作	或	故障	
自动复位		导线对地绝缘击穿	
两器件间的机械连接			

（续）

名　称	符　号	名　称	符　号
永久磁铁		带开关的滑动触点电位器	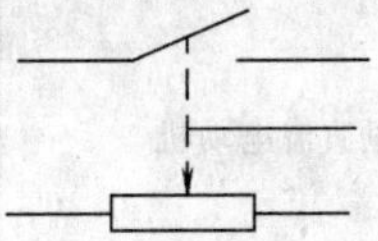
导线的连接	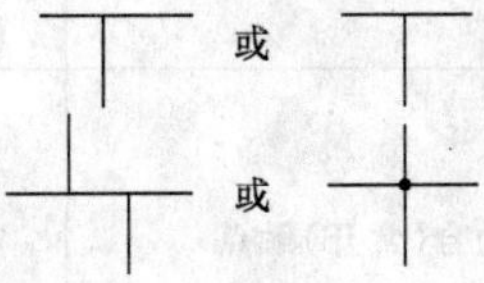 或　或	三角形联结的三相绕组	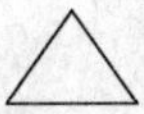
导线的不连接	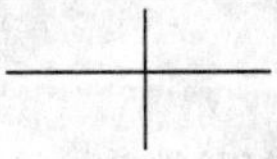	星形联结的三相绕组	
导线的直接连接		中性点引出的星形联结的三相绕组	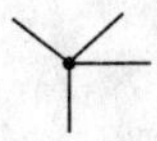
接通的连接片	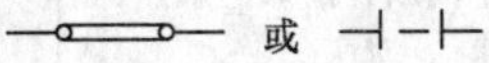 或	电机一般符号 * 用字母代替	
断开的连接片		三相笼型异步电动机	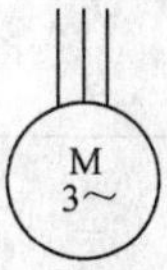 M 3～
半导体二极管	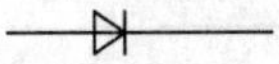	三相绕线转子异步电动机	 M 3～
桥式全波整流器	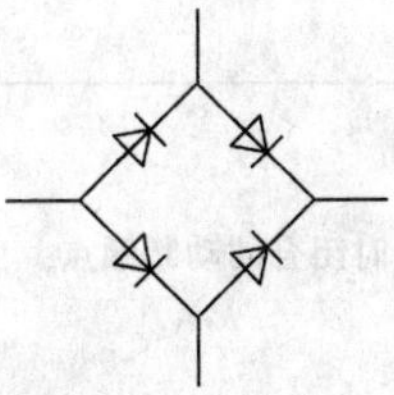 或 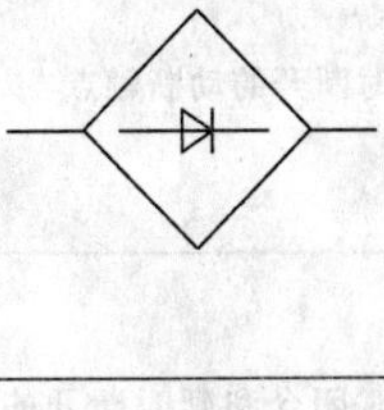	并励直流电动机	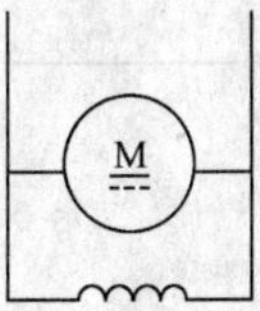 M
插头和插座		复励直流电动机	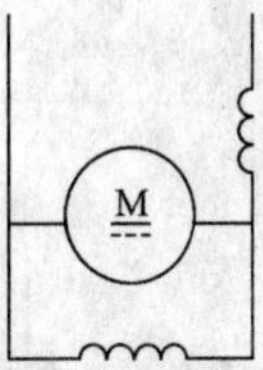 M

（续）

名　　称	符　　号	名　　称	符　　号
串励直流电动机	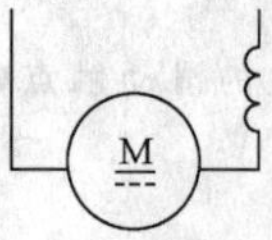	避雷器	
单相双绕组变压器	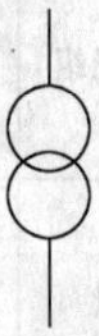 或 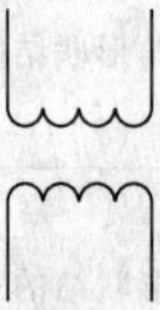	动合（常开）触点	 或 
三相变压器星形-三角形联结	 或 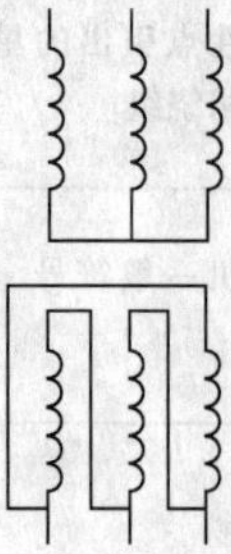	动断（常闭）触点	
电抗器扼流圈	 或 	中间断开的双向触点	
电流互感器	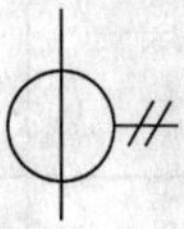 或 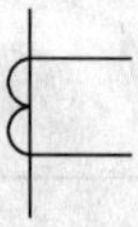	延时闭合的动合触点	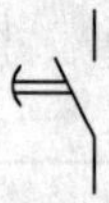
灯		延时断开的动合触点	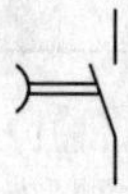
熔断器		延时闭合的动断触点	
		延时断开的动断触点	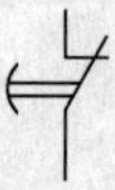
		延时闭合和延时断开的动合触点	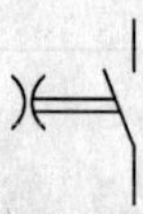

（续）

名　称	符　号	名　称	符　号
延时闭合和延时断开的动断触点	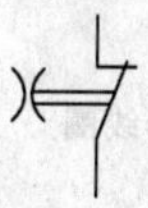	带动合和动断触点的按钮	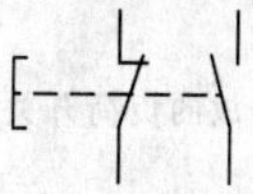
有弹性返回的动合触点		位置（限制）开关的动合触点	
无弹性返回的动合触点		位置（限制）开关的动断触点	
有弹性返回的动断触点		双向机械操作的位置开关	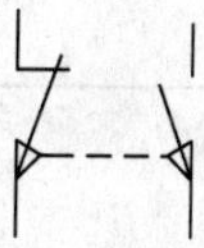
左边有弹性返回右边无弹性返回的中间断开双向触点		热敏自动开关的动断触点	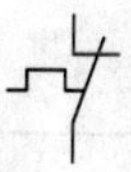
手动开关一般符号	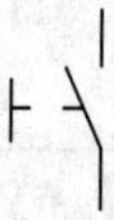	接触器的动合（常开）触点	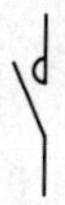
旋钮开关、旋转开关	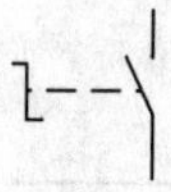	接触器的动断（常闭）触点	
动合（常开）按钮	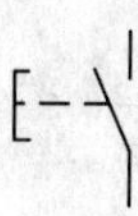	接触器的主触点	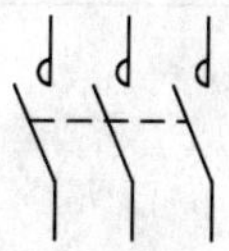
动断（常闭）按钮	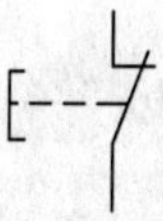	负荷开关	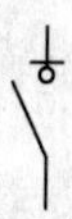

（续）

名　称	符　号	名　称	符　号
自动释放的负荷开关		缓放继电器线圈	
隔离开关		缓吸继电器线圈	
断路器		缓吸和缓放继电器线圈	
三极开关	或	热继电器的驱动元件（发热元件）	
三极负荷开关		热继电器的动断触点	
三极断路器		转速继电器	n
继电器、接触器线圈	或	压力继电器	p
		温度继电器	θ θ或$t°$

附录 D 常用电气设备基本文字符号

名 称	文字符号	名 称	文字符号
电桥	AB	力矩电动机	MT
测速发电机	BR	电流表	PA
发热元件	EH	电压表	PV
照明灯	EL	断路器	QF
避雷器	F	电动机保护开关	QM
具有瞬时动作的限流保护器件	FA	隔离开关	QS
具有延时动作的限流保护器件	FR	控制开关	SA
具有瞬时和延时动作的限流保护器件	FS	选择开关	SA
熔断器	FU	按钮	SB
限压保护器件	FV	变压器	T
发电机	G	电流互感器	TA
指示灯	HL	控制电路电源用变压器	TC
瞬时接触继电器	KA	电压互感器	TV
瞬时有或无继电器	KA	接线柱	X
交流继电器	KA	连接片	XB
闭锁接触继电器	KL	插头	XP
接触器	KM	插座	XS
电抗器	L	电磁铁	YA
电动机	M	电磁制动器	YB
同步电动机	MS	电磁吸盘	YH

附录 E 电气设备常用辅助文字符号（GB/T 7159—1987）

名 称	文字符号	名 称	文字符号
交流	AC	直流	DC
自动	A 或 AUT	接地	E
加速	ACC	快速	F
附加	ADD	反馈	FB
可调	ADJ	正，向前	FW
制动	B 或 BRK	输入	IN
向后	BW	断开	OFF
控制	C	闭合	ON
延时（延迟）	D	输出	OUT
数字	D	起动	ST

附录 F 电源线路和三相电气设备端的标记代号

名 称		标记符号	名 称		标记符号
交流系统	电源第 1 相	L1	交流系统	设备端第 1 相	U
	电源第 2 相	L2		设备端第 2 相	V
	电源第 3 相	L3		设备端第 3 相	W
	中性线	N	保护接地		PE
直流电源	正极	L+，+	保护和中性共用线		PEN
	负极	L−，−	接地		E
	中间线	M	无噪声接地		TE

部分参考答案

第 1 章

1-3 $I=1\text{A}$

1-4 $U_{CD}=14\text{V}$, $I_3=6\text{A}$

1-9 3.6 度

1-10 $R_{ab}=2\Omega$

1-11 $I_1=10\text{A}$, $I_2=5\text{A}$, $I_3=5\text{A}$

第 2 章

2-1 $I_1=1\text{A}$, $I_2=2\text{A}$, $R_2=5\Omega$

2-2 $I_2=1\text{A}$

2-3 $I_3=-0.5\text{A}$, $U=7\text{V}$

2-5 $I_S=1\text{A}$

2-6 $I_1=2\text{A}$, $I_2=1\text{A}$, $I_3=-3\text{A}$, $I_4=1\text{A}$, $I_5=-2\text{A}$

2-8 $I=0.3\text{A}$

2-10 $R=7.2\Omega$

2-11 $I=-4\text{A}$

2-12 a) $U_{AB}=10\text{V}$, $R_0=5\Omega$ b) $U_{AB}=10\text{V}$, $R_0=5\Omega$

c) $U_{AB}=0\text{V}$, $R_0=5\Omega$ d) $U_{AB}=-5\text{V}$, $R_0=5\Omega$

2-13 $I=0.154\text{A}$

2-14 $I=1.5\text{A}$

2-15 $U_{AB}=2.5\text{V}$

2-16 $U=30\text{V}$

第 3 章

3-1 $u_R=0\text{V}$, $u_C=20\text{V}$, $u_L=20\text{V}$, $i_L=10\text{mA}$, $i_C=-20\text{mA}$, $i_S=30\text{mA}$, $i_R=0\text{A}$

3-2 $u_C(t)=50(1-e^{-\frac{1000}{15}t})\text{V}$

3-3 $18\mu s$, $20\mu s$

3-4 $i_S(t)=(1.5+1.5e^{-10t})\text{mA}$

3-5 $i(t)=5(1-e^{-10^5t})\text{mA}$

3-6 $i_L(t)=(1.25-0.5e^{-2.5t})\text{A}$, $i_2(t)=0.19e^{-2.5t}\text{A}$, $i_3(t)=(0.75-0.19e^{-2.5t})\text{A}$

第 4 章

4-1 $e_1=311\sin\left(314t+\frac{\pi}{2}\right)\text{V}$

$e_2=311\sin(314t)\text{V}$

$e_3=311\sin\left(314t-\frac{\pi}{2}\right)\text{V}$

4-2 $i=26.5\sin(\omega t-70.8°)\text{A}$

4-3 $X_L=31.4\Omega$, $I_L=7\text{A}$, $Q_L=1540\text{var}$

4-4 $X_C=31.8\Omega$, $I_L=6.9\text{A}$, $Q_L=1520\text{var}$

4-5 $U_R=13.6\text{V}$, $U_L=68\text{V}$, $U_C=10\text{V}$, $I=3.4\text{A}$, $P=46.6\text{W}$, $Q=198.6\text{var}$, $S=204\text{VA}$

4-7 $I_L=2\text{A}$, $I_C=1.15\text{A}$, $I=1.28\text{A}$, $P=120\text{W}$

4-8 $I=10\text{A}$, $X_C=15\Omega$, $R_2=X_L=7.5\Omega$

4-9 $I=10\sqrt{2}\text{A}$, $X_C=10\sqrt{2}\Omega$, $X_L=5\sqrt{2}\Omega$, $R=10\sqrt{2}\Omega$

4-10 $I_1=I_2=11\text{A}$, $I=11\sqrt{3}\text{A}$, $P=3630\text{W}$

4-12 $R=30\Omega$, $X_L=40\Omega$, $P=580\text{W}$, $Q=733\text{var}$, $\cos\varphi=0.599$

4-14 $\omega=6.86\times10^6\text{rad/s}$, $Q=68.6$, $|Z|=117\text{k}\Omega$

4-15 $\cos\varphi=0.95$, $\dot{U}=\sqrt{5}\angle 63.4°\text{V}$

4-16 $f_0\approx2820\text{Hz}$, $\Delta f=1320\text{Hz}$, 500Ω

4-17 $R=15.7\Omega$, $L=0.1\text{H}$

4-18 $L=1.67\text{H}$, $X_L=524.4\Omega$ $\cos\varphi=0.5$，并联电容 $C=2.58\mu\text{F}$

4-19 $\dot{I}=1.14\angle 90°\text{A}$, $\dot{U}=-3.43\text{V}$

4-20 $R=6\Omega$, $L=15.89\text{mH}$

第5章

5-1 $i_U=22\sqrt{2}\cos(314t-53°)\text{A}$

$i_V=22\sqrt{2}\cos(314t-173°)\text{A}$

$i_W=22\sqrt{2}\cos(314t+67°)\text{A}$

5-5 $I_p=11.56\text{A}$, $I_l=20\text{A}$

5-6 $U_o=-\text{j}=1\angle -90°\text{V}$

5-7 $P=3000\text{W}$, $Q=2250\text{var}$, $S=3750\text{VA}$, $\cos\varphi=0.8$

5-8 $U_1=1018\text{V}$, $S=9700\text{VA}$, $Z=320.7\Omega$

5-9 (1) $I_U=5.5\text{A}$, $I_V=22\text{A}$, $I_W=11\text{A}$, $I_N=14.5\text{A}$，每相负载的电压都是220V

(2) $I_U=7.2\text{A}$, $I_V=14.4\text{A}$, $I_W=12.5\text{A}$，U相负载电压为288V，V相负载电压为144V，W相负载电压为250V

5-10 $\cos\varphi=0.695$

第6章

6-1 0.35A

6-2 $1.99\times10^{-3}\text{Wb}$, $9.94\times10^{-4}\text{Wb}$, $9.94\times10^{-4}\text{Wb}$

6-3 $N_1=417$ 匝，$N_2=92$ 匝

6-4 $U_2=38.7\text{V}$, $I_2=2.57\text{A}$

6-5 $P=0.088\text{W}$, $K=(100/8)^{\frac{1}{2}}$, $P=0.063\text{W}$

第7章

7-4 2.3%

7-5 129.1N·m, 261.6N·m

7-6 81.5%, 20.03N·m, $p=2$

7-7 13.1N·m, 28.8N·m, 7.94A

第8章

8-8　112.36kW, 510.73A, 636.67N·m

8-9　5641A

8-10　1.209Ω, 81V

参考文献

[1] 席时达. 电工技术［M］. 2版. 北京：高等教育出版社，2002.
[2] 陆国和. 电路与电工技术［M］. 北京：高等教育出版社，2001.
[3] 秦曾煌. 电工学［M］. 5版. 北京：高等教育出版社，1999.
[4] 姚海彬. 电工技术［M］. 北京：高等教育出版社，1991.
[5] 张秉淑. 电机与变压器［M］. 北京：中国劳动出版社，1994.
[6] 李翰荪. 电路及磁路［M］. 2版. 北京：中央广播电视大学出版社，2001.
[7] 曾祥富. 电工技能与实训［M］. 2版. 北京：高等教育出版社，2000.